"十二五"职业教育国家规划教材修订版

国家职业教育园林技术专业教学资源库配套教材

U0325451

YUANLIN GONGCHENG

园林工程

（第二版）

主编　刘玉华

高等教育出版社·北京

内容简介

本书是"十二五"职业教育国家规划教材修订版,也是国家职业教育园林技术专业教学资源库配套教材。

本书突出素质培养和技术技能培养,按项目—子项目—任务设计。内容包括绪论及绘制园林施工图、土方工程、园林给排水工程、园林水景工程、砌体工程、园路道路工程、假山工程七个项目。每个项目列有知识目标、技能目标、素养目标、教学引导图、复习题和技能训练。

本书可作为高等职业院校、五年制高职、职教本科、继续教育、中职学校园林技术、园林工程技术等专业的教材,也可作为园林行业人士的业务参考书及培训用书。

本书配有用二维码链接的数字资源,读者可扫描观看。学习者可以登录智慧职教网站(www.icve.com.cn)浏览课程资源,详见"智慧职教服务指南"。教师可发送邮件至gaojiaoshegaozhi@163.com获取教学课件。

图书在版编目(CIP)数据

园林工程 / 刘玉华主编. --2版. --北京:高等
教育出版社,2022.11
ISBN 978-7-04-059247-4

Ⅰ.①园… Ⅱ.①刘… Ⅲ.①园林 – 工程施工 – 高等
职业教育 – 教材 Ⅳ.① TU986.3

中国版本图书馆CIP数据核字(2022)第143312号

策划编辑	张庆波	责任编辑 张庆波	封面设计 王 琰	版式设计 童 丹
责任绘图	邓 超	责任校对 王 雨	责任印制 刁 毅	

出版发行	高等教育出版社	网 址	http://www.hep.edu.cn
社 址	北京市西城区德外大街4号		http://www.hep.com.cn
邮政编码	100120	网上订购	http://www.hepmall.com.cn
印 刷	肥城新华印刷有限公司		http://www.hepmall.com
开 本	787mm×1092mm 1/16		http://www.hepmall.cn
印 张	16	版 次	2015年4月第1版
字 数	400千字		2022年11月第2版
购书热线	010-58581118	印 次	2022年11月第1次印刷
咨询电话	400-810-0598	定 价	39.80元

"智慧职教" 服务指南

"智慧职教"是由高等教育出版社建设和运营的职业教育数字教学资源共建共享平台和在线课程教学服务平台,包括职业教育数字化学习中心平台(www.icve.com.cn)、职教云平台(zjy2.icve.com.cn)和云课堂智慧职教 App。用户在以下任一平台注册账号,均可登录并使用各个平台。

- **职业教育数字化学习中心平台(www.icve.com.cn):为学习者提供本教材配套课程及资源的浏览服务。**

登录中心平台,在首页搜索框中搜索"园林工程",找到刘玉华主持的课程,加入课程参加学习,即可浏览课程资源。

- **职教云(zjy2.icve.com.cn):帮助任课教师对本教材配套课程进行引用、修改,再发布为个性化课程(SPOC)。**

1. 登录职教云,在首页单击"申请教材配套课程服务"按钮,在弹出的申请页面填写相关真实信息,申请开通教材配套课程的调用权限。

2. 开通权限后,单击"新增课程"按钮,根据提示设置要构建的个性化课程基本信息。

3. 进入个性化课程编辑页面,在"课程设计"中"导入"教材配套课程,并根据教学需要进行修改,再发布为个性化课程。

- **云课堂智慧职教 App:帮助任课教师和学生基于新构建的个性化课程开展线上线下混合式、智能化教与学。**

1. 在安卓或苹果应用市场,搜索"云课堂智慧职教"App,下载安装。

2. 登录 App,任课教师指导学生加入个性化课程,并利用 App 提供的各类功能,开展课前、课中、课后的教学互动,构建智慧课堂。

"智慧职教" 使用帮助及常见问题解答请访问 help.icve.com.cn。

第二版前言

　　"园林工程"是一门集工程、技术、艺术于一体的综合性课程,是园林技术专业、园林工程技术专业的核心课程。课程设计以学生为主体,以能力培养为目标,以完成项目任务为载体,体现基于工作过程的项目课程开发与设计理念。

　　教材围绕立德树人的根本任务,要求学生养私德、修公德、立大德,形成专业技能与品德修养双螺旋进阶,实现德技并修,提升园林施工岗位的职业能力和职业素养。

　　教材以绿色发展理念和生态文明思想为指引,以国家职业教育园林技术、园林工程技术专业教学标准、"高级绿化工"职业标准及园林施工相关法规为依据,展现了中国传统园林营造技艺以及现代园林施工新技术,为培养园林企业施工员、设计员、监理员等高素质技术技能人才提供理论和技术支持。学完本教材,学生能绘制施工图,会编写施工组织设计,能自建一座小园林。

　　教材有如下特色。

　　1. 课程思政:养私德—修公德—立大德

　　教材紧紧围绕理想信念、道德品质和政治素养三方面进行课程思政教学设计,要求学生树立加强生态文明建设、提升人居环境质量的专业责任意识;养成安全规范、文明施工的习惯;具备不怕苦、不怕累的劳动精神,追求精益求精的工匠精神。

　　2. 教材框架:项目—子项目—工作任务

　　教材按项目编写,全书由 7 个项目组成,下设若干子项目,子项目下设若干任务。如假山工程项目,分成假山山石材料识别、假山设计和假山施工 3 个子项目,其中,假山施工子项目又分成自然山石假山施工和塑山 2 个任务。

　　3. 教学内容:综合—分项—汇总成果

　　项目一综合说明了建设一座园林需要完成的任务,要求学生能列出整套施工图的目录,绘制出总平面图及整套园林施工图。项目二至项目七,将一座园林分解为土方、给排水、水景、砌体、园路、假山等 6 个项目,各项目既连贯又相对独立,各项目成果汇总即形成一座园林的全套施工图和施工组织设计资料。

　　4. 教学实施:岗课赛证四维融合

　　"岗",即上课实行任务驱动,对接园林设计与施工岗位,通过角色扮演完成任务。"赛",即对标世界技能大赛标准,结合园林龙头企业项目验收标准,分组竞赛,完成施工图纸的绘制与审核、园林的施工和验收。"证",即施工图绘制与施工环节对接建筑工程识图职业技能等级标准,学生可参加 1+X 等级证书考试,拓展技艺。

　　5. 配套资源:二维码—MOOC—资源库

　　教材中插有二维码,读者可扫描观看相应视频、动画和图纸等资源。作为教材的配套,作者在爱课程网"中国大学 MOOC"栏目开设国家精品在线开放课程"园林工程施工技术",在"智慧职教"网开设国家职业教育园林技术专业教学资源库课程"园林工程"。

　　教材由江苏农林职业技术学院刘玉华担任主编,江苏农林职业技术学院程亚兰、刘建英担任副主编。绪论以及项目一、二由刘玉华编写,项目三由南京铁道职业技术学院牛艳玲编写,项目四由刘建英编写,项目五由程亚兰编写,项目六由刘建英、程亚兰共同编写,项目七由江苏农林职业技术学院马涛编写。济南森林公园服务中心姜财起、江苏山水环境建设集团有限公司苏青峰提供了企业案例,参与教材编写。

教材在编写过程中参考引用了有关部门、单位和个人的文献著作,在此表示衷心的感谢。

由于编者水平有限,书中疏漏之处在所难免,恳请广大读者和专家批评指正,以便以后进一步完善。

编　者

2022 年 9 月

第一版前言

"园林工程"是一门集工程、艺术、技术于一体的综合性课程,是园林技术专业、园林工程技术专业重要的专业课。该课程是国家职业教育园林技术专业教学资源库重点建设课程。该课程以培养职业能力为重点方向,课程内容与行业岗位需求和实际工作需要相结合。课程设计以学生为主体,以能力培养为目标,以完成项目任务为载体,体现基于工作过程导向的项目课程开发与设计理念。基于上述理念,从两个方面介绍本教材的特点。

1. 编写思路

教材为培养园林企业施工员、设计员、监理员等高素质技能型人才提供理论和技术支持。目标是指导学生能画一套施工图,能写一本施工组织设计材料,能建一座园林。教材内容和组织形式强化应用,注重实践,跟踪先进技术。

2. 编写特色

(1) 项目—子项目—工作任务

教材突破传统教材的章节形式,按项目编写。全书由八个项目组成,每个项目有2~5个子项目,每个子项目又包括若干任务。如假山工程项目,分成假山与置石造型设计、结构设计和施工三个子项目,施工子项目又分成自然山石假山施工和塑山两个任务。

(2) 综合—分项—汇总成果

项目一让学生明确,要建设一个综合性园林需要完成哪些任务,要求列出整套施工图的目录,绘出总平面图。

项目二—八,将项目一的综合性园林,分解为土方、给排水、水景、砌体、园路、假山、种植工程七个分项目,分项目之间既连贯又相对独立。在逐步完成分项工程的基础上,汇总即形成整套施工图和施工组织设计。

(3) 六步骤项目实施

教材中每个项目的实施都包括六个步骤,即明确目标、分析任务、实践操作、实践示例、总结知识和技能训练。

教材由江苏农林职业技术学院刘玉华担任主编,江苏农林职业技术学院刘建英担任副主编,项目一、二、三、四、五由刘玉华编写,项目六由南京铁道职业技术学院牛艳玲编写,项目七由山西林业职业技术学院郭毅编写,项目八由江苏农林职业技术学院薛君艳编写。

教材在编写过程中参考引用了有关部门、单位和个人的文献著作,在此表示衷心的感谢。

由于编者水平有限,书中疏漏之处在所难免,恳请广大读者和专家批评指正。

编　者

2015 年 2 月

目 录

绪　论

生态文明建设是中华民族永续发展的根本，建设美丽中国是园林从业人员的基本责任。园林施工技术人员要以传承我国传统园林营造技艺为基础，结合现代施工技术，不断推陈出新，利用新材料、新技术、新工艺，服务于城市绿地建设、生态环境治理、农村人居环境整治等领域，为人们创造良好的生产生活环境。

一、解析园林工程

1. 园林的概念

园林国际上称为 Landscape Architecture。我国近代学者陈从周和汪菊渊对园林的研究比较有代表性。

陈从周《说园》中称：中国园林是由建筑、山水、花木等组合而成的综合艺术品，富有诗情画意。

解析园林工程

汪菊渊《中国大百科全书·建筑·园林·城市规划卷》中称：园林是在一定地域内用工程技术和艺术手段，通过改造地形（或进一步筑山、叠石、理水）、种植树木花果、营造建筑和布置园路等人工手段创造而成的优美自然环境和游憩境域。园林包括庭园、宅园、小游园、花园、公园、植物园、动物园等；随着社会的发展，还包括森林公园、风景名胜区、自然保护区（国家公园）、游览区及休养胜地等。

2. 园林工程的概念

工程，常指工艺过程。工，"执技艺以成器物"，指运用知识和经验对原材料、半成品进行加工处理，最后使之成为物体（产品）；程，"物之准"，即法式、办法、规范、标准、方法步骤，也含有期限、进程和过程之意。

园林工程，是指园林、城市绿地和风景名胜区中除建筑工程以外的室外工程；是以工程原理、造景技术为基础,创造园林景观的专业性建设工作;是探讨在发挥园林综合功能(社会、经济、生态等)的前提下,解决园林设施、构筑物与园林景观之间的矛盾,运用工程技术表现园林艺术。园林工程的研究范畴包括工程原理、工程设计和施工养护等内容。

3. 园林工程的内容

我国现代园林兴建一般涉及以下内容:土方工程,包括竖向设计、地形塑造、土方填筑;给水及排水工程,包括节水灌溉、雨水收集、处理、回用技术;水景工程,包括驳岸、护坡、水池及喷泉;砌体工程,包括挡土墙、花坛、景墙等;园路和广场铺装工程、假山工程。另外,还有种植工程、园林建筑工程、园林供电工程,本书暂不涉及这三部分。

4. 园林工程的特点

(1) 艺术性　园林中的工程构筑物,外在形式应同园林意境相一致,并给人以美感。

(2) 规范性　园林建设所涉及的各项工程,从设计到施工均应符合我国现行的工程设计、施工规范。

(3) 时代性　园林有时代性,与当时的工程技术水平相适应。今天,新技术、新材料、高科技已深入园林工程的各个领域,如集光、电、机、声为一体的大型音乐喷泉。

(4) 协作性　园林工程建设,在设计上,常由多工种设计人员共同完成;在建设上,往往需要多部门、多行业协同作战。

随着我国社会和经济的发展,新的园林理念不断引入,园林工程技术在不断吸收相关行业的先进技术中获得发展,与生态工程、市政工程、建筑工程的关系日渐紧密。

5. 园林工程课程的学习要求

园林工程是一门实践性强、技术性高的课程,需要变理想为现实,化平面为立体。只有将科学性、技术性和艺术性三者融为一体才能创造出技艺合一、功能全面、经济实用且美观的好作品。具体要求如下:

(1) 观察分析园林工程案例　不仅需要充分理解、掌握各项园林工程的性质,也要多到施工现场去观察,多向有经验的工程师、施工员学习。

(2) 解决传统与现代工程技术之间的矛盾　以经验传承为主的传统建造方法需要适应以科学实验为基础的现代技术体系,园林工程需要不断推陈出新,在继承中全面提升。

(3) 采用绿色生态材料与集成技术　绿色生态材料是指对人体及周边环境无害的健康型、环保型、安全型的建筑材料。集成技术是指综合运用多种工程材料、施工和管理技术解决某一类问题的技术集群。

(4) 加强与相关行业的合作　随着工程项目逐渐大型化、复杂化,导致技术分工更精细化,如喷泉工程、园林灌溉工程、园林给排水工程、景观照明工程等都是专门的技术门类。这就需要各专业技术人员之间加强沟通合作。

我国园林工程发展进程

二、我国园林工程发展进程

中国园林是我国传统文化的重要组成部分,它不仅以丰富多彩的内容和高超的艺术水平在世界造园艺术中独树一帜,而且其独特的精神文化内涵和辉煌的艺术成就为世界所瞩目。我国园林工程的发展可以分为古典园林时期和现代园林时期。

（一）古典园林时期

中国古典园林可以分为生成期、转折期、繁盛期、成熟期和集成期。

1. 生成期

商周秦汉是中国古典园林从萌芽、产生到逐渐成长的时期，经历千余年。

商末周初开始兴建离宫别馆，出现了规模较大的囿和台，如周文王主持修建的灵囿、灵台、灵沼，其内部有明确的凿低筑高的改造地形地貌的土方工程技术，内部有山、水、植物、动物、建筑等园林基本要素，供皇室狩猎、游赏。

秦、汉是园林发展的重要阶段，宫苑成为该时期造园活动的主流。这一时期的宫苑规模恢宏、建筑华美、功能多样。汉朝上林苑的建章宫，建有太液池、"蓬莱、方丈、瀛洲"三山，这种"一池三山"的山水格局，对后世的皇家造园和都城建设影响深远。

2. 转折期

东汉、魏晋南北朝是中国古典园林发展史上一个承前启后的转折时期。佛教、道教、诸子百家思想对这一时期的园林产生了较大影响。"园林"一词的出现，使造园活动不再追求宏大的规模，而趋向于写实与写意相结合，隐逸思想得以充分体现，初步形成了皇家、私家、寺观园林。

3. 繁盛期

隋唐时期，园林创作达到了顶峰。皇家园林的"皇家气派"已经完全形成；寺观园林更加世俗化；私家园林追求个性特征，向文人化方向发展。以诗入园、因画成景的造园手法在唐代已渐成熟。

隋唐时期的皇家园林集中在南京、长安和洛阳。该时期的皇家园林建设数量之多、规模之大远远超过魏晋南北朝时期，已经形成大内御苑、行宫御苑、离宫御苑三个各具特色的类别，整体的规划设计和艺术水平都有了很大的提升，对后世皇家园林的营建影响深远。

4. 成熟期

进入宋代，文人园林的发展最为突出，文人参与造园并赋予园林诗情画意。假山、叠石、理水、植物、建筑等造园要素全面提升，园林创作更加重视意境和内涵。

两宋时期皇家园林集中在东京和临安两地，受文人园林的影响，宫苑的建设以山水创作自然之趣为主题，宋徽宗的寿山艮岳是这一时期的杰出代表。

宋代园林工匠和文人墨客在园林兴造实践中，积累了丰富的经验，撰写了众多著作，代表作有沈括的《梦溪笔谈》、李诫的《营造法式》。

5. 集成期

明、清时期是中国古典园林发展历史上的又一个高峰，园林形式更为丰富，造园技艺更加精湛。帝王南巡北狩，从塞外到江南，促进皇家园林、私家园林和寺观园林的繁荣，出现了一批地域不同、风格迥异的园林作品，留存至今的许多明清历史名园被列为世界文化遗产。同时，优秀造园家和园林相关论著集中出现，主要有明代计成的《园冶》、明代文震亨的《长物志》、明代徐霞客的《徐霞客游记》、清代李渔的《闲情偶寄》和沈复的《浮生六记》等。

中国古典园林的出现和发展反映了先民对理想生活空间和精神世界的向往和追求，打造出一种"虽由人作，宛自天开"的效果。从先秦到晚清，中国古典园林经历了漫长的发展历程，以皇家园林、私家园林、寺观园林为主体，逐渐形成了独具特色的园林体系和异彩纷呈的地域风格，集中体现了中华民族"师法自然、天人合一"的哲学思想。丰富的内涵和卓越的成就，彰显了中国传统文化的独特魅力，在人类文明史上谱写了一部创造理想家园的灿烂篇章。

（二）现代园林时期

新中国成立以来，园林工程建设得到长足的进步与发展，大致经历了以下 3 个阶段：

1. 起步发展阶段（1949—1979 年）

以配套附属工程、绿化种植工程、传统造园技术手段为主。

2. 全面发展阶段（1980—1990 年）

以城市绿地综合性工程、居住区绿化工程为主。

3. 蓬勃发展阶段（1991 年至今）

从 20 世纪 90 年代起，随着城市居住区大量兴建，加之"园林城市""生态园林城市"的创建，奥运会、世博会、园博会、花博会等一系列重大事件的带动，我国园林工程建设事业蓬勃发展。在此期间，也涌现了众多新技术、新材料、新工艺。

土方工程方面，大规模的高土山夯筑技术得以应用，如北京奥林匹克公园的主山高达 48 m，土方量约 $500 \times 10^4 \text{ m}^3$。水景工程方面，生态河床、生态驳岸、人工湿地构建技术和水环境生态修复技术日渐成熟，大型程控、音控喷泉工程、造雾技术成为水景工程的亮点。计算机绘图与模型制作技术、全息摄影测量技术、三维激光扫描技术、三维打印技术等在园林工程中应用，也为园林工程注入新的内涵。

近年来，园林工程从传统的城市环境绿化和风景区建设扩展到更多领域，如废弃地恢复、生态环境建设、河岸整治、自然与文化遗产保护等，这极大地扩展了园林工程的理论知识、强化了园林工程的施工技术等。与园林相关的城乡规划学、建筑学、市政工程等学科的不断创新发展，也为园林工程提供了更丰富的理论、材料和技术。

三、园林工程项目建设

园林工程建设程序

1. 园林工程项目

园林工程项目，是指为完成依法立项的新建、扩建、改建等各类园林工程而进行的，有起止日期、需达规定要求的一组相互关联的受控活动组成的特定过程，包括策划、勘察、设计、采购、施工、试运行、竣工验收和考核评价等。

园林工程项目，是以建成城市绿地或游憩性的开敞空间为目标的一次性工作任务，如一个公园、一组居住区绿地等。

2. 园林工程项目的特征

（1）具有完整的结构系统　在一个总体设计范围内，由一个或若干个内部互相有联系的单项工程所组成，建设中实行统一核算、统一管理。

（2）具有一定的约束条件

一是时间约束，即一个园林工程项目有合理的建设工期目标；

二是资源约束，即一个园林工程项目有一定的投资总量目标和确定的工程数量；

三是质量约束，即一个园林工程项目要符合明确的工程质量标准、技术水平或使用效益目标。

（3）具有特定的建设过程　园林工程项目需遵循必要的建设程序，从提出建设的设想、建议、方案拟定、评估、决策、勘察、设计、施工一直到竣工，并投入使用，是一个有序的过程。

（4）具有一次性的组织方式　表现为资金的一次性投入、建设地点的一次性固定、设计单一、施工单件。

(5) 具有投资限额标准　园林工程项目以形成固定资产为特定目标,只有达到一定限额投资的项目才作为园林工程项目,不满限额标准的称为零星固定购置。

3. 园林工程项目的结构分解

一个园林工程项目,是在一个场地或数个场地内,按照一个总体设计进行施工的各个工程项目的总和,具体由下列工程内容组成:

(1) 单项工程　指具有独立设计文件,竣工后可发挥生产能力或效益的工程。一个园林工程项目中可以有几个单项工程,也可以只有一个单项工程。如一个公园里的码头、水榭、茶室等。

(2) 单位工程　指具有单列的设计文件,可独立施工,但竣工后不能独立发挥生产能力或效益的工程。一个单项工程一般由若干个单位工程所组成,如茶室工程中的土建工程、给排水工程、照明工程等。

(3) 分部工程　指按单位工程的各个部位、工种、材料和施工机械进一步划分的工程。一个单位工程可以由若干个分部工程组成,例如一个茶室的土建单位工程,按工程部位,可以分为基础、主体结构、屋面、装修等分部工程;按工种,可以分为土(石)方工程、地基工程、混凝土工程、砌筑工程、防水工程、抹灰工程等分部工程。

(4) 分项工程　分项工程以选用的施工方法、施工内容、使用材料等因素划分,以便于专业施工班组施工。一个分部工程可以划分为若干个分项工程,例如一个茶室的基础分部工程,可以划分为槽(坑)挖土、混凝土垫层、砖砌基础、回填土等分项施工过程。

4. 园林工程项目的建设程序

园林工程项目的建设程序是工程项目技术规律、经济规律、建设规律的体现,是工程项目在整个建设过程中必须遵循的先后顺序,也是几十年来我国基本建设工作的实践经验和科学总结。

园林工程项目从计划建设到建成使用,一般要经过项目建议书、可行性研究、勘察设计、建设准备、建设实施、竣工验收和项目后评价七个阶段。

(1) 项目建议书　项目建议书是建设单位向国家提出要求建设某一工程项目的建议文件,从拟建项目的必要性及可行性角度出发而提出的初步设想。

(2) 可行性研究　可行性研究是在项目建议书被批准后,对建设项目的技术性及经济性进行科学分析和论证工作。可行性研究的主要任务是通过多方案比较,提出评价意见,推荐最佳方案。

(3) 勘察设计　勘察分为初勘和详勘两个阶段,为设计提供依据。设计分为初步设计和施工图设计两个阶段,对于大型复杂项目,根据不同行业的特点和需要,在初步设计之后增加技术设计阶段。

(4) 建设准备　建设准备阶段主要工作内容包括:组建项目法人、征地、拆迁、平整场地、组织材料、设备订货;办理建设工程质量监督手续;委托工程监理;准备必要的施工图纸;组织施工招投标、择优选定施工单位;办理施工许可证等。

(5) 建设实施　建设工程项目具备开工条件并取得施工许可证,便进入了建设实施阶段。项目新开工时间按设计文件中规定的任何一项永久性工程第一次正式破土开槽时间而定。

(6) 竣工验收　当建设工程项目按设计文件的规定内容,全部施工完成后,便可组织验收。竣工验收是考核建设成果、检验设计落地情况和施工质量的重要环节,也是建设项目转入生产和使用的标志。验收合格后,建设单位编制竣工决算,项目正式投入使用。

(7) 项目后评价　项目后评价是工程项目竣工投产、生产运营一段时间后,在对项目的立项决策、设计施工、竣工投产、生产运营等全过程进行系统评价的一种技术活动,是固定资产管理的一项重要内容,也是固定资产投资管理的最后环节。

学习任务单

任务	根据提供的江苏园方案设计,列出构成江苏园的单项工程、单位工程		
		案例:江苏园建成景观	
姓名		班级	学号
江苏园施工项目构成表(满分10分)			
序号	单项工程(正确写出1项加0.3分)	单位工程(正确写出1项加0.2分)	
示例	玉兰堂	土建工程、给排水工程、照明工程……	
1			
2			
3			
……			

复习题

1. 什么是园林? 什么是园林工程?
2. 我国现代园林工程一般包括哪些内容? 它有哪些特点?
3. 学习园林工程有哪些要求?
4. 什么是园林工程项目? 它有哪些特征?
5. 园林工程项目如何拆解、可以拆解为哪些内容?
6. 列出我国园林工程项目建设程序的关键环节。
7. 列出10个我国园林工程建设必须遵守的法律法规。

思考题

随着我国园林产业转型升级,园林工程的内容发生了哪些变化? 园林工程项目的建设程序发生了哪些变化?

拓展学习

扫描以下二维码,学习小花园施工流程,了解园林工程施工流程。

案例:小花园施工

项目一　绘制园林施工图

■ 知识目标

1. 掌握园林施工图的概念、作用和图纸组成；

2. 掌握园林总平面图的用途、内容、绘制方法和要求；

3. 掌握园林竖向设计图、园林给排水管线施工图、园林电气施工图、园路广场施工图、假山施工图、园林建筑施工图、结构构件施工图、水池施工图、种植施工图等园林施工图的内容；

4. 了解 BIM 技术在园林施工图设计中的应用。

■ 技能目标

1. 能根据园林设计方案列出施工图目录；

2. 能绘制小型园林绿地设计的施工总平面图；

3. 能看懂整套园林施工图。

■ 素养目标

1. 了解在施工图绘制和审查中，必须遵守哪些国家相关法律法规、行业规范；

2. 培养认真阅读施工图的习惯，多到施工现场勘察，检查施工现场与图纸是否吻合；

3. 加强与其他技术人员沟通交流，遵守协作流程，通过多人协作完成整套施工图的绘制；

4. 借鉴建筑行业新技术、信息技术等，不断创新园林工程施工和管理方法。

■ 教学引导图

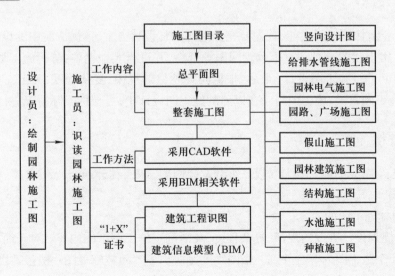

什么是园林施工图？

园林施工图是指规划设计方案确定后，根据工程实际情况绘制指导施工的技术性较强的图纸；是园林设计人员在掌握园林艺术理论、设计原理、有关工程技术及制图基本知识的基础上，综合运用建筑、山石、水体、道路和植物等造园要素，经过艺术构思和合理布局所绘制的专业图纸。园林施工图是园林工程设计人员的技术语言，它能够将设计者的设计理念和要求，直观、准确地表达出来。

园林施工图的作用是什么？

园林施工图是指导生产施工与管理的技术文件。首先，园林施工技术人员可以通过对园林施工图纸的阅读、识别，准确而形象地理解设计者的设计意图，并想象出图纸所要表现的园林绿地的艺术效果。其次，园林施工技术人员可以依照园林施工图纸进行施工，从而创造出符合设计意图的优美的园林景观。另外，园林施工图纸还是工程经济管理结算以及造价结算的依据。所以说，绘制、识别、使用施工图纸是进行园林工程建设的基础。

绘制园林施工图必须遵守的主要规范有哪些？

(1) 中华人民共和国住房和城乡建设部令第 13 号《房屋建筑和市政基础设施工程施工图设计文件审查管理办法》(2013—04—27)。

(2) 中华人民共和国国务院第 279 号令《建设工程质量管理条例》(2000—01—30)。

(3) 中华人民共和国国务院第 293 号令《建设工程勘察设计管理条例》(2000—09—25)。

(4)《公园设计规范》(GB 51192—2016)、《城市园林绿化评价标准》(GB/T 50563—2010)、《园林绿化工程施工及验收规范》(CJJ 82—2012)等。

子项目一　编制园林施工图目录

一、任务分析

在绘制一套园林施工图之前，首先要充分理解园林设计方案，读懂方案中的设计思想和设计内容；其次，收集现状图、地形图、市政管网图等资料，并进行实地勘察，分析施工场地情况，在资料齐全的基础上进行施工图设计；最后，根据园林项目的规模、复杂程度，确定需要完成的施工图纸，并列出施工图目录，施工图目录在以后的施工图设计中，可根据实际情况进行修改。

二、实践操作

1. 分析已经完成的园林设计方案，列出设计内容，即园林建筑、道路、水体、植物、假山、地形、给排水管线、电气设计等。

2. 确定园林施工图的内容

根据园林规划设计方案的规模、复杂程度，灵活确定施工图纸的内容。对于简单的园林建设项目，可以把几个施工图内容合并到一张图纸上完成。一套园林施工图一般包括以下内容。

(1) 施工图目录　施工图目录大致分为六大类，详见表 1-1。

(2) 施工图设计说明　对整套图纸的阅读起着指导作用，主要包括以下内容。

表 1-1　施工图目录常规内容

序号	分类	图名	图号	图幅	比例
1	施工说明及材料表（SM）	施工图设计说明	SM-01	A4	
		植物材料明细表	SM-02	A4	
		铺装材料明细表	SM-03	A4	
2	总图（ZS）	总平面图	ZS-01	A1	1：500
		总平面方格网定位放线图	ZS-02	A1	1：200
		总平面竖向设计图	ZS-03	A1	1：200
		总平面索引图	ZS-04	A1	1：200
3	详图（XS）	弧形廊架施工详图	XS-01	A1	
		方亭施工详图	XS-02	A1	
		水体施工详图	XS-03	A1	
		拱桥施工详图	XS-04	A1	
		……	……	……	
4	种植施工图（LS）	种植施工总平面图	LS-01	A1	1：500
		种植施工放线图（一）	LS-02	A1	1：200
		种植施工放线图（二）	LS-03	A1	1：200
5	电气施工图（DS）	照明系统施工设计说明	DS-01	A4	
		照明系统施工平面图	DS-02	A1	1：500
		照明系统配电图	DS-03	A1	
		灯具设计与安装详图	DS-04	A1	
6	给排水施工图（SS）	给排水施工说明	SS-01	A4	
		给排水管线布局图	SS-02	A1	1：500
		给排水施工详图	SS-03	A1	1：200
		水体管线施工详图	SS-04	A1	1：500
		喷灌施工图	SS-05	A1	

编制依据：相关部门的审批文件、工程建设标准、基础资料、相关设计规范等。

工程概况：建设地点、用地概貌、设计条件、工程规模、用地平衡表、绿地率等。

主要工程做法，如园路、广场、挡墙等。

技术措施要求，如栽植土层厚度、树木与地下管线、地面建筑物、构筑物最小水平距离等要求。

其他需特殊说明的情况，如安全防护、环保措施、防火、人防工程等。

(3) 总图　包括总平面图、定位放线图、竖向设计图等，让读者对方案有更直观的了解。

① 总平面图。总平面图主要表现规划用地范围内的总体设计，反映组成园林各部分的长宽尺寸、平面关系以及各种造园要素（如地形、山石、水体、建筑及植物等）布局位置。它是反映园林工程总体设计意图的主要图纸，同时也是绘制其他图样、施工放线、土方工程及编制施工组织方案的依据。

② 定位放线图。定位放线图为园林工程施工放线提供依据，施工人员可以借助测量仪器将图形测设到施工场地中。

③ 地形图（竖向设计图）。地形图主要反映规划用地范围内的地形设计情况，山石、水体、道路和建筑的标高，以及它们之间的高度差别，为土方工程和土方调配以及预算、地形改造的施工

提供依据。

④ 总平面索引图。总平面索引图是说明节点做法在总平面图中位置的图纸。索引图功能与目录类似,用于方便查找节点详图。一般索引景观节点、景观小品、园路铺装做法、台阶等详图,以及重要节点、折点的剖面图。

(4)详图　针对不同的设计方案,详图内容会发生变化,取决于设计方案中的造园要素。设计方案中有哪些造园要素,对应的施工图详图部分就有哪些图纸。

① 铺装详图。铺装平面详图反映园林广场、园路、铺地节点的平面图案、尺寸、材料等情况。铺装结构图:反映园林铺地的断面结构,明确结构层所用材料、规格等。

② 园林建筑小品结构图。园林建筑小品结构图通过平面图、立面图、剖面图和细部结构图来表现所设计建筑小品的形状、大小、材料、结构。

③ 水景结构图。水景结构图主要反映人工湖驳岸、湖底结构,水池形状、尺寸,水池壁结构,喷泉水池给排水系统等。

④ 假山结构图。假山结构图主要反映假山平立面造型,假山基础、假山洞、假山山石结体、山顶等的结构。

(5)种植施工图　种植施工图主要反映规划用地范围内所设计植物的种类、数量、规格、种植位置、配置方式、种植形式及种植要求。

(6)电气施工图　电气施工图主要反映园林中照明、音箱、喷泉喷灌设备等电路布置情况。

(7)给排水施工图　给排水施工图主要反映绿地给水、喷灌、雨水排水系统、地下水排除系统等。

三、实践示例

江苏园建筑
施工图

首届中国绿化博览会江苏参展园占地面积 12 000 m^2,结合用地特点,将其设计成以展示江苏历史文化特色为主题,集人文、生态、游憩、观光于一体的现代特色展园。其施工图目录如表 1-2 所示,设计方案平面图如图 1-1 所示。

图 1-1　江苏展园设计方案平面图

表 1-2 江苏展园施工图目录

×××× 规划设计研究院		顾客			项目编号	
		项目名称			分项编号	
(1) 图纸目录		校对			项目负责人	
		审核			设计人	
		日期			第　张	共　张
序号	图纸名称	图号	标准图纸号	张数		备注
				本设计	其他设计	
	总图					
1	江苏展园景观工程设计平面及定位图	景施 -ZT-01	A0			
2	江苏展园景观工程设计铺装设计图	景施 -ZT-02	A0			
3	江苏展园景观工程设计景观水池定位图	景施 -ZT-03	A0			
	剖面图					
4	江苏展园景观工程设计剖面图 1	景施 -DM-01	A2			
5	江苏展园景观工程设计剖面图 2	景施 -DM-02	A2			
6	江苏展园景观工程设计假山立面图 1	景施 -DM-03	A2			
	详图					
7	江苏展园景观工程设计平面及铺装设计详图 1	景施 -XT-01	A2			
8	江苏展园景观工程设计平面及铺装设计详图 2	景施 -XT-02	A2			
9	江苏展园景观工程设计道路设计详图 1	景施 -XT-03	A2			
10	江苏展园景观工程设计道路设计详图 2	景施 -XT-04	A2			
11	江苏展园景观工程设计道路设计详图 3	景施 -XT-05	A2			
12	江苏展园景观工程设计树池设计详图 1	景施 -XT-06	A2			
13	江苏展园景观工程设计挡墙及台阶详图 1	景施 -XT-07	A2			
14	江苏展园景观工程设计水池驳岸详图 1	景施 -XT-08	A2			
15	江苏展园景观工程设计水池驳岸详图 2	景施 -XT-09	A2			
16	江苏展园景观工程设计园桥设计详图 1	景施 -XT-10	A2			
17	江苏展园景观工程设计园桥设计详图 2	景施 -XT-11	A2			
	种植设计					
18	江苏展园景观工程设计植物配置图 1	景施绿 -ZT-01	A0			
19	江苏展园景观工程设计苗木表	景施绿 -MU-01	A2			
	水电设计					
20	景观照明设计说明、主要设备材料一览表	电施 -1	A2			
21	照明平面图照明、控制箱系统图	电施 -2	A1			
22	给排水设计图	水施 -1	A0			

四、补充知识

绘制园林施工图时,线型、字体的选用要符合制图规范。

1. 线型

根据图纸内容及复杂程度,选用合适的线型及线宽来区分图纸内容的主次(表1-3)。

表1-3　常用线型及用途表

名称	线型	线宽/mm	用途
特粗实线	——————	0.70	建筑剖面、立面中的地坪线,大比例断面图中的剖切线。
粗实线	——————	0.50	平、剖面图中被剖切的主要建筑构造(包括构配件)的轮廓线;建筑立面图的外轮廓线;构配件详图中的构配件轮廓线。
中实线	——————	0.25	平、剖面图中被剖切到的次要建筑构造(包括构配件)的轮廓线;建筑平立剖面图中建筑构配件的轮廓线;构造详图中被剖切主要部分的轮廓线;植物外轮廓线。
细实线	——————	0.18	图中应小于中实线的图形线、尺寸线、尺寸界线、图例线、索引符号、标高符号。
中虚线	— — — — —	0.25	建筑构造及建筑构配件不可见的轮廓线。
细虚线	– – – – –	0.18	图例线,应小于中虚线的不可见轮廓线。
点划线	—— · —— · ——	0.18	中心线、对称线
折断线	———／———	0.18	断开界线
波浪线	～～～	0.18	断开界线

2. 字体

图纸上需书写的文字、数字、符号等,均应笔画清晰,字体端正,排列整齐,汉字、拉丁字母、阿拉伯数字和罗马数字均用仿宋体GB2312,其高度(h)与宽度(w)的关系:$w/h=1\sim1.5$。文字字高选择建议:

(1) 尺寸标注数字、标注文字、图内文字选用字高为3.5 mm;

(2) 说明文字、比例标注选用字高为4.8 mm;

(3) 图名标注文字选用字高为6 mm,比例标注选用字高为4.8 mm;

(4) 图标栏内须填写的部分选用字高为2.5 mm。

工作任务	根据提供的庭院总平面及索引图,列施工图目录			
姓名		班级		学号

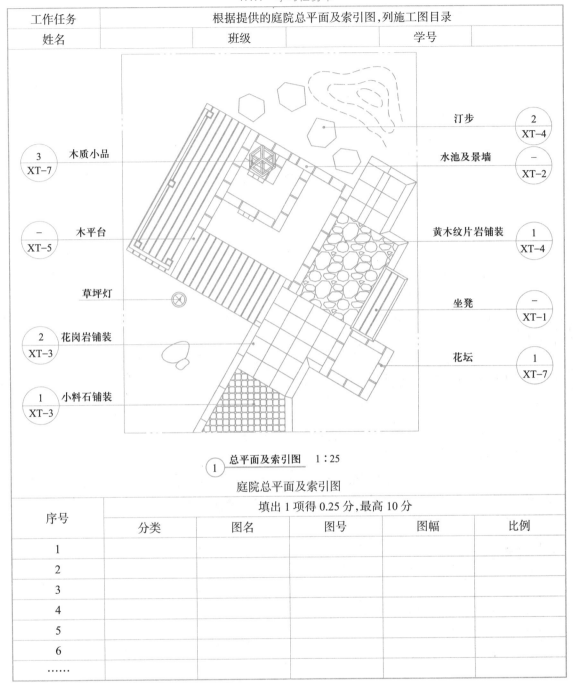

庭院总平面及索引图

序号	\multicolumn{5}{c|}{填出 1 项得 0.25 分,最高 10 分}
	分类	图名	图号	图幅	比例
1					
2					
3					
4					
5					
6					
……					

子项目二　绘制园林总平面图

绘制园林总平面图

　　园林总平面图是反映园林工程总体设计意图的图纸,同时也是绘制其他图纸,施工放线及编制施工组织设计的依据,是指导施工的主要技术性文件。总平面图主要表现规划用地范围内的总体设计,反映组成园林各部分的长宽尺寸和平面关系,是各种造园要素(如地形、山石、水体、建筑及植物等)布局、位置的水平投影。

一、任务分析

一般情况下总平面图所表现的内容包括:

(1) 规划用地的范围。

(2) 对原有地形、地貌的改造和新的规划(也可单独在地形图中表示)。注意:在总平面图上出现的等高线均表示设计地形,对原有地形不做表示。

(3) 依照比例表示出规划用地范围内各园林组成要素的位置和外轮廓线。

(4) 反映出规划用地范围内园林植物的种植位置(也可单独在种植图中表示)。

二、实践操作

1. 根据用地范围的大小与总体布局情况,选择适宜的绘图比例

一般情况下绘图比例的选择主要根据规划用地的大小来确定。若用地面积大,总体布置内容较多,可考虑选用较小的绘图比例;反之,则考虑选用较大的绘图比例(表1-4)。

表1-4　施工图比例

总图常用比例	1∶100,1∶200,1∶500,1∶1 000,1∶2 000,1∶5 000,1∶10 000
详图常用比例	1∶5,1∶10,1∶20,1∶50
可用比例	1∶3,1∶15,1∶25,1∶30,1∶40,1∶60,1∶150,1∶250,1∶300,1∶400,1∶600,1∶1 500,1∶2 500,1∶3 000,1∶4 000,1∶6 000,1∶15 000

2. 确定图幅,做好图面布局

绘图比例确定后,就可根据图形的大小确定图纸幅面,并进行图面布置。图面布置时,应考虑图形、文字说明、标题栏、大标题等内容所占用的图纸空间,使图面布局合理,保证图面均衡(表1-5)。

表 1-5　图纸幅面(简称图幅)

幅面代号	A0	A1	A2	A3	A4
宽 × 长	841×1 189	594×841	420×594	297×420	210×297

注:1. 表中单位为毫米(mm)。

2. 如果图纸需要加长,在长边加长 1/4 长边的整数倍。

3. A4 图一般无加长图幅。

4. 为方便翻阅图纸,总图部分采用 A2—A0 图幅(视图纸内容需要,同套图纸统一),详图图纸采用 A3 图幅。根据图纸量可分册装订。

例:某一城市广场用地 300 m×100 m,如果采用 1∶500 的比例绘制施工平面图,需要选用多大的图纸?

答案:300 m 在 1∶500 的图中用 600 mm 的线段表示,因此选用 A1 图纸(841 mm×594 mm)作图。

3. 确定定位轴线或绘制直角坐标网

总平面图中的定位方式有以下两种:

（1）根据原有景物定位，即标注新设计的主要景物与原有景物之间的相对距离。

（2）采用直角坐标网定位。直角坐标网有建筑坐标网和测量坐标网两种标注方式。

建筑坐标网是以工程范围内的某一固定点作为相对"0"点，再按一定距离画出网格，一般情况下水平方向为 B 轴，垂直方向为 A 轴，便可确定网格坐标。

测量坐标网是根据造园所在地的测量基准点确定的，水平方向为 x 轴，垂直方向为 y 轴，坐标网格一般用细实线绘制。

采用直角坐标网格标定各造园要素的位置时，可将坐标网格线延长作定位轴线，并在某一端绘制直径为 8mm 的细实线圆进行编号。定位轴线的编号一般标注于图样的下方与左侧，横向用阿拉伯数字自左而右按顺序编号，纵向用大写英文字母（I、O、Z 除外，避免与 1、0、2 混淆）按自下而上顺序编号，并注明基准轴线的位置。

4. 绘制各造园要素

设计范围红线用点划线并加粗。首先绘制现状地形与欲保留的地物，然后绘制设计地形与新设计的各造园要素。

（1）地形　在总平面图中，地形的高低变化及其分布情况通常用等高线来表示。一般规定：表现设计地形的等高线用细实线绘制，表现原地形等高线用细虚线绘制。在总平面图中一般只标注设计地形，且等高线可以不标注高程。

（2）水体　水体一般用两条线表示，外轮廓线用特粗实线绘制，表示水体边界线（即驳岸线）；内轮廓线用细实线绘制，表示水体的常水位线。

（3）山石　山石均采用水平投影轮廓线概括表示，以粗实线绘出边缘轮廓，以细实线概括性地绘制出纹理。

（4）园林建筑　在图纸绘制过程中，对于建筑的表现方法，一般规定为：在 1∶100 等大比例图纸中，对有门窗的建筑，采用通过窗台以上部位的水平剖面图来表示；对没有门窗的建筑，采用通过支撑柱部位的水平剖面图来表示。在 1∶1 000 以上的小比例图纸中，只需用粗实线画出水平投影外轮廓线，建筑小品可不画。

在线型的运用方面一般规定：用粗实线画出断面轮廓，用中实线画出其他可见轮廓。此外，也可采用屋顶平面图来表示（仅适用于坡屋顶和曲面屋顶），用粗实线画出外轮廓，用细实线画出屋面，对花坛、花架等建筑小品用细实线画出投影轮廓。

（5）园路　在总平面图中，园路一般情况下只需要细实线画出路缘即可，但在一些大比例图纸中为了更清楚地表达设计意图，或者对于园中的一些重点景区，可以按照设计意图对路面的铺装形式、图案作简略表示。

（6）植物　园林植物种类繁多，姿态各异，一般用"图例"表示。总平面图中一般不要求具体到植物的品种。一些面积较小的简单设计，通常将总平面图与种植设计图合二为一，要求具体到植物的品种。对于比较正规的设计，总平面图图例必须区分出针叶树、阔叶树；常绿树、落叶树；乔木、灌木、绿篱、花卉、草坪、水生植物等，而且常绿植物在图例中必须画出间距相等的 45°细斜线。

绘制植物平面图图例时，要注意曲线过渡自然，图形应形象、概括。树冠的投影按照成龄以后的树冠大小画。

5. 标注标高

平面图上的标高均以"m"为单位，小数点后保留三位有效数字，不足的以"0"补齐。

6. 编制图例说明

为了方便阅读,在总平面图中,需要求在适当位置对图纸中出现的图例进行标注,并注明其含义。为了使图面清晰,对图中的建筑应予以编号,一般建筑的编号用英文字母 A、B、C、D 等表示,然后再注明相应的名称。

7. 编写设计说明

设计说明是利用文字对设计思想和艺术效果进行更深一步的表达,或者起到对图纸内容补充说明的作用。对于图纸中需要强调的部分以及未尽事宜也可用文字进行说明,如影响到园林设计但图纸中却没有反映出来的因素,如地下水位、当地土壤状况、地理、人文等因素。

8. 绘制比例尺、风玫瑰图、指北针,注写标题栏

比例尺可以分为数字比例尺和线段比例尺,为便于阅读,总平面图中宜采用线段比例尺。

风玫瑰图也叫风向频率玫瑰图,是根据当地多年统计的各个方向、吹次数的平均百分数值,按一定比例绘制而成的。图例中,粗实线表示全年风频情况,虚线表示夏季风频情况,最长线段为当地主导风向。

指北针一般放在图纸的右上角。

标题栏一般根据具体情况进行注写,如图 1-2。

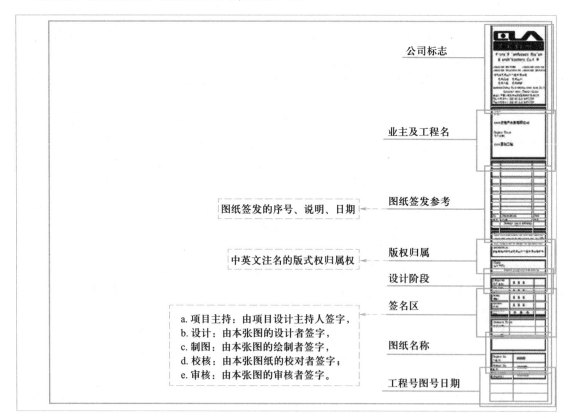

图 1-2　图框及标题栏

三、实践示例

首届中国绿化博览会江苏参展园施工总平面图如图 1-3 所示。

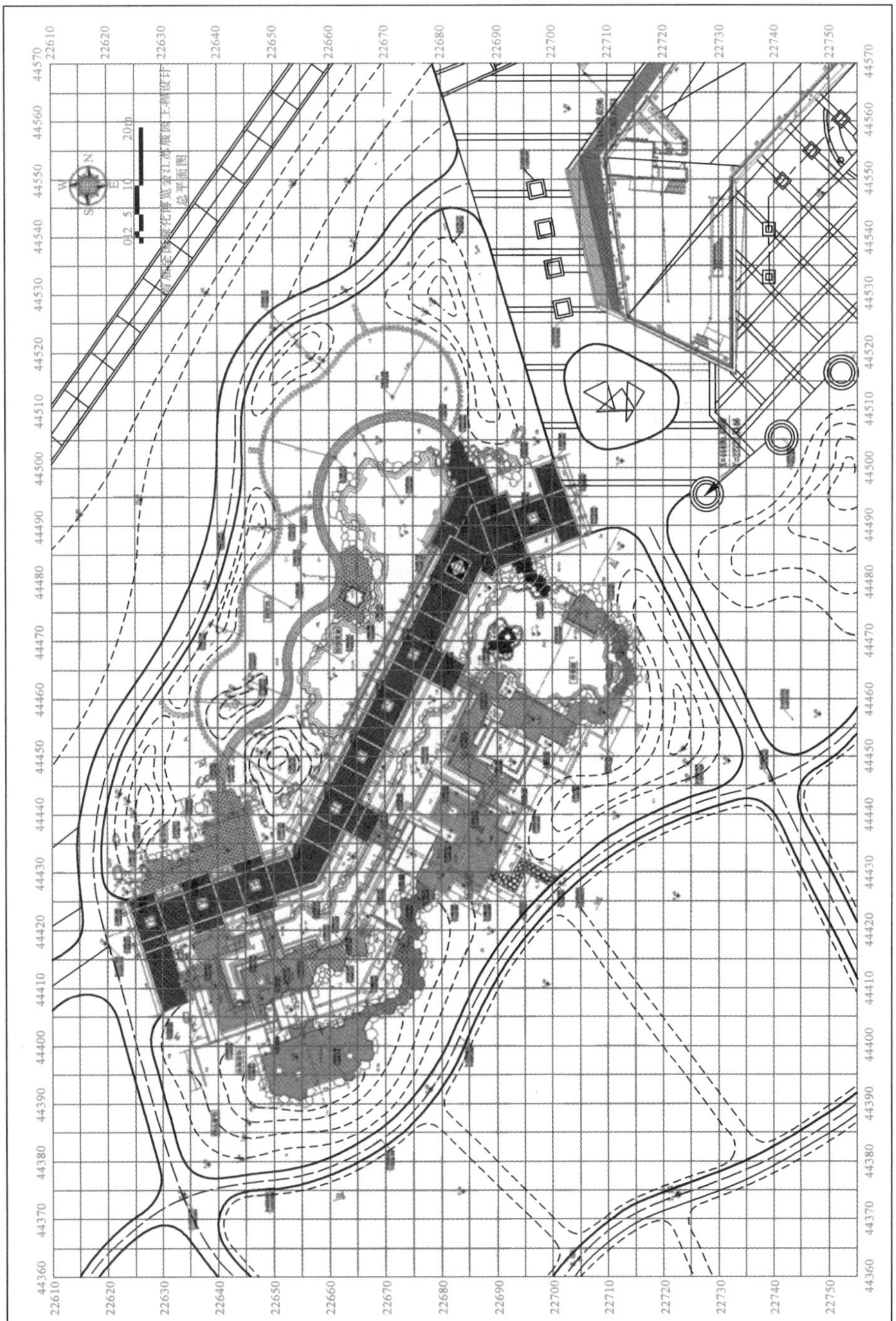

图 1-3 江苏展园施工总平面图

工作任务	在园林总平面图中标注造园要素尺寸				
姓名		班级		学号	

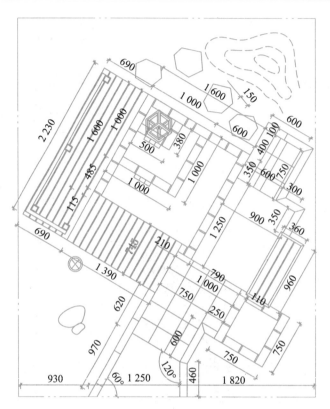

①　**总平面尺寸定位图**　　1∶25

庭院总平面尺寸定位图

结合学习任务单 1.1.1 中的图，每填出 1 项得 1.5 分，最高 10 分					
木平台尺寸					
花岗岩铺装尺寸					
黄木纹片岩铺装尺寸					
小料石铺装尺寸					
水池尺寸					
坐凳尺寸					
花坛尺寸					

子项目三　绘制整套园林施工图

任务 1　绘制园林竖向设计图

一、任务分析

竖向设计图是根据总平面图及原地形图绘制的地形详图。它表示地形在垂直方向上的变化情况，是造园工程土方调配预算和地形改造施工的主要依据。

竖向设计图是表示园林中各个景点、各种设施及地貌等在高程上的高低变化和协调统一的图样，主要表现地形、地貌、建筑物、植物和园林道路系统等各种造园要素的高程等内容，如地形现状及设计高程，建筑物室内控制标高，山石、道路、水体及出入口的设计高程，园路主要转折点、交叉点、变坡点的标高和纵坡坡度以及各景点的控制标高等。

二、实践操作

绘制园林竖
向设计图

1. 确定比例

对同一个工程而言，园林竖向设计图一般采用与总平面图相同的比例。

2. 确定等高距

等高距越小，就越能详细地表现地貌的变化。等高距过小会影响图面的清晰程度。因此，等高距选取的合适与否对整个竖向设计的表达影响很大。

现代园林不提倡大规模挖湖堆山，而多是一些微地形设计，在无特殊说明的情况下，默认等高距为 1 m。总之，等高距的选择一般要以图纸的比例、竖向设计情况等为依据。

3. 绘制等高线

（1）山头　高出四周的凸出地形称为山头。山头的最高点称为山顶，山头的侧面叫山坡。山头的等高线是一组围绕山顶、自行闭合的曲线，曲线的高程由外向里递增。

（2）盆地　四周高中间低的盆形地貌称为盆地。盆地的等高线也是一组自行闭合的曲线，但曲线的高程是由里向外递增。为了便于识读，有时候在等高线的适当位置绘制表示坡降方向的短线，称为示坡线。

（3）山脊　向一个方向延伸的梁形高地称为山脊。山脊的最高棱线叫山脊线或分水线。山脊的等高线是向着下坡方向凸出的曲线。

（4）山谷　相邻两山脊之间的低落部分称为山谷。山谷是向一个方向延伸的低地，山谷最低点的连线称为山谷线或汇水线。山谷的等高线是向着上坡的方向凸出的曲线。

（5）鞍部　两山头之间相对低落部分的马鞍形地貌称为鞍部。

4. 确定各关键部位的标高

（1）园林建筑及小品　按比例采用中实线绘制，并且只绘制其外轮廓线。园林建筑包括亭、廊、阁等，应标注室内地坪标高，并用箭头指向所在位置；景墙、挡土墙标注顶标高和底标高。

（2）山石外轮廓线用粗实线绘制，假山石标注最高部位的标高。

（3）园路、广场用细实线绘制。园路高程一般标注于交汇、转向、变坡处。车行道需要对中心线交叉点设计标高，若园路是弧线，则需在每段弧的端点设计标高，并标明排水方向、坡度和坡长。标注位置以圆点表示，圆点上方标注高程数字。

（4）水景设计分为人工水景和自然水景。自然水景标注最低水位、最高水位，人工水景则需标明池底标高和水面设计标高。

（5）为使图面清晰可见，在竖向设计图纸中通常不绘制园林植物。

5. 标注排水方向

排水方向用单箭头表示。雨水一般就近排入园中水体，或排出园外。

6. 绘制方格网

为了便于施工放线，在竖向设计图中应设置方格网。设置时尽可能使方格的某一边落在某一固定建筑设施边线上（目的是便于将方格网测设到施工现场），每一网格边长可根据需要确定为 5 m、10 m、20 m 等，其比例应与图中比例保持一致。方格网应按顺序编号，一般规定为：横向从左向右，用阿拉伯数字编号；纵向自下而上，用拉丁字母编号，并按测量基准点的坐标，标注出纵横第一网格坐标。

7. 注写设计说明

用简明扼要语言注写设计意图，说明施工的技术要求及做法等。

8. 填写标题栏、绘制指北针或风玫瑰图

1.3.1 学习任务单

工作任务	识读园林竖向设计平面图，正确写出各园林要素的高程（单位都是 m）		
姓名		班级	学号
内容	标注样式示例		说明
花坛、景墙等小品	TW5.15 ▽ PA		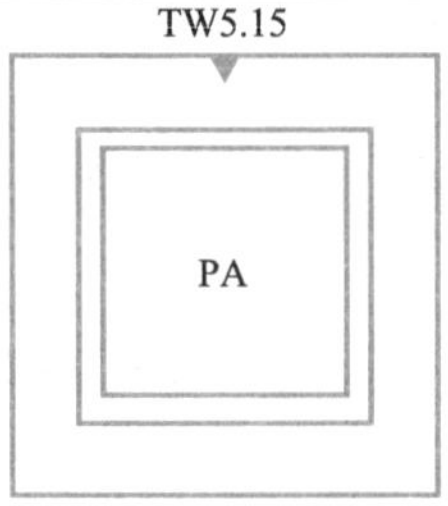 TW 表示墙顶标高
路面排水	5.00 ▽ i=0.3% L=13.5		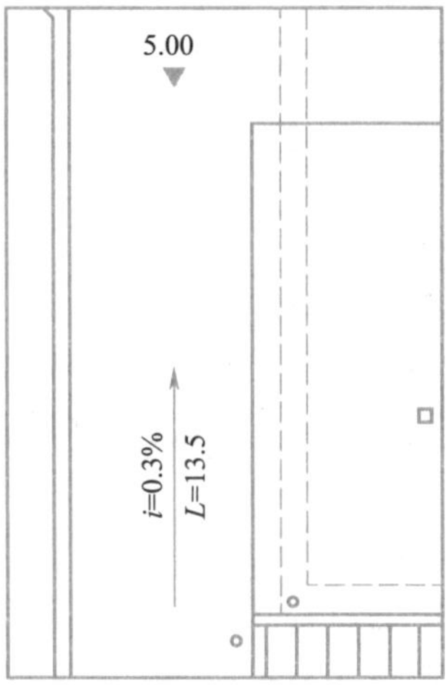 i 表示坡度 L 表示坡长

内容	标注样式示例	说明
道路	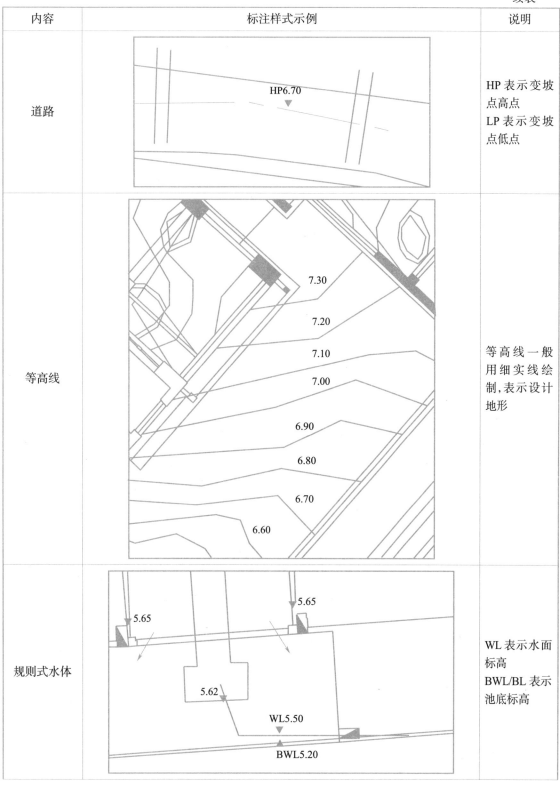 HP6.70	HP 表示变坡点高点 LP 表示变坡点低点
等高线	7.30 7.20 7.10 7.00 6.90 6.80 6.70 6.60	等高线一般用细实线绘制,表示设计地形
规则式水体	5.65　5.65 5.62 WL5.50 BWL5.20	WL 表示水面标高 BWL/BL 表示池底标高

内容	标注样式示例	说明
自然式水体	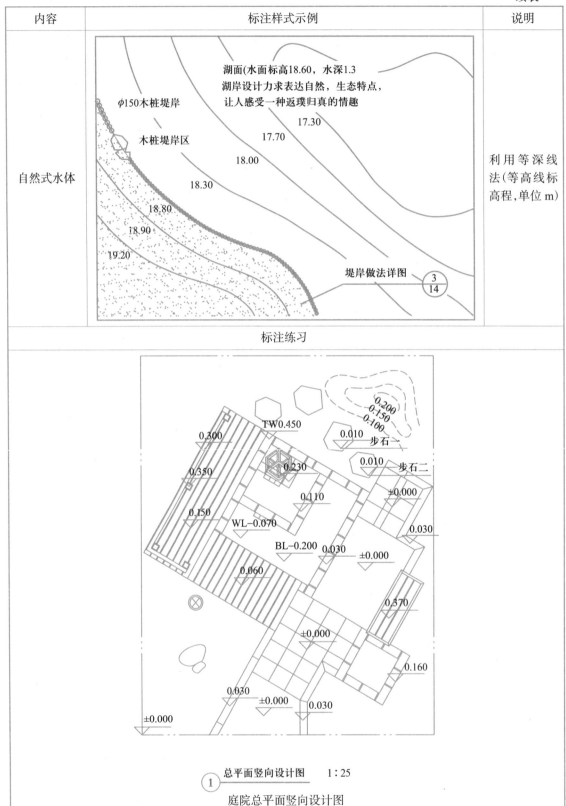	利用等深线法（等高线标高程，单位 m）

标注练习

总平面竖向设计图　　1 : 25

庭院总平面竖向设计图

木平台标高	
花岗岩铺装标高	
黄木纹片岩铺装标高	
小料石铺装标高	
水池标高	
坐凳标高	
花坛标高	

任务 2　绘制园林给排水管线施工图

一、任务分析

根据规划要求及管线综合设计有关参数,处理园林给排水管线在平面和竖向标高上的各种矛盾,将各种管线用其所代表的图例或符号绘制在图上,并标明必要的数据和说明。

绘制园林给排水、电气施工图

二、实践操作

1. 绘制管线工程平面图

(1) 确定比例　一般采用(1∶200)~(1∶1 000),当内容比较简单、设计范围较小时,可适当放大。

(2) 表达内容　园林中园路一般采用不规则布置,因此,管线定位可采用网格法。园路管线工程由雨水管、污水管、给水管组成。给水管由城市干道主管引入,排水管采用雨水、污水分流制,每段管径、坡度、流向均用数字及箭头准确标注,雨水口及雨水窨井的管底标高,分别用指引线清晰标出,使人一目了然。

2. 识读管线交叉标高图

管线交叉标高图主要用以检查和控制交叉管线在空间的位置,比例一般与设计平面图相同。交叉管线复杂时,可局部放大比例。根据管线工程的复杂程度不同,有多种方法表示交叉点的标高。

(1) 垂距简明表示法　交叉管线不太复杂时,可在每一管线交叉点绘制一个垂距简表(表1–6),把交叉管线的管径、管底标高、交叉垂直净距等填写入简表,如果发现相互交叉的管线间有矛盾,应及时修改。关于交叉管线的覆土厚度、埋设深度、垂直净距、管底标高等的相互关系,如图1–4所示。

表1–6　垂距简表

名称	截面管径	管底标高	净距	地面标高

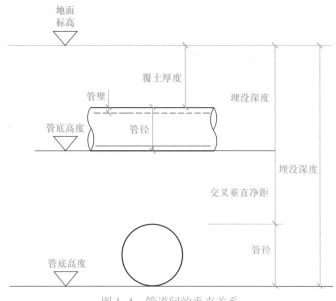

图 1-4　管道间的垂直关系

（2）编号列表法　一般情况下,园路交叉结点的管线交叉点较多,可将管线交叉点编号,而后依编号将管线标高数据填入交叉管线垂距表中。

（3）标高直接表示法　将管道直径、长度、坡度、地面标高等直接标注在设计平面图上(图纸比例一般为 1∶500),用指引线引出交叉管线的标高。

任务 3　绘制园林电气施工图

一、任务分析

电气施工图是园林工程施工图的一个组成部分,它以统一规定的图形符号辅以简单扼要的文字说明,把电气设计内容明确表示出来;用以指导园林电气施工。电气施工图是电气施工的主要依据,它是根据国家颁布的有关电气技术标准和通用图形符号绘制的。

二、实践操作

1. 编制首页

首页主要包括图纸目录、图例、设备明细表和施工说明等。小型电气工程施工图的图纸较少,首页的简要说明内容一般并入到平面图或系统图内。

2. 绘制电气外线总平面图

电气外线总平面图是根据园林总平面图绘制的表明变电所、架空线路或地下电缆位置并注明有关施工方法的图样。

3. 绘制电气平面图

电气平面图是表示各种电气设备与线路平面布置的图纸,电气设备及线路都投影到同一平面上。电气平面图一般包括变配电平面图、动力平面图、照明平面图、防雷接地平面图及弱电(电话、广播)平面图等。

照明平面图实际就是在园林施工平面图上绘出的电气照明分布图,图上标有电源实际进线的位置、规格、穿线管径,配电箱位置,配电线路走向,干支线编号、敷设方法,开关、插座、照明器具的种类、型号、规格、安装方式和位置等。

4. 绘制电气系统图

电气系统图是概括整个工程或其中某一工程的供电方案与供电方式,并用单线连接形式表示线路分布的图样。它比较集中地反映了电气工程的规模。电气系统图分为电力系统图、照明系统图和弱电(电话、广播等)系统图,图上标有整个园林内的配电系统和容量分配情况、配电装置、导线型号、截面、敷设方式及管径等。

5. 绘制设备布置图

设备布置图是表示各种电气设备的平面与空间位置、安装方式及其相互关系的图纸。

6. 绘制电气原理接线图(或称控制原理图)

电气原理接线图表示某一具体设备或系统的电气工作原理。

7. 绘制详图

详图一般采用标准图,主要表明线路敷设、灯具、电气安装及防雷接地、配电箱(板)制作和安装的详细做法和要求。电气安装工程的局部安装大样、配件构造等均要用电气详图表示出来。一般的施工图不绘制电气详图,电气详图与一些具体工程的做法均参考标准图或通用图册施工。

任务4 绘制园路、广场施工图

一、任务分析

园路、广场施工图是指导园林道路施工的技术性图纸,能够清楚地反映园林路网和广场布局。一份完整的园路、广场施工图纸主要包括:平面图、剖面图、局部放大图、做法说明。

绘制园路、广场施工图

二、实践操作

1. 绘制平面图

平面图的内容包括:

(1) 路面宽度及细部尺寸。

(2) 放线选用的基点、基线及坐标。

(3) 道路、广场与周围建筑物、地上地下管线的距离及对应标高。

(4) 路面及广场高程、路面纵向坡度、路中标高、广场中心及四周标高和排水方向。

(5) 雨水口位置、雨水口详图或注明标准图索引号。

(6) 路面横向坡度。

(7) 对现存物的处理。

(8) 曲线园路的线型,标出转弯半径或以方格网(2 m×2 m)~(10 m×10 m)表示。

(9) 道路及广场的铺装纹样。

(10) 图纸的比例尺一般为(1:20)~(1:100)。

2. 绘制剖面图

为了直观地反映出园林道路、广场的结构以及做法,在园路广场施工图中通常要作剖面图。剖面图的内容包括:

(1) 路面、广场纵横剖面上的标高。

(2) 路面结构:表层、基础做法。

(3) 图纸的比例尺一般为(1:20)~(1:50)。

3. 绘制局部放大图

为了清楚地反映出重点部位的纹样设计及便于施工,通常要做局部放大图。局部放大图主要是放大重点结合部及路面花纹。

4. 做法说明

(1) 施工放线的依据。

(2) 路面强度。

(3) 路面粗糙度。

(4) 铺装缝线的允许尺寸,以"mm"为单位。

(5) 路牙与路面结合部的做法,路牙与绿地结合部的高程、做法。

(6) 异型铺装块与道牙的衔接处理。

<h2 style="text-align:center">任务5 绘制假山施工图</h2>

绘制假山、水景设计施工图

一、任务分析

假山施工图是指导假山施工的技术性文件。一套完整的假山施工图通常包括以下几个部分:平面图、剖面图、立面图、透视图、做法说明。

二、实践操作

1. 绘制平面图

(1) 假山的平面位置、尺寸。

(2) 山峰、制高点、山谷、山洞的平面位置、尺寸及各处高程。

(3) 假山附近地形及建筑物、地下管线与山石的距离。

(4) 植物及其他设施的位置、尺寸。

(5) 图纸的比例尺一般为(1:20)~(1:50)。

2. 绘制剖面图

(1) 假山各山峰的控制高程。

(2) 假山的基础结构。

(3) 管线位置、管径。

(4) 植物种植池的做法,尺寸、位置。

3. 绘制立面图或透视图

(1) 假山的层次、配置形式。

(2) 假山的大小及形状。

(3) 假山与植物及其他设备的关系。

4. 做法说明

(1) 山石形状、大小、纹理、色泽的选择原则。

(2) 山石纹理处理方法。

(3) 堆石手法。

(4) 接缝处理方法。

(5) 山石用量控制。

任务6　绘制园林建筑施工图

一、任务分析

为了清楚地反映园林建筑设计,便于指导施工,通常要作园林建筑施工图。一套完整的园林建筑施工图包括以下几个部分:建筑总平面图、建筑平面图、建筑立面图、建筑剖面图、详图。

绘制园林建
筑施工图

二、实践操作

1. 绘制园林建筑总平面图

园林建筑总平面图反映的是拟建园林建筑的形状、所在位置及周围环境。建筑总平面图是定位、施工放线、土方施工的依据。

(1) 确定比例　建筑总平面图要求表明拟建建筑与周围环境的关系,常选用较小的比例绘制,如 1:500、1:1 000 等。

(2) 确定图例　包括地形现状、建筑物、构筑物、道路和绿化等,按所在位置画出水平投影图。

(3) 用尺寸标注或坐标网进行定位　用尺寸标注时,应标明与相邻的原有建筑或道路中心线的距离。如图中无建筑或道路作参照物,可用坐标网格进行定位。

(4) 标注标高　建筑总平面图应标注建筑首层地面的标高、室外地坪及道路的标高及地形等高线的高程数字,单位均为 m。

2. 绘制园林建筑平面图

园林建筑平面图就是利用一个假想的水平剖切平面,沿建筑物的门窗洞口(距地面 1 m 左右)将建筑剖切,移去上面部分,对其下面部分作的水平投影图。绘制步骤如下:

(1) 选择合适的比例　在绘制建筑平面图之前,首先要根据建筑物形体的大小选择合适的绘制比例,通常可选 1:50、1:100、1:200,如果绘制局部放大图样,可选 1:10、1:20、1:50。

(2) 画定位轴线并进行编号　轴线是设计和施工的定位线。定位轴线是用来确定建筑基础、墙、柱和梁等承重构件的相对位置,并带有编号的轴线。定位轴线用细点划线绘制,端部画上直径为 8 mm 的细实线圆,并在圆内写上编号。定位轴线的编号宜标注在图样的下方与左侧。横向编号应用阿拉伯数字,从左至右顺序编写;竖向编号应用大写拉丁字母,从下至上顺序编号。拉丁字母中的 I、O、Z 不得用为轴线编号。

(3) 线型要求　在建筑平面图中凡是被剖切到的主要构造(如墙、柱等)断面轮廓线均用粗实线绘制,墙柱轮廓都不包括粉刷层厚度,粉刷层在 1:100 的平面图中不必画出。在 1:50 或更大比例的平面图中,用粗实线画出粉刷层厚度。

被剖切到的次要构造的轮廓线及未被剖切到的可见轮廓线用中实线绘制(如窗台、台阶、楼梯、阳台等)。尺寸线、图例线、索引符号等用细实线绘制。

(4) 尺寸标注　建筑平面图应标注外部的轴线尺寸及总尺寸,细部分段尺寸及内部尺寸可不标注。平面图中还应注明室内外地面、台阶顶面的标高,均为相对标高,一般底层室内地面为标高零点标注为 ±0.00。

3. 绘制园林建筑立面图

建筑立面图应反映建筑物的外形主要部位的标高。反映主要外貌特征的立面图称为正立面图,另外还有背立面图、侧立面图。建筑立面图也可按建筑物的朝向命名,如南立面图、北立面图、东立面图及西立面图,还可根据建筑两端的定位轴线编号命名。

建筑立面图的绘制方法如下:

(1) 选择比例　在绘制建筑立面图之前,要根据建筑物形体的大小选择合适的绘制比例,通常情况下建筑立面图所采用的比例应与平面图相同。

(2) 线型要求　建筑立面图的外轮廓线应用粗实线绘制;主要部位轮廓线(如门窗洞口、台阶、花台、阳台、雨篷、檐嘴)用中实线绘制;次要部位的轮廓线(如门窗的分格线、栏杆、装饰脚线、墙面骨格线等)用细实线绘制;地平线用特粗实线绘制。

(3) 尺寸标注　立面图中应标注外墙各主要部位的标高,如室外地面、台阶、窗台、门窗上口、阳台、檐口、屋顶等处的标高,应标注上述各部位相互之间的尺寸,要求标注排列整齐,力求图面清晰。

(4) 注写比例、图名及文字说明等　建筑立面图上的文字说明一般包括建筑外墙的装饰材料说明、构造做法说明等。

4. 绘制园林建筑剖面图

建筑剖面图是假想在建筑适当的部位作垂直剖切后得到的垂直剖面图。建筑剖面图主要表现园林建筑内部结构及各部位标高。在建筑剖面图中,剖切位置的选择非常关键。建筑剖切位置一般选在构造有代表性和空间变化较复杂的部位,同时结合所要表达的内容,一般应通过门、窗等典型部位。剖面图的名称应与平面图中所标注的剖面位置线编号一致。

5. 绘制建筑详图

在园林建筑中有许多细部构造,如门窗、楼梯、檐口、装饰等,为了能够更好地反映方案和设计构思,有时需要反映这些细部的设计。这些部位较小,需要用较大比例绘制详图,这种图样为建筑详图,如外墙剖面节点详图、楼梯详图、走廊栏杆详图、门厅花饰详图、门窗详图等。建筑详图主要包括以下几部分:

(1) 详图名称、比例、定位轴线、详图符号以及需另画详图的索引符号。

(2) 建筑构配件的形状、构造、详细尺寸。剖面节点部位的详细构造、层次、有关尺寸和材料图例。

(3) 详细注明装饰用料、颜色和做法、施工要求。

(4) 需要标注的标高。

任务7　绘制结构施工图

一、任务分析

园林建筑物是由结构构件(如墙、梁、板、柱、基础等)和建筑配件(门、窗、阳台、栏杆等)所组成的。结构构件在建筑中主要起承重作用,它们互相支承,连成整体,构成建筑物的承重结构。结构施工图主要表达结构构件的造型和布置、构件大小、形状、构造、所用材料与配筋等情况,是进行构件制作与安装,编制施工概、预算,编制施工进度的重要依据。结构施工图的好坏,直接影响建筑工程的安全性。

在绘制结构施工图之前,应明确以下要求。

(1) 绘制结构施工图,应遵守《房屋建筑制图统一标准》(GB/T 50001—2017)、《建筑结构制图标准》(GB/T 50105—2010)等相关标准和规范。

(2) 结构施工图上的轴线及编号应与建筑施工图一致。

(3) 结构施工图上的尺寸应与建筑施工图相符合,但也不完全相同。结构施工图中所注尺寸是结构的实际尺寸,一般不包括结构表面粉刷层或面层的厚度。

二、实践操作

1. 绘制基础图

基础是建筑物地面以下承受建筑物全部载荷的构件。基础图一般包括基础平面图、基础断面图和说明三部分。基础图是施工放线、开挖基槽、砌筑基础等的依据。

(1) 绘制基础平面图　基础平面图是假想用一个水平面将地面切开,对地下部分的基础及沟墙所作的投影图。为了便于施工对照,基础平面图的比例、定位轴线编号必须与建筑施工图的底层平面图完全相同。不同结构形式承受外力的大小不同,其下所设基础的大小也不尽相同,应采取不同编号加以区分,并画出详图的剖切位置及其编号。基础平面图还应给出地沟过墙洞的设置情况。

(2) 绘制基础详图　基础详图一般采用垂直剖切的方法来表述。基础断面图是基础施工的依据,表达了基础断面所在轴线位置及编号。如果是通用断面图,在轴线圆圈内不加编号;如果是特定断面图,则应注明轴线编号。基础断面图应详细地表明基础断面的形状、大小及所用材料,地圈梁的位置和做法,基础埋置深度,施工所需尺寸。

2. 绘制钢筋混凝土构件详图

钢筋混凝土构件详图是加工钢筋、浇筑构件的设计依据,详图内容包括:构件模板图、配筋图、预埋件图、表及必要的文字说明。

(1) 模板图　模板图主要表达构件的形状、大小、孔洞及预埋件的位置,是架设和制作模板的依据,其用法与建筑施工图类似,需标注详细尺寸。在实际工程中,当构件外形复杂或预埋件较多时,才需画出模板图。配筋图若能表达清楚外形,则不必画模板图。模板图包括模板立面图和断面图。

(2) 配筋图　配筋图主要用来说明构件内部钢筋的设置情况,如钢筋的形状、数量、材质和位置等情况,是钢筋下料、成形的依据。配筋图包括配筋立面图、断面图和钢筋详图。

(3) 钢筋详图　将配筋立面图中的钢筋"抽"出来,用与立面图大小相同的比例画在其下方,并标上每种钢筋的编号、根数、直径以及各段的长度,这样的图俗称"抽筋图"。当构件配筋或钢筋形状复杂时,才画钢筋详图。

(4) 预埋件图　基于构件连接、安装等的需要,在构件制作时需要将一些铁件预先固定在钢筋骨架上,浇混凝土后,使其一部分表面露在构件外面,这叫预埋件。通常要在模板图或配筋图中标明预埋件的位置,预埋件的形状、大小等还需另画详图。

(5) 钢筋表　为了备料、识图方便,常常会配合绘制一张钢筋明细表,简称钢筋表,钢筋表是

加工钢筋、编制预算的基础。钢筋根据在构件中所起的作用不同,可分为如下几种:

受力筋,也称主筋,承受拉力和压力。

箍筋,用以固定主筋,并承受剪力和扭力。

构造筋,有构造要求或钢筋骨架需要配置的钢筋,如架立筋、分布筋等。其中,架立筋是固定梁内受力筋和箍筋位置,构成梁内骨架的钢筋;分布筋指板内固定受力钢筋位置的钢筋,与受力筋方向垂直,可抵抗热胀冷缩引起的变形。

混凝土强度等级按其抗压强度分为 C7.5、C10、C15、C20、C25、C30、C35、C40、C45、C50、C55、C60 等 12 级。等级越高,抗压强度就越高。

任务 8 绘制水池施工图

一、任务分析

为了清楚地反映水池的设计,便于指导施工,通常要做水池施工图。水池施工图是指导水池施工的技术性文件,一套完整的水池施工图通常包括以下几个部分:平面图、剖面图、各单项土建工程详图。

二、实践操作

1. 绘制平面图

(1) 标明水池与周围环境、建筑物、地上地下管线的距离。

(2) 对于自然式水池轮廓可用方格网控制,方格网一般为(2 m × 2 m)~(10m × 10 m)。

(3) 标明周围地形标高与池岸标高。

(4) 标明池岸岸顶、岸底标高。

(5) 标明池底转折点、池底中心以及池底的标高、排水方向。

(6) 标明进水口、排水口、溢水口的位置、标高。

(7) 标明泵房、泵坑的位置、标高。

2. 绘制剖面图

(1) 标明池岸、池底以及进水口高程。

(2) 标明池岸池底结构、表层(防护层)、防水层、基础做法。

(3) 标明池岸与山石、绿地、树木结合部的做法。

(4) 标明池底种植水生植物的做法。

3. 绘制各单项土建工程详图

(1) 泵房、泵坑结构详图。

(2) 给排水、电气管线布置图等。

任务 9 绘制种植施工图

绘制种植施工图

一、任务分析

种植图是用相应的平面图例在图纸上表示种植植物的种类、规格以及种植位置。通常在图面上适当的位置,用列表的方式绘制苗木统计表。种植图是组织种植施工、进行养护管理和编制预算的重要依据。

二、实践操作

1. 确定绘图比例

种植图的比例不宜过小,一般不小于 1 : 500,否则,无法表现植物种类及其特点。种植施工图一般与施工图总图部分(总平面竖向设计图、索引图等)图纸比例一致。另外要注意直角坐标网、标题栏、指北针或风玫瑰图等信息。

2. 确定乔木品种和种植位置

乔木按图例绘制在所设计的种植位置上,以圆点标示树干位置,各乔木树冠大小与苗木表上冠幅尺寸统一。为了便于区别树种,计算株数,应将不同树种统一编号,标注在树冠图例内。同一树种尽量以粗实线连接起来,并用索引符号逐树种编号。索引符号用细实线绘制,圆圈的上半部注写植物编号,下半部注写数量,尽量排列整齐,使图面清晰。

3. 确定灌木、地被品种和种植位置

用细实线绘出蔓生和成片种植的灌木、地被种植范围,用小圆点表示草坪。

4. 编制苗木统计表

列表说明所设计的植物编号、植物名称、单位、数量、规格(包括树干胸径、高度或冠幅)及备注等内容,如表 1-7 所示。

表 1-7　苗木统计表样例

| 序号 | 图例 | 名称 | 规格/cm | | | 数量 | 单位 | 备注 |
			胸径(ϕ)/地径(D)	高度	冠幅			
1		香樟	$\phi=19-20$	600-650	400-450	27	株	树形优美,统一,全冠苗
2		雪松		550-600	450-500	7	株	树形优美,统一,全冠苗
3		银杏	$\phi=19-20$	600-650	300-350	68	株	树形优美,统一,全冠实生苗,分枝点大于2.8m
4		榉树A	$\phi=20-21$	550-600	500-550	2	株	树形优美,统一,全冠实生苗,分枝点大于2.8m
5		榉树B	$\phi=15-16$	500-550	400-450	33	株	树形优美,统一,全冠苗
6		中山杉	$\phi=14-15$	550-600	300-350	48	株	树形优美,统一,全冠苗
7		紫薇	$D=7-8$	250-280	160-200	16	株	树形优美,统一,全冠苗
8		碧桃	$D=9-10$	280-300	250-280	27	株	树形优美,统一,全冠苗
9		日本早樱	$D=12-13$	300-350	250-300	100	株	树形优美,统一,全冠苗
10		紫叶李	$D=9-10$	280-300	250-280	3	株	树形优美,统一,全冠苗
11		金桂	$D=9-10$	300-350	200-250	23	株	树形优美,统一,全冠苗
12		海桐球		120-150	120-150	7	株	树形优美,统一,毛球
13		金森女贞球		100-120	100-120	10	株	树形优美,统一,毛球
14		红叶石楠球		110-140	110-140	18	株	树形优美,统一,毛球
15		瓜子黄杨球		110-140	110-140	21	株	树形优美,统一,毛球
16		山茶	$D=7-8$	120-150	100-120	32	株	树形优美,统一,全冠苗
17		法国冬青		80-100	40-45	205.6	m²	25株/m²,两年生苗,不脱脚
18		红叶石楠		40-50	25-30	520.2	m²	36株/m²,两年生苗,不脱脚

5. 绘制种植详图和编写施工说明

按苗木统计表中的编号,绘制植物种植详图,说明种植某一植物时挖坑、施肥、覆土、支撑等施工要求。

1.3.2　学习任务单

工作任务	根据提供的庭院种植设计图,编制苗木统计表			
姓名		班级		学号	

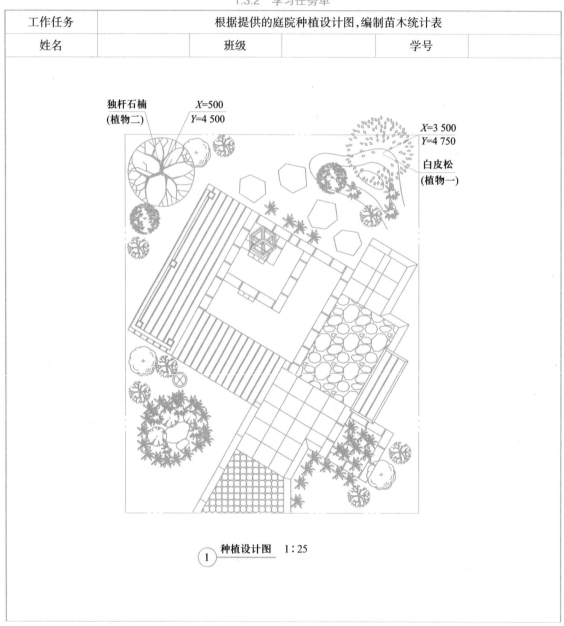

独杆石楠
(植物二)
X=500
Y=4 500

X=3 500
Y=4 750

白皮松
(植物一)

① 种植设计图　1 : 25

苗木一览统计表

序号	图例	名称	规格/m			数量	单位
			高度	冠径	蓬径		
1		白皮松	1.5–2.0	——	——	1	株
2		独杆石楠	1.5–2.0	——	——	1	株
3		花石榴	0.5–0.8	0.3–0.5	——	3	株
4		红叶石楠球	0.3–0.5	——	——	2	株
5		南天竹	0.4–0.6	0.3–0.5	——	3	株
6		小叶女贞	0.3–0.5	——	——	7	株
7		变叶木	0.4	0.3	——	7	株
8		草花	——	——	0.2	39	盆
9		草坪	——	——	——	10.2	m²

庭院种植设计图

苗木统计一览表

序号	名称	单位	数量	图例	规格	备注

子项目四　利用 BIM 技术绘制园林施工图

　　我国在《2011—2015 建筑业信息化发展纲要》中,针对勘察设计类企业制定"推动基于 BIM 技术的协同设计系统建设与应用"的具体目标,即在建筑设计中搭建各专业协同设计平台,模拟整个项目的过去、现在和未来,完整表达设计内容与信息,对项目各阶段信息进行储存,实现信息共享,有效提高工作效率。园林工程与建筑行业有很高的关联度,BIM 技术在园林施工图设计阶段的应用逐步走向成熟。

常用的 BIM 建模软件有 Autodesk Revit Architecture、Bentley 系列、ArchiCAD 和 CATIA 四种。其中 Revit 软件应用较广泛,其优势主要体现在以下几方面:第一,Revit 模型包含了大量的数据和参数,不仅可以展示视觉效果,也可以从模型中提取各模型组件的数据和材料属性;第二,可以实现设计联动功能,即任意视图中的要素修改都会立即反映至所有视图,通过各项目分工协同作业,及时更新项目信息,避免各专业完成后出现信息碰撞,避免重复劳动;第三,实现全生命周期管理,BIM 加入了时间维度,对项目进行前期策划、设计阶段,施工阶段、竣工验收和运营维护阶段的全过程管理,并实现信息的完整交流,增强各单位之间信息沟通协调,方便模型数据的提取,实现项目信息的永久保存。

一、任务分析

利用 Revit 软件绘制园林施工图之前要明确以下几点:
(1) 明确施工图设计的工作内容、目标要求、模型深度级别。
(2) 以共享的网络系统为基础建立协同设计平台,创建相互通联的路径,并且综合存储和管理、使用文件。
(3) 确定最终设计图样板,如对象样式、线样式、标题栏、线宽、尺寸标注、绿化专业植物图例样式等,为文件规范命名,以便以后查看和运用。

二、实践操作

1. 建立项目环境
(1) 设置项目基本信息　在 Revit 软件管理—项目信息中,设置项目发布日期、项目状态、客户姓名、项目地址、项目名称和项目编号等信息。
(2) 设置项目基点和测量点　在场地视图中,默认基点与测量点重合。基点是模型的定位点,项目中所有要素随基点移动而移动。基点的选择与方格网定位原点类似,应选择现实中相对固定的点。
(3) 建立项目样板文件　建立项目样板文件,类似于在传统模式下建立制图规范。Revit 软件自带构造、建筑、结构、机械四种项目样板文件。园林专业与建筑最为接近,因此建模时选择建筑样板文件,再根据园林专业特点或项目特点对其中部分材质重新定义线型并添加表面和截面填充图案,满足制图规范。项目样板文件保存后,建立地形、场地、小品、种植模型均使用此项目样板文件。
(4) 定义项目北　Revit 软件的方向分为正北方向和项目北方向。正北方向即地理意义上的北方,项目北则是指绘图区域的上方。
(5) 创建视图　按照场地标高创建平面视图,高程变化复杂处创建剖面图。
2. 多人协同建立园林模型
将项目分为地形、道路和场地、园林小品等不同小组,各小组同时进行设计,分别建立模型,最后将地形模型、道路和场地模型、园林小品模型等链接调整,形成完整的园林模型。使用 Revit 监控标记工具,能同步显示各小组所有修改信息。
(1) 建立地形模型　Revit 创建地形表面有三种方法。一是在 Revit 软件中直接放置高程点,此种方法适合地形简单的场地。二是通过导入 CAD 文件,利用其有高程属性的高程点,建立地形模型。三是通过指定点文件创建地形，即导入 csv 或文本文件。可根据项目情况及数据源格式进行选择。建立模型后，使用建筑地坪或平整区域功能，设计土地表面。

（2）建立道路和场地模型　在设计中需要硬质铺装的部分主要有道路和场地。建立模型时，由于 Revit 软件中没有单独的铺装族文件，因此，应使用楼板或坡道命令建立场地模型，选择合适的材料并添加构造做法信息，修改表面填充图案和截面填充图案，方便后期创建图纸。此方法也适用于人工水景池底模型建立。为满足排水需要，道路、场地及人工水景池底都需要设计坡度。建立模型时可进行图元分割，也可分别建立模型后组合。

（3）建立园林小品模型　应用 Revit 软件的创建族功能建立各园林小品模型，如景墙、景亭、廊架、文化柱、花坛、栏杆扶手、置石等，使多个园林小品模型保存在同一项目文件中，建立族后可以将族应用于所有模型，如图 1-5。

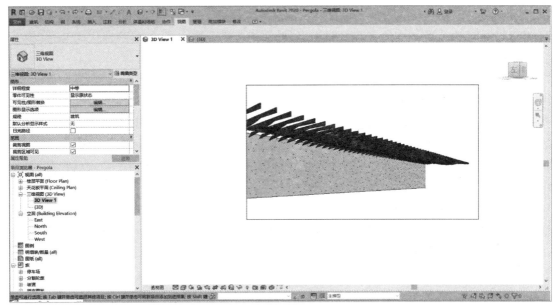

图 1-5　园林廊架小品示意图

3. 深化设计

深化设计可分为几何属性深化与非几何属性深化两部分。几何属性包括景观元素的形态、尺寸、标高、位置坐标等要素；非几何属性主要指材料的属性、创建者、备注信息、生产商等信息，其中对后期材料的整理有重要影响的是施工材料属性（材料品种、规格、厚度、质感、拼法）。比如景观墙体，前期协同设计阶段总体会对景墙的几何尺寸（长度、宽度、高度、厚度）、面层材料的色系、质感、拼法做出规定；但在深化设计阶段，从景墙内部的基础、结构做法，到找平层、结合层，再到面层的材料属性及具体拼法、勾缝材料等都要标注清楚，并以此利用 Revit 软件编写相关的参数，构筑出具体的模型。

4. 生成综合模型

（1）多专业模型集中形成综合模型　Revit 综合模型的生成，就是将园林模型、建筑模型、管线模型等不同专业的模型集中到综合模型中，实现不同专业的融合、信息的集中。综合模型是后期项目交付成果的基础原型，包括了项目设计所有的基础条件及设计信息，可生成二维图纸、表达三维可视化以及生成工程量清单。

(2) 综合模型碰撞检查　综合模型还可以进行碰撞检查,检查其中不合理的设计。碰撞检查主要分为外在元素调整和内在冲突检查。外在冲突,即可以通过三维模型可视化解决专业冲突问题,包括建筑出入口是否有交通连接,管线检修井是否与景观元素冲突等。内在冲突,即检查隐蔽工程是否发生冲突。

(3) 综合模型动态完善　建立综合模型是一个动态的模型变化过程,是各个专业在不同阶段相互协调、修改完善的过程,最终形成符合现场实际、可实施、造价合理的成果。综合模型信息的调整主要根据各方对项目经济造价,产品建设标准、景观用材及苗木市场信息等方面的反馈意见进行。

5. 统计工程量

园林工程量的统计可以在 Revit 中采用明细表统计命令直接获取。园林工程量分为苗木规格及数量统计、土方量、硬质景观工程材料及数量清单等三个部分。造价员在 Revit 程序中通过综合模型生成各个专业方向的工程量明细表,得到相应格式的文档,并最终转化为 Excel 模式,供套价、调整造价、招标等使用。

(1) 苗木规格及数量统计表　Revit 程序通过对综合模型中植物品种及数量(乔灌木的品种及株数,地被草坪的种类和面积)的解析和统计得出准确的数量清单。

(2) 土方量计算和土方平衡表　土方的计量在于比对模型中道路场地及景观元素的竖向设计及绿化堆坡设计与前期录入的项目整个场地的基础标高,通过解析计算,设置挖方、填方、平衡量,得出地形的土方平衡表;如调整了场地设计标高或绿化等高线,土方平衡表就会自动更新数据。

(3) 硬质景观工程材料及数量清单　果皮箱、成品坐凳、儿童活动器械、成人健身器械等室外设施,利用提取材料的命令去获取设施的命名进而生成明细表。土建、水电、结构等硬质景观工程材料及数量的统计是 Revit 程序最庞大、最复杂的部分,工程量清单是否完整、准确与综合模型的精细程度息息相关。

6. 创建图纸

BIM 综合模型能够生成的成果丰富多样,包括二维施工图、三维立体透视图等。生成二维施工图纸是设计成果中最重要的部分,各专业二维施工图纸运用程序指令可自动便捷获取,但后期需要对生成的图纸进行标注说明,以完善出图。

(1) 索引标注　总平面图及总平面索引图都需要进行索引标注。建立图纸时,总平面图可以自动添加图号索引,方便快速制图。

(2) 标高标注　标高标注主要应用于总平面竖向图。根据场地标高、市政道路标高、建筑正负零标高等标高种类的不同,选择不同的引线箭头类型(图 1-6)。

(3) 定位标注　定位标注主要应用于总平面竖向图,根据项目测量点进行定位。由于 Revit 软件默认使用数学坐标系,与 CAD 坐标标注时的测量学坐标系不同,即两者 X、Y 轴方向不同,所以还需对标注方式进行类型属性修改,符合现有制图习惯。在参数调整时,在"北/南"中输入 X 值,在"东/西"中输入 Y 值。

(4) 导出图纸　在 Revit 中建立图纸与 CAD 布局出图类似,选择图纸大小,将所需视图添加到图纸中,选择合适的出图比例后,导出图纸(图 1-7)。

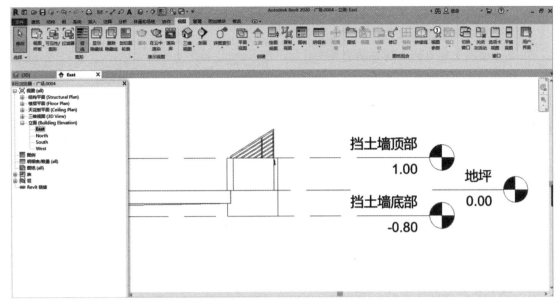

图 1-6　园林挡土墙标高示意图

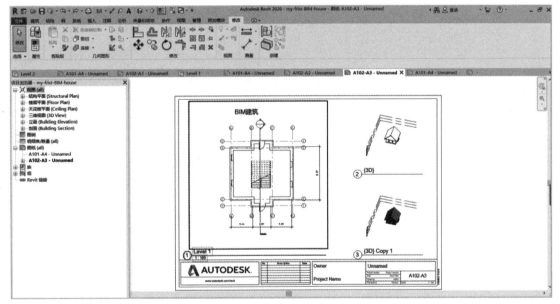

图 1-7　景观小建筑布局出图示意图

复习题

1. 园林施工图一般由哪些图纸组成？
2. 园林总平面图表现的内容有哪些？
3. 一套园路广场施工图主要包括哪些内容？
4. 一套假山施工图主要包括哪些内容？

5. 一套园林建筑施工图主要包括哪些内容?

6. 一套水池施工图主要包括哪些内容?

7. 总平面图中建筑的表现方法有哪些?

8. 根据在构件中所起的作用不同,钢筋可分为哪几种?

技能训练

识读一套园林施工图(如南京绿博园江苏园、北京世园会江苏园景观工程施工图)。

1. 分析图纸目录,了解施工图组成。

2. 通过阅读整套施工图,了解施工内容。

3. 通过索引图、图纸中的索引符号和详图符号,了解图纸的相互对应关系。

项目二 土方工程

■ **知识目标**

1. 了解竖向设计的概念、原则、内容；掌握等高线法、断面法、模型法三种竖向设计方法；熟悉坡度公式、等高线的概念和性质、地形的类型与造景特征；

2. 掌握体积公式估算土方量的方法、等高面法计算土方量的公式、方格网法平整场地土方量的计算步骤；了解数字高程模型（DEM）法计算土方量的原理；

3. 掌握土壤的工程分类和工程特性；掌握土方工程的施工方法。

■ **技能目标**

1. 能绘制园林竖向设计平面图（地形图）、地形断面图，会制作简单的地形模型；

2. 能根据地形图，选用适宜的土方量计算方法，完成土方工程量统计；

3. 能进行施工放样；

4. 能编制土方施工组织方案。

■ **素养目标**

1. 培养园林地形生态设计理念，加强工程安全意识；

2. 培养严谨认真工作态度，树立节约资源的意识；

3. 培养安全施工的责任意识。

什么是园林
土方工程

■ **教学引导图**

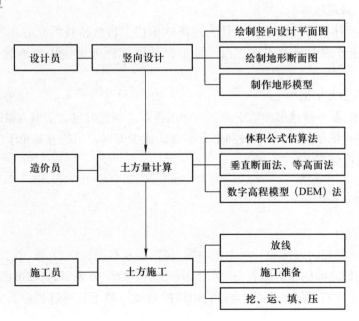

子项目一　园林竖向设计

一、竖向设计的概念

竖向设计是指在一块场地上进行垂直于水平面方向的布置和处理。园林用地的竖向设计就是园林中各景点、各种设施及地貌等在高程上如何创造高低变化和协调统一的设计。

什么是园林
竖向设计

竖向设计的目的是改造和利用地形,使确定的设计标高和设计地面能够满足园林道路、场地、建筑及其他建设工程对地形的合理要求,保证地面水能够有效地排除,力求土石方量最小。竖向设计的任务就是能够最大限度地发挥园林的综合功能,统筹规划园内景点、设施和地貌景观之间的关系,使地上设施与地下设施之间、山水之间、园内与园外之间在高程上有合理的关系。

二、竖向设计的原则

1. 利用为主,改造为辅

对原有的自然地形、地貌要深入研究分析,充分保护和利用。尽量做到不动或少动原有植被,体现原有乡土风貌和地方环境特色。结合园林各种设施的功能需要、工程投资和景观要求等多方面综合因素,采取必要的措施,进行局部改造。

2. 因地制宜,追求天趣

景物的安排、空间的处理、意境的表达,都要力求依山就势,高低错落,疏密有致,灵活自由。就低挖池,就高筑山,使园林地形合乎自然山水规律。同时,要使园林建筑与自然地形紧密结合,浑然一体,仿佛天造地设。

3. 就地取材,降低成本

就地取材是园林地形改造工程中最为经济的做法。自然植被的充分利用、道路与建筑用材就地取用,都能节约大量的成本支出。地形设计要优先考虑使用当地的天然材料和人工材料。

4. 填挖结合,土方平衡

在地形设计中,要考虑地形改造中的土方使用平衡。当挖方量大于填方量时,要坚持就地平衡,在园林内部进行堆填处理,尽量做到土方不外运或少外运。当挖方量小于应有填方量时,要坚持就近取土,就近填方。

三、竖向设计的内容

1. 自然地形设计

自然地形设计是竖向设计的一项主要内容,包括山水布局,峰、峦、坡、谷、河、湖、泉、瀑等地貌的设置,以及它们之间的相对位置、高低、大小、比例、尺度、外观形态、坡度的控制和高程关系等。不同性质的土质有不同的自然倾斜角,山体的坡度一般不宜超过相应的土壤自然安息角。

水体岸坡的坡度也要按有关规范进行设计和施工。水体的设计还应解决水的来源、水位控制和多余水的排放问题。

2. 园路、广场、桥涵和其他铺装场地的高程设计

对园路、广场和桥涵进行竖向设计的目的是控制这些地区的坡度，以满足其功能要求。一般是在图纸上用标高点法标出道路、广场、桥梁连接处及桥面等的标高，用坡度线标示出纵横坡坡度和坡向。

在寒冷地区，冬季冰冻、多积雪。为安全和使用方便，广场的纵坡应小于7%，横坡不大于2%；停车场的最大坡度不大于2.5%；一般园路的坡度不宜超过8%。超过此值应设台阶，台阶应相对集中设置，避免设置单级台阶。另外为了方便伤残人员使用轮椅和游人推童车游园，在设置台阶处应附设无障碍坡道。

3. 建筑和其他小品的高程设计

园林建筑不同于普通建筑，它具有形式多样、变化灵活、因地制宜、与地形结合紧密的特点。进行竖向设计时，应标出园林建筑和其他园林小品（如纪念碑、雕塑等）地坪标高及其与周围环境的高程关系，大比例图纸建筑应标出各角点标高。例如在坡地上的建筑，是随形就势还是设台筑屋。在水边上的建筑物或小品，则要标明其与水体的关系。

4. 植物种植点的高程设计

在进行竖向设计时不仅要考虑各种景观在高程上的变化要求，而且还要充分考虑植物生长的环境条件。

植物种类不同，其生长所需的环境也不一样。有的需要生长在高处，有的需要生长在低处；有的需生长在水湿处，有的需生长在干旱处。如荷花适宜生长在0.6~0.8 m深的水中，而睡莲适宜生长在0.25~0.30 m深的水中。

在地形的利用和改造过程中，对需要保留的老树，应在图纸上注明其周围地面的标高及保护范围。

5. 地表排水设计

在地形设计时要考虑地面水的排除。一般规定无铺装地面的最小排水坡度1%，而铺装地面则为0.5%，具体设计还要根据土壤性质和汇水区的大小、植被情况等因素而定。

四、竖向设计的方法

竖向设计的方法有多种，主要包括等高线法、断面法、模型法等。其中，以等高线法最为实用。

园林竖向设计的方法

工作任务	根据某广场地形图,完善竖向设计内容,设计须符合人体工程学,尺度合理		
姓名		班级	学号

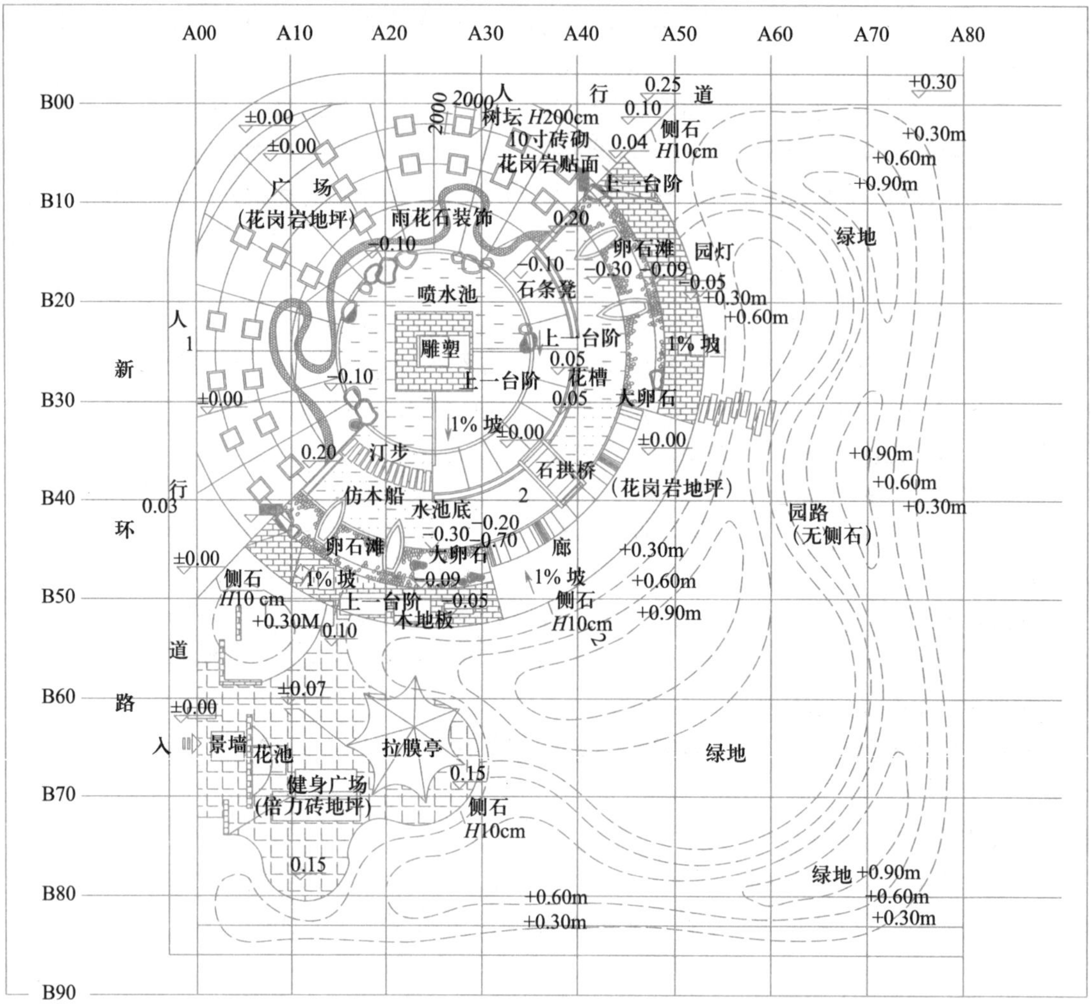

某广场地形图

（图中标注文字）

A00　A10　A20　A30　A40　A50　A60　A70　A80

B00　B10　B20　B30　B40　B50　B60　B70　B80　B90

+0.30
2000人行道　0.25
0.10
+0.00　树坛 H200cm　0.04　侧石 H10cm　+0.30m
±0.00　10寸砖砌　+0.60m
花岗岩贴面　上一台阶　+0.90m
广场（花岗岩地坪）　雨花石装饰　0.20　卵石滩　园灯　绿地
-0.10　-0.10　-0.30　-0.09　+0.05
人　石条凳　+0.30m
新　喷水池　雕塑　上一台阶　1%坡　+0.60m
1　-0.10　0.05　花槽
±0.00　上一台阶　大卵石
0.05　±0.00
0.20　汀步　1%坡 0.00　+0.90m
行　仿木船　石拱桥　（花岗岩地坪）　+0.60m
0.03　水池底　2　+0.30m
环　卵石滩　大卵石　廊　园路（无侧石）
±0.00　-0.30 -0.20 -0.09　+0.30m
侧石　1%坡 -0.70　1%坡　+0.60m
H10cm　上一台阶 -0.05　侧石 H10cm　+0.90m
道　+0.30M 0.10　木地板
±0.07
路　±0.00　绿地
入　景墙　花池　拉膜亭
0.15
花池　健身广场（倍力砖地坪）　侧石 H10cm　绿地 +0.90m
0.15　+0.60m +0.30m　+0.60m
+0.30m

识读某广场地形图,完成以下景观元素竖向设计。将其标高标在图中,并填入表格。每填出1项得1分,最高10分。

序号	设计内容	相对标高值	标高设计说明	得分
1	雕塑基座			
2	雕塑最高顶面			
3	石拱桥与路面衔接处			
4	石拱桥最高点			
5	树坛			
6	汀步			

序号	识读某广场地形图,完成以下景观元素竖向设计。将其标高标在图中,并填入表格。每填出 1 项得 1 分,最高 10 分。			
	设计内容	相对标高值	标高设计说明	得分
7	廊			
8	景墙			
9	花坛			
10	拉膜亭			

任务 1   用等高线法设计自然地形

一、任务分析

等高线法在园林设计中使用最多,一般地形测绘图都是用等高线或点标高表示的。在绘有原地形等高线的底图上用等高线法进行地形改造,在同一张图纸上便可表示原有地形、设计地形、平面布置及各部分的高程关系。这大大方便了设计过程中进行方案比较及修改,也便于进一步的土方计算工作。因此,等高线法是一种比较理想的设计方法,最适宜于自然山水园的土方计算。

二、实践操作

1. 改变地形的坡度

土方工程的边坡坡度以其高和水平距之比表示(图 2-1),边坡坡度的计算公式:

$$i=h/L=\tan a$$

式中,i —— 坡度;

　　h —— 高差(m);

　　L —— 水平间距(m)。

如果一斜坡在水平距离为 5 m 内上升 1 m,其坡度 $i=h/L=1/5=0.20$,用百分数表示为 20%。另外,工程界习惯以 1:M 表示边坡坡度,M 是坡度系数,坡度系数即是边坡坡度的倒数,1:M=1:(L/h),所以,边坡坡度 1:5 的边坡,也可叫作坡度系数 M=5 的边坡(图 2-2)。

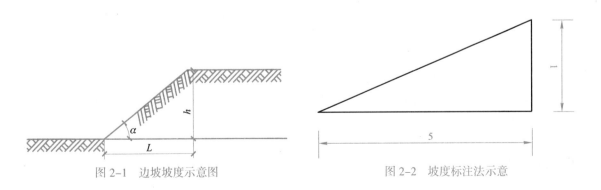

图 2-1　边坡坡度示意图　　　　　　　　　　　图 2-2　坡度标注法示意

在地形图中,等高线间距的疏密表示地形的缓陡,等高线间距大表示缓坡,等高线间距小表示陡坡(图2-3)。

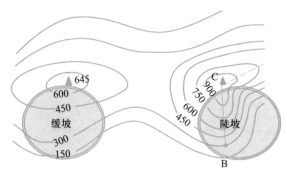

图2-3 等高线间距与地形的缓陡

在竖向设计时,保持坡地高差 h 不变,通过调整等高线之间的间距,实现坡度变化(图2-4)。

例如,有一段斜坡,水平间距20 m,高差10 m,计划在斜坡上设计台阶以满足交通。由于每一级台阶的高度和踏面宽度基本固定,就要通过计算分析是否要改变地形的坡度以满足设计要求。如果每级台阶高0.15 m,踏面宽0.35 m,先计算分析原来的坡度是否满足设计要求,水平间距20 m ÷ 踏面宽0.35 m=57级台阶,57级台阶 × 每级台阶高0.15 m=8.55 m,而斜坡的高差是10 m,因此需要把坡度减小。高差不变的话,就需要把水平间距拉长,10 m ÷ 0.15 m=67,67 × 0.35 m=23.45 m,则水平间距应改为23.45 m。

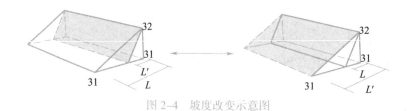

图2-4 坡度改变示意图

2. 平垫沟谷

在园林建设中,有些沟谷地段须垫平(图2-5)。平垫这类场地的设计可用平直的设计等高线和拟平垫部分的同值等高线连接,其连接点就是不挖不填的点,也叫"零点"。相邻的零点与零点的连线称"零点线"。零点线所围合的范围也就是垫土的范围或挖掘的范围。

3. 削平山脊

削平山脊的设计方法和垫平沟谷的方法相同,只是设计等高线所切割的原地形等高线方向正好相反(图2-6)。

4. 平整场地

园林中的场地包括铺装广场、建筑地坪及各种文体活动场地和平缓的种植地段,如草坪、较宽的种植带等。非铺装场地对坡度要求不那么严格,目的是将坡度理顺,而地表则任其自然起伏,排水畅通即可(图2-7)。

铺装地面的坡度则要求严格,各种场地依其使用功能不同对坡度的要求也各异。通常为了排水,最小坡度>0.5%,一般集散广场坡度在1%~7%,足球场坡度在0.3%~0.4%,篮球场、排球场坡度在 2%~5%。这类场地的排水坡度可以是沿长轴的两面坡或沿横轴的两面坡,也可以设计成四面坡,这取决于周围的环境条件。

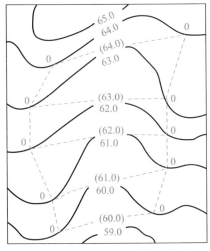

图 2-5 平垫沟谷的等高线设计

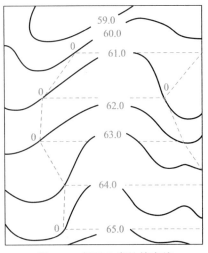

图 2-6 削平山脊的等高线

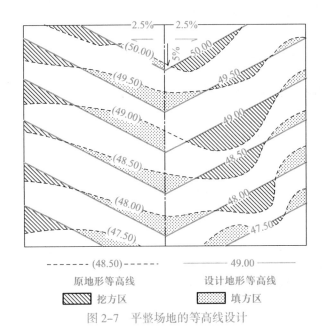

图 2-7 平整场地的等高线设计

5. 挖池推山,改造地形

运用等高线可表示出原地形和改造后地形的情况,确定设计地形的形状、高程和坡度,为进一步的土方量计算提供必要的数据资料。特别是自然山水园的地形改造,等高线法运用最为普遍。

2.1.2 学习任务单

工作任务	完成绿地自然地形竖向设计，绘制等高线并标注排水坡度和坡向				
姓名		班级		学号	

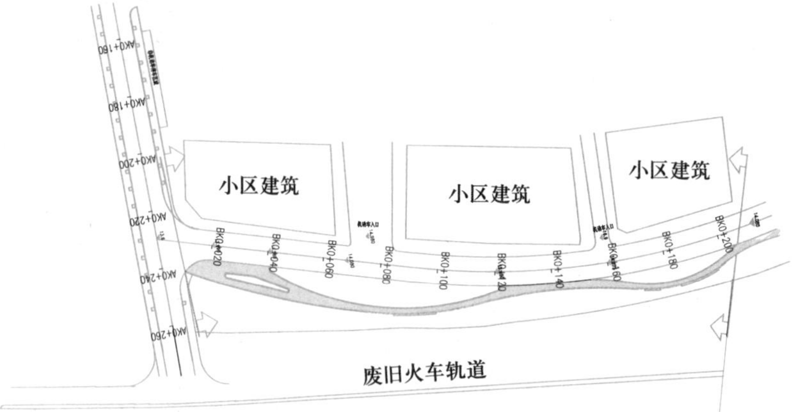

道路路侧绿地景观平面图

序号	在图中画出等高线，并标注排水坡度和坡向			
	考查要点	分值	是 / 否	得分
1	标出已有道路的竖向标高	1		
2	路侧绿地标高是否与道路标高合理衔接	2		
3	绿地中的等高线是否为闭合曲线，且不交叉、不重叠	2		
4	等高距设置是否合理	1		
5	地形最高点、最低点是否采用正确的标高符号标注	2		
6	地形设计后，相应的排水方向和排水坡度值是否标注准确	2		

任务 2　用断面法设计地形

一、任务分析

用许多断面表示原有地形和设计地形的情况的方法称断面法，此法的优点是便于计算土方量且直观性强。断面法表示了地形按比例在纵向和横向的变化。此种方法可以表达地面的实际情况,使视觉形象更加明了。同时,也可以说明地形上各景物的相对位置及其与室外标高的关系;说明植物分布及林木的轮廓,表达出景观在垂直空间内的布置效果(图2-8)。

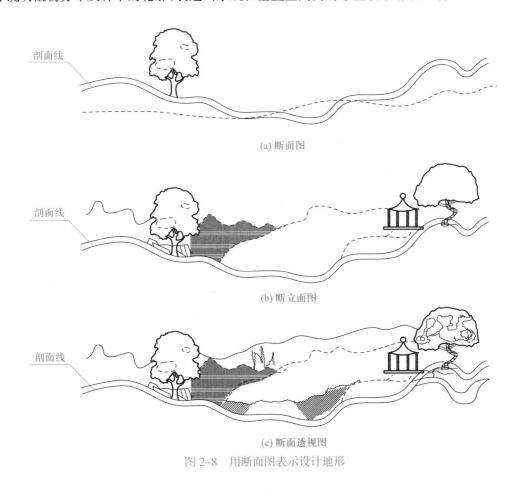

(a) 断面图

(b) 断立面图

(c) 断面透视图

图 2-8 用断面图表示设计地形

二、实践操作

1. 选择断面

断面可以选择园林用地具有代表性的轴线方向,也可以沿在地形图上绘制的方格网线的方向。沿方格网长轴方向绘制出的断面图叫纵断面图;沿其短轴方向绘制的断面图叫横断面图。

2. 绘制断面图

(1) 断面图的纵向坐标为地形与断面交线上各点的标高。

(2) 断面图在地形设计中的表示方式有三种(图2-8a、b、c),可用于不同场合。

(3) 在各式断面图上也可同时表示原地形轮廓线(原地形轮廓线用虚线表示)。

断面法一般不能全面反映园林用地的地形地貌,当断面过多时,这种方法既繁琐,又容易混淆。因此,断面图一般仅用于要求不高且地形狭长地段的地形设计及表达,或将其作为设计等高线法的辅助图,以便较直观地说明设计意图。

工作任务	绘制某广场地形断面图		
姓名	班级		学号

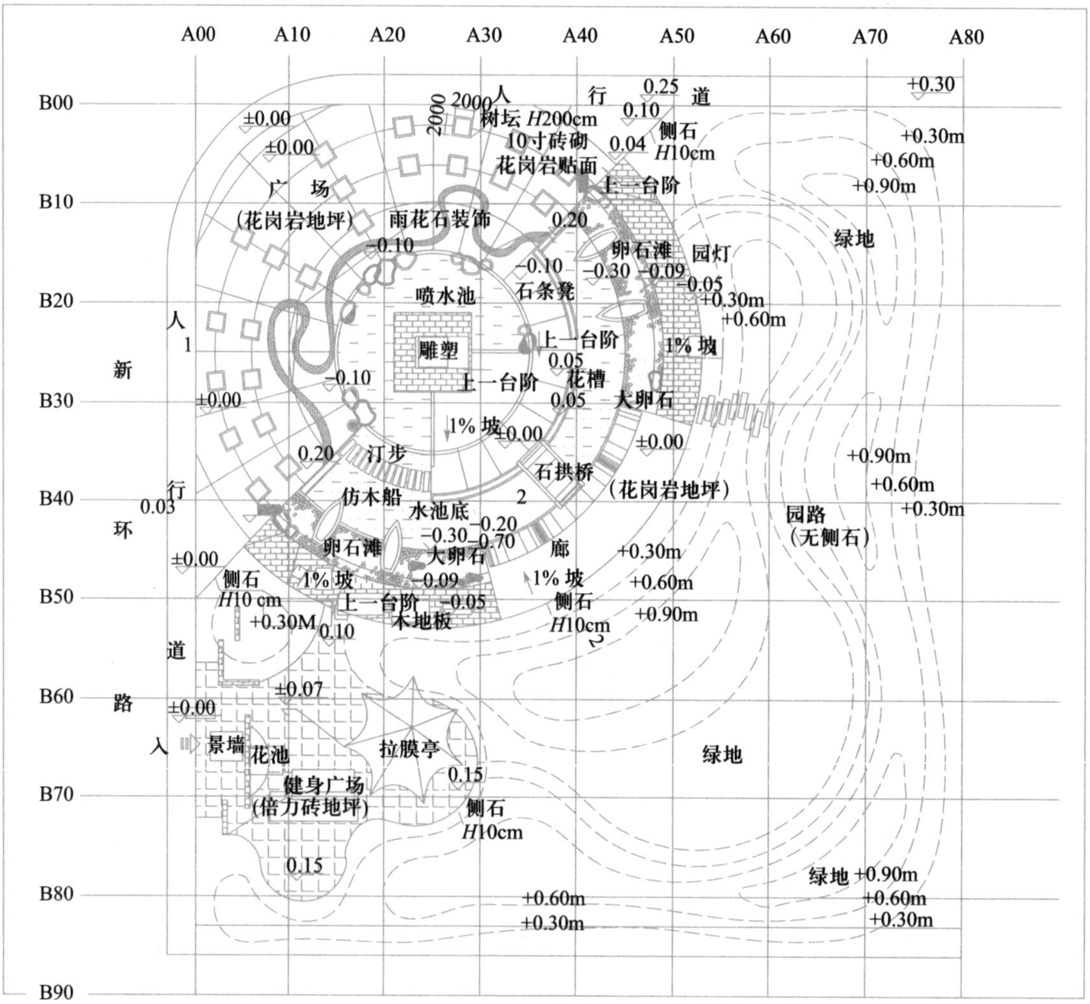

某广场地形图

序号	在图中 B30 与 B40 范围中,绘制平面剖切符号,并绘制其断面图。			
	考查要点	分值	是 / 否	得分
1	平面图中剖切符号绘制是否正确	1		
2	断面图中剖切地形线是否加粗	1		
3	断面图比例是否合理	2		
4	断面图表达内容是否与平面图一致	2		
5	断面图各元素标高标注是否正确	2		
6	断面图景物表达是否正确	2		

任务3　用模型法设计地形

一、任务分析

模型法是很多工程中,特别是较大型的工程中常用的表现手法,其优点是直观、具体、一目了然。但制作费工费时,且投资较多。所以一般在较大型的工程中使用,而较小型的工程多不采用。

二、实践操作

1. 准备材料

模型所使用的材料多种多样,几乎所有能用来表现设计意图的材料都可使用,较常用的材料主要有塑料制品、玻璃、木材、金属、纸板、纸黏土、油泥和绿地粉黏结剂等。

2. 制作底盘

通常用木质板材(如轻型板、三合板、多层板)或塑料板材等材料,按模型的大小切割成型(一般为矩形),作为整个模型的支撑或基础。选用的底盘材料应保证需要的强度和整体性,当底盘尺寸较大时,则需在底板下用木方(木龙骨)进行加固。

3. 制作地形主体

(1) 切割板材　将板材(吹塑纸、泡沫板、厚纸板、软木或其他板材)按每条等高线的形状大小模印后切割裁剪,并按顺序编号。

(2) 固定板材　由下向上按图纸用粘结剂(应根据板材类型选用)逐层粘叠固定(吹塑纸、泡沫板也可用大头针固定)。单层板材厚度不足等高距尺寸时,可增加板材层数或配合使用不同厚度的板材。

4. 加工修饰地表

(1) 当板材间粘结牢固并经修整后,用橡皮泥在上面均匀敷抹,按设计意图捏出皱纹,使其形象自然。通常用不同色彩的橡皮泥表示不同地形地物,如土黄色表示土山,用绿色表示草地,用淡蓝色表示水体等。

(2) 用黏土填充各相邻等高面板材间台阶状空隙使成斜坡,并敷抹成型;待黏土干燥后用胶液(胶水或白乳胶)均匀涂刷。最后选用适宜色调的绿地粉拌和铺撒。铺撒绿地粉时可以根据山的高低及朝向做些色彩变化,表示水面则用刷喷蓝色油漆或粘贴蓝色即时贴等方法。

知识1　等高线的概念和性质

一、等高线的概念

等高线是一组垂直间距相等、平行于水平面的假想面与自然地形相剖切后所得到的交线在水平面上的投影(图2-9)。给这组投影标上数值,便可表示地形的高低陡缓、峰峦位置、坡谷走向及溪池深度等内容。

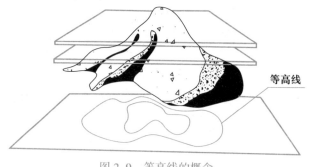

等高线

图 2-9　等高线的概念

二、等高线的性质

在同一条等高线上,所有点的高程都是相等的。

每一条等高线都是闭合的。由于园界或图框的限制,等高线不在这一幅图中闭合必定在邻近的图中闭合。为了便于理解,我们假设园基地被园界或图框垂直下切,形成一个地块(图 2-10)。从图中可以看出,没有在图面上闭合的等高线都沿着被切割面闭合了。

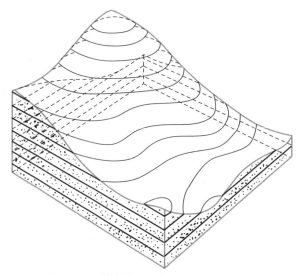

图 2-10　等高线在切割面上闭合的情况

等高线的水平间距的大小,表示地形的缓或陡。疏则缓,密则陡。等高线的间距相等,表示该坡面的坡度相同,如果该组等高线平直,则表示该地形是一处平整过的同一坡度的斜坡(图 2-11)。

等高线一般不相交或重叠,只有在悬崖处等高线才可能出现相交情况。在某些垂直于地面的峭壁、地坎或挡土墙驳岸处等高线才会重合在一起(图 2-12)。

等高线在图纸上不能直穿或横过河谷、堤岸和道路等(图 2-13)。由于以上地形单元或构筑物在高程上高于或低于周围地面,所以等高线在接近于地面的河谷时转向上游延伸,而后穿越河床,再向上游走出河谷;如遇高于地面的堤岸或路堤时等高线则转向下方,横过堤顶再转向上方而后走向另一侧。

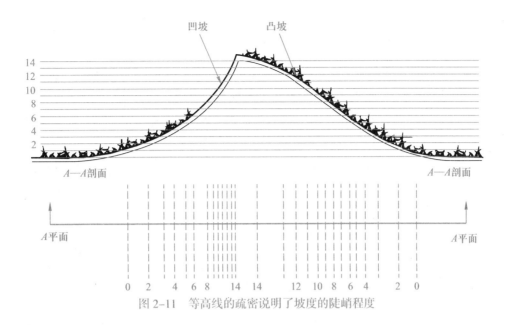

图 2-11 等高线的疏密说明了坡度的陡峭程度

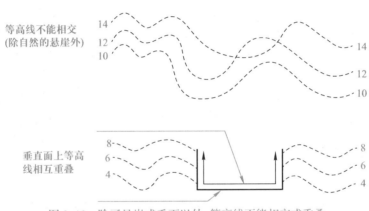

图 2-12 除了悬崖或垂面以外，等高线不能相交或重叠

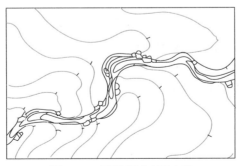

图 2-13 用等高线表示山涧

知识 2　地形的类型与造景特征

根据地形的不同功用和地形的竖向变化,园林地形可分为陆地和水体两类。陆地又可分为平地、坡地和山地三类。下面就针对各类地形的特征和造景设计特点分别进行讨论。

一、平地与造景设计

所谓平地,一般指园林地形中坡度小于4%的比较平坦的用地。平地对于任何种类的密集活动都是适用的。园林中,需要平地条件的规划项目主要有:建筑用地、草坪与草地、花坛群用地、园景广场、集散广场、停车场、回车场、游乐场、旱冰场、露天舞场、露天剧场、露地茶室、棋园、苗圃用地等。现代公园中必须设有一定比例的平地地形,供人流集散以及交通、游览需要。

从地表径流的情况来看,平地的径流速度最慢,有利于保护地形环境,减少水土流失,维持地表的生态平衡。但过于平坦的地形不利于排水,容易积涝,破坏土壤的稳定,对植物的生长、建筑和道路的基础都不利。因此,为了及时排除地面积水,要求平地也具有一定坡度。

地形的类型
与造景特征

二、坡地与造景设计

坡地就是倾斜的地面,使园林空间具有方向性和倾向性。它打破了平地地形的单调感,使地形具有明显的起伏变化,增加了园林空间的生动性。按照其倾斜度的不同,坡地分为缓坡、中坡和陡坡三种地形。

1. 缓坡

缓坡的坡度在4%~10%之间,适宜于运动和非正规的活动,一般布置道路和建筑基本不受地形约束。缓坡地也可以作为活动场地、游憩草坪、疏林草地等用地。用缓坡地栽种树木作为风景林,树木一般也能够生长良好。在缓坡地上成片地栽植色叶树种和花木树种,能够充分发挥植物的色彩造景作用和季相特色景观作用。如栽植银杏林、鸡爪槭林、樱花林、桃花林等,既能造出美丽多彩的季相景观,又能使树木有一个良好的生长环境。

在缓坡地上不宜开辟面积较大的园林水体,如果想要开辟面积较大的水体,可采用不同水面高程的几块水体聚合在一起的方法,以增加水面的空间层次感。

2. 中坡

坡度在10%~25%,高度差异在2~3 m,在内设置山地运动或自由游玩才能对其积极加以利用。在这种坡地上,建筑和道路布置会受到较大限制。垂直于等高线的道路要做成梯道,建筑一般要顺着等高线布置并结合现状进行地形改造,并且占地面积不宜过大。对于水体布置而言,除溪流之外,也不适宜开辟湖、池等较宽的水体。

植物景观设计在中坡地也可以像缓坡地一样用植物造景,也可以营造绿化风景林来覆盖整个坡地。

3. 陡坡

坡度在25%~50%的坡地为陡坡地。陡坡的稳定性较差,容易造成滑坡甚至塌方,因此,在陡坡地段的地形设计中要考虑护坡、固土的工程措施。陡坡地一般难于用作活动场地,如果用也只能是小面积的,并且土方工程量比较大。如要布置建筑,则土方工程量更大,建筑群布置会受到较大限制。如布置游览道路,则一般要做成较陡的梯道;如要通车,则需根据地形曲折盘旋而上,做成盘山道。陡坡地形设计较大面积水体难度较大,只能布置小型水池。

陡坡地栽种树木比较困难。因陡坡地水土流失严重,坡面土层较薄,许多地段还会有岩石露出地面,树木种植较难成活。在陡坡地进行绿化种植,要把树木种植处的坡面改造成为小块的平整台地,或利用岩石之间的空隙地栽种树木,且树木宜以耐旱的灌木种类为主。

三、山地与石山地的造景设计

同坡地相比,山地的坡度更大,其坡度大于50%。山地根据坡度大小,可以分为急坡地和悬坡地两类。急坡地的地面坡度为100%,悬坡地则是地面坡度在100%以上的坡地。山地不宜布置较大体量的建筑,只能通过地形改造点缀亭、廊等单体小建筑。山地上道路布置亦较困难,在急坡地上,车道只能曲折盘旋而上,游览道需做成高而陡的爬山道;而在悬坡地上,布置车道则极为困难,爬山道边必须设置攀登用扶手栏杆或扶手铁链。山地上一般不能布置较大水体,但可结合地形设置瀑布、叠水等小型水景。

山地和石山地的植物生存条件比较差,适宜种植抗性好、生性强健的植物。但是在悬崖边、石壁上、石峰顶等险峻地点的石峰石穴,配植形态优美的青松、红枫等风景树,可以得到犹如盆景树石般的艺术景致。这就是说,山地的地势可以丰富园林植物的栽植条件、栽植环境和景观形式。

子项目二　土方工程量计算

土方量计算是园林用地竖向设计工作的继续和延伸,通过计算来修订设计图中不合理之处,使设计更完善。另外,土方量计算所得资料,又是投资预算和施工组织设计等工作的重要依据。土方量计算的准确性将直接影响施工方与建设方的经济利益,如果计算有误可能会引起施工纠纷。因此,园林土方量计算结果的准确性与合理性具有较强的实用价值。

土方量计算一般是根据附有原地形等高线的设计地形图来进行的,园林工程土方量的计算就是求取设计高程与原来自然地面高程之间挖方或填方的体积。土方量的计算工作,可分为估算和计算两种。估算一般在规划和方案设计阶段,而在施工图设计阶段,需要对土方工程量进行比较精确的计算。

常用的土方量计算方法大致可归纳为以下四类:体积公式估算法、断面法、方格网法和数字高程模型(DEM)法。应对比分析每一种地形的原地形情况和设计后的地形情况,针对不同地形种类选择合适的土方量计算方法(表2-1)。

表2-1　四种园林土方量计算方法的比较分析

	体积公式法	断面法	方格网法	DEM法
适用范围	适用于类似几何形体的土体	垂直断面法适用于带状山体,等高面法适用于大面积的自然山水地形或微地形	适用于地形比较平坦、面积大的地块及高低不平、比较破碎的地形	适用不规则的复杂园林区域、精度要求高的地形;对软件的依赖性比较强,数据要求比较高
精度	较低	较低	较高	较高

任务 1 用体积公式估算土方量

一、任务分析

在建园过程中,不管是原地形或设计地形,经常会碰到一些类似锥体、棱台等几何形体的地形单体(图 2-14)。这些地形单体的体积可用相近的几何体体积公式来计算。此法的优点是简便,缺点是精度稍差,所以一般多用于方案规划、设计阶段的土方量估算。

土方工程量
计算——体
积法、断面法

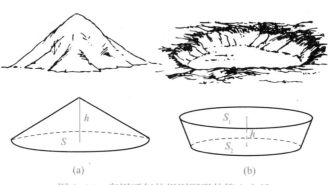

(a) (b)

图 2-14 套用近似的规则图形估算土方量

二、实践操作

原地形类似锥体、棱台、正方体、长方体、圆台等凸出地面的几何形体,设计后为平整场地的情况,用体积公式估算土方量,计算结果为挖方量。

原地形为平整场地,设计后为低洼的几何形体,也可以用体积公式估算挖方量。如在平地上挖几何形水池,用水池的开挖底面积乘以水池的挖深即为挖方量,计算时一定要注意水池底和水池壁的结构层厚度。

选择合适的几何体积公式(表 2-2)进行计算。

表 2-2 各几何形体计算公式

序号	几何体名称	几何形体	体积
1	圆锥		$V=\dfrac{1}{3}\pi r^2 h$
2	圆台		$V=\dfrac{1}{3}\pi h(r_1^2+r_2^2+r_1 r_2)$

序号	几何体名称	几何形体	体积
3	棱锥	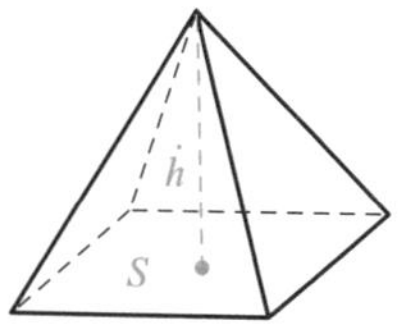	$V=\dfrac{1}{3}Sh$
4	棱台	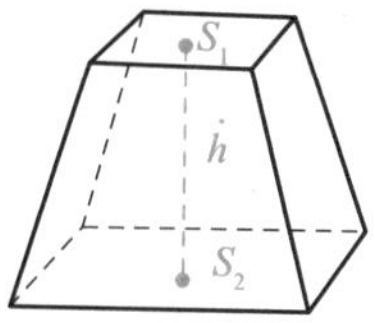	$V=\dfrac{1}{3}h(S_1+S_2+\sqrt{S_1S_2})$
5	球缺	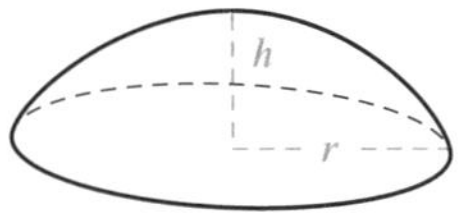	$V=\dfrac{\pi h}{6}(h^2+3r^2)$

注:V—体积,r—半径,S—底面积,h—高,r_1,r_2—分别为上下底半径,S_1,S_2—上、下底面积。

任务2 用断面法计算土方量

一、任务分析

断面法是以一组等距(或不等距)的相互平行的截面将拟计算的地块、地形单体(如山、溪涧、池、岛等)和土方工程(如堤、渠、路堑、路槽等)分截成"段",分别计算各"段"的体积,然后将各"段"体积累加,以求得总土方量的计算方法。此法的计算精度取决于截取面的数量,多则精,少则粗。根据其取断面的方向不同,断面法可分为垂直断面法、水平断面法(或等高面法)及与水平面成一定角度的成角断面法。

二、实践操作

1. 用垂直断面法计算土方量

垂直断面法多用于园林地形纵横坡度有规律变化地段的土方工程量计算,如带状山体、水体、沟渠、堤、路堑、路槽等(图 2-15)。

(1) 长条形单体的土方量计算公式:$V=(S_1+S_2)/2\times L$

式中,V——相邻两断面间挖或填的土方量(m^3);

S_1——断面 1 的实际面积(m^2);

S_2——断面 2 的实际面积(m^2);

L——两相邻断面间的垂直距离(m)。

当 $S_1=S_2$ 时,$V=S\times L$

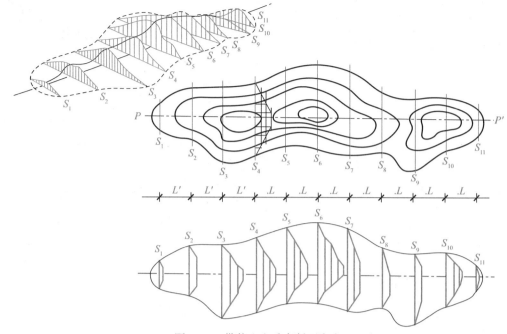

图 2-15　带状土山垂直断面取法

（2）在 S_1 和 S_2 的面积相差过大或两相邻断面之间的距离大于 50 m 时,计算误差较大,可改用以下公式计算: $V=1/6(S_1+S_2+4S_0)L$

式中, S_0 是中间断面面积（m^2）。

S_0 的面积有两种求法:

① 用求棱台的中截面面积公式: $S_0=1/4[S_1+S_2+2(S_1S_2)^{1/2}]$

② 用 S_1 及 S_2 各相应边的算术平均值求 S_0 的面积。

例 1:设有一土堤,要计算的两断面呈梯形,二断面之间的距离为 80 m,各边数值如图 2-16 所示,试求其 S_0。

图 2-16　中间面积 S_0 的计算方法

解: S_0 上底为:(6+8)/2 m=7 m

S_0 下底为:(12+15)/2 m=13.5 m

S_0 高为:(3+2.6)/2 m=2.8 m

所以 $S_0=$ (7 m+13.5 m)/2 × 2.8 m=28.7 m^2

（3）分别计算出每一段地形单体的体积之后,相加即为整个土体的土方量。

$$V=V_1+V_2+V_3+V_4+\cdots$$

2. 用水平断面法(等高面法)计算土方量

水平断面法是沿水平方向,通过等高线取断面。断面面积即等高线所围合的面积,相邻断面的高即为两相邻等高线间的距离,断面面积求取方法同垂直断面法(图2-17)。

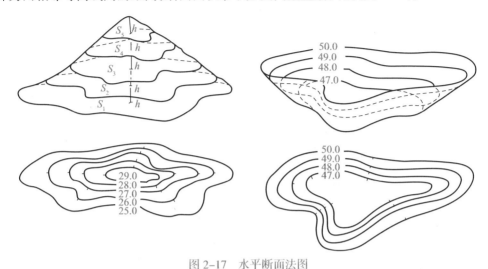

图 2-17　水平断面法图

其计算公式如下:

$$V=(S_1+S_2)\times h_1/2+(S_2+S_3)\times h_1/2+\cdots+(S_{n-1}+S_n)\times h_1/2+S_n\times h_2/3$$
$$=\left[(S_1+S_n)/2+S_2+S_3+S_4+\cdots+S_{n-1}\right]\times h_1+S_n\times h_2/3$$

式中,V——土方体积(m^3);

S——各层断面面积(m^2);

h_1——等高距(m);

h_2——S_n 到山顶的间距(m)。

此法最适于大面积的自然山水地形的土方计算,但同时也适合园林中微地形土方量计算。无论是垂直断面法还是水平断面法,不规则的断面面积计算工作总是比较繁琐的。一般说来,对不规则面积的计算可采用以下几种方法:

(1) 在 CAD 中精确测量面积

① 用"样条曲线"描绘出需要测得地域的闭合轮廓线;

② 将闭合轮廓线用"面域(命令 reg)"并集(uni)、差集(su)、交集(in)转化为面域;

③ 用"工具—查询—面积"测出闭合轮廓线的精确面积。

(2) 方格纸法　用方格纸蒙在图纸上,通过数方格数,再乘以每个方格的面积而求取。此法方格网越密,精度越大。一般在数方格数时,测量对象占方格单元超过 1/2,按整个方格计;小于 1/2 者不计。最后进行方格数的累加,再求取面积即可。

例 2:在某绿地中设计了微地形(如图 2-18),请试用水平断面法来计算高在 +1.0 m 以上的土方量。

解:$S_{1.00}=132\times1\ m^2=132\ m^2$

$S_{2.00}=51\times1\ m^2=51\ m^2$

$S_{3.00}=9\times1\ m^2=9\ m^2$

(注:由于所要求取的地形为不规则地形,欲求取其水平断面面积采用方格网估算,首先建立

以 1 cm 为边长的方格网覆盖在竖向设计图上）

代入公式：h_1=1 m, h_2=0.5 m

$V = [(S_{1.00}+S_{3.00})/2 + S_{2.00}] \times h_1 + S_{3.00} \times h_2/3 = [(132+9)/2 + 51] \times 1 \ m^3 + 9 \times 0.5/3 \ m^3 = 123 \ m^3$

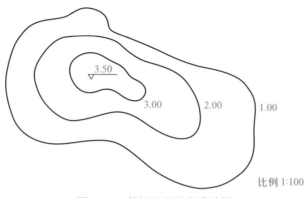

图 2-18　某绿地的竖向设计图

任务 3　用方格网法计算土方量

一、任务分析

土方量计算
——方格网
法

方格网法是一种相对比较精确的方法，多用于平整场地，将原来高低不平、比较碎的地形按设计要求整理成为平坦的、具有一定坡度的场地。

某广场为了满足游人游玩活动的需要，拟将一块凹凸不平的地面平整成为三坡向两面坡的长方形广场，要求广场具有 1% 的纵坡和 2% 横坡，土方就地平衡。试求其设计标高并计算其土方量（图 2-19）。

二、实践操作

1. 划分方格网

在附有等高线的施工现场地形图上做方格网控制施工场地，方格网边长数值取决于所要求计算的精度和地形变化复杂程度。一般在园林工程中方格网边长采用 20~40 m；地形起伏较大地段，可采用 10~20 m。

本广场平整场地按正南北方向作边长为 20 m 的方格控制网。

2. 填入原地形标高

根据原地形等高线，采用插入法计算出方格网每个交点的原地形标高，然后将原地形标高数字填入方格网交点的右下角（图 2-20）。

插入法求标高公式：$H_x = H_a \pm xh/L$

式中，H_a ——位于低边等高线的高程（m）；

x ——欲求点到低边等高线的距离；

h ——等高差；

L ——欲求点相邻等高线间最小的距离。

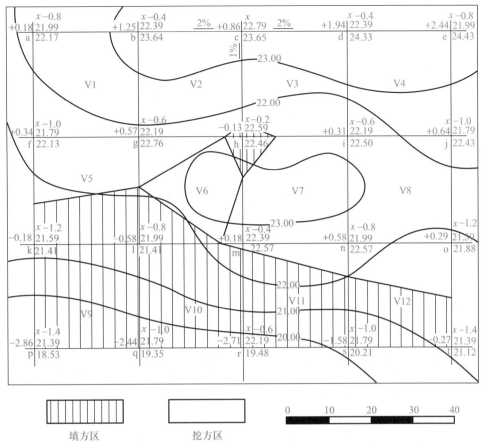

图 2-19　某广场方格控制网和挖填方区划图

填方区　　　挖方区

插入法求某点高程通常会有三种情况,如图 2-21。

(1) 待求点标高在二等高线之间。$H_x = H_a + xh/L$

(2) 待求点标高在低边高线之下方。$H_x = H_a - xh/L$

(3) 待求点标高在高边等高线的上方。$H_x = H_a + xh/L$

施工标高 +0.09	设计标高 35.00
角点编号 Q	原地形标高 35.09

图 2-20　方格网交点标注的表示方法

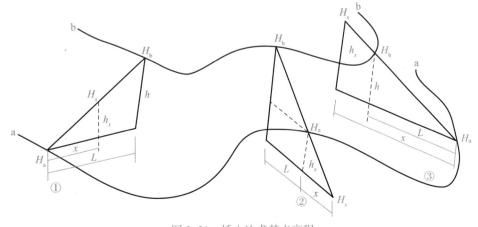

图 2-21　插入法求某点高程

3. 填入设计标高

依设计意图(如:地面的形状、坡向、坡度值等)确定各交点的设计标高,并填在方格网交点的右上角,设计标高的计算需要借助平整标高的概念。

(1) 求平整标高 平整标高又称计划标高 H_0,即平整后的场地在满足土方平衡的条件下所形成的一个假想水平面的高程。设计中通常以原地面高程的平均值(算术平均值或加权平均值)作为平整标高。求平整标高的公式如下:

$$H_0 = (\sum H_1 + 2\sum H_2 + 3\sum H_3 + 4\sum H_4)/4N$$

式中,H_0——平整标高(m);

N——方格数;

a——方格边长;

H_1——计算时使用一次的交点高程(m);

H_2——计算时使用二次的交点高程(m);

H_3——计算时使用三次的交点高程(m);

H_4——计算时使用四次的交点高程(m)。

例题中:

$\sum H_1 = h_a + h_e + h_p + h_t = 22.17\ m + 24.43\ m + 18.53\ m + 21.12\ m = 86.25\ m$

$\begin{aligned} 2\sum H_2 &= (h_b + h_c + h_d + h_f + h_j + h_k + h_o + h_q + h_r + h_s) \times 2 \\ &= (23.64 + 23.65 + 24.33 + 22.13 + 22.43 + 21.41 + 21.88 + 19.35 + 19.48 + 20.21)\ m \times 2 \\ &= 437.02\ m \end{aligned}$

$\begin{aligned} 4\sum H_4 &= (h_g + h_h + h_i + h_l + h_m + h_n) \times 4 \\ &= (22.76 + 22.46 + 22.50 + 21.41 + 22.57 + 22.57)\ m \times 4 = 537.08\ m \end{aligned}$

代入公式,$H_0 = (\sum H_1 + 2\sum H_2 + 3\sum H_3 + 4\sum H_4)/4N$

$N = 12$

$H_0 = (86.25 + 437.02 + 537.08)/(4 \times 12)\ m = 22.09\ m$

(2) 求设计标高 假设一个和我们所要求的设计地形完全一样的土体,从这块土体的假设标高反过来求平整标高。

假定 c 点设计标高,依据给定的坡向、坡度和方格边长,根据坡度公式可算出其他各交点的假定设计标高,如 c 点的设计标高为 X,则 b 点为 $X-20\ m \times 2\%$,即 $X-0.4\ m$,h 点为 $X-20\ m \times 1\%$,即 $X-0.2\ m$。将各交点的假设设计标高代入公式。

$\sum H_1 = X-0.8\ m + X-0.8\ m + X-1.4\ m + X-1.4\ m = 4X-4.4\ m$

$\begin{aligned} 2\sum H_2 &= (X-0.4\ m + X + X-0.4\ m + X-1.0\ m + X-1.0\ m + X-1.2\ m + \\ &\quad X-1.2\ m + X-1.0\ m + X-0.6\ m + X-1.0\ m) \times 2 \\ &= 20X-15.6\ m \end{aligned}$

$\begin{aligned} 4\sum H_4 &= (X-0.6\ m + X-0.2\ m + X-0.6\ m + X-0.8\ m + X-0.4\ m + X-0.8\ m) \times 4 \\ &= 24X-13.6\ m \end{aligned}$

$H_0 = (48X-33.6\ m)/4 \times 12$

由上述计算 $H_0 = 22.09\ m$,可求出 $X = 22.79\ m$,然后计算出其余各交点的设计标高(图 2-16)。

4. 填入施工标高

比较原地形标高和设计标高,求得施工标高。

$$施工标高 = 原地形标高 - 设计标高$$

得数为正(+)数时表示挖方,得数为负数(-)数时表示填方。

施工标高数值应填入方格网交点的左上角。

5. 求零点线

所谓零点线即不挖不填的零点之间的连线。它是挖方和填方之间的界线。因而零点成为土方计算的重要依据之一。参照表2-3所示,可以用以下公式求出零点位置:

$$X = \frac{h_1}{h_1 + h_3} \cdot a$$

式中,X——零点距 h_1 一端的水平距离(m);

h_1、h_3——方格相邻二角点施工标高绝对值(m);

a——方格边长(m)。

6. 土方量计算

根据方格网中各个方格的填挖情况,分别计算出每一方格土方量。零点线为计算提供了填方和挖方的面积,而施工标高为计算提供了挖方和填方的高度。根据这些条件,便可用棱柱体的体积公式,求出各方格网的土方量。

由于每一方格内的填挖情况不同,计算所依据的图式也不一样。计算中,应按方格网内的填挖具体情况,选用相应的图式,并分别将施工标高数字代入相应的公式中进行计算。

常见的计算图式及相应计算公式参见表2-3。

表2-3 方格网计算土方量公式

序号	平面图式	立体图式	计算公式
1			四点全为填方(挖方)时 $\pm V = \frac{a^2}{4}(h_1 + h_2 + h_3 + h_4)$
2			两点填方,两点挖方时 $\pm V = \frac{a(b+c)}{8}\sum h$
3			三点填方(或挖方)一点挖方(或填方)时 $\pm V = \frac{b \times c \times \sum h}{6}$ $\pm V = \frac{(2b^2 - b \times c)\sum h}{10}$

序号	平面图式	立体图式	计算公式
4			相对两点为挖方(或填方)余两点为填方(或挖方)时 $\pm V = \dfrac{b \times c \times \sum h}{6}$ $\pm V = \dfrac{(2a^2 - b \times c - d \times e)\sum h}{12}$

各方格网的土方量计算如下:

四点全为挖方:

$+V_1 = 400 \times (0.18+1.25+0.34+0.57)/4 \ \text{m}^3 = 234 \ \text{m}^3$

$+V_4 = 400 \times (1.94+2.44+0.31+0.64)/4 \ \text{m}^3 = 533 \ \text{m}^3$

$+V_8 = 400 \times (0.31+0.64+0.58+0.29)/4 \ \text{m}^3 = 182 \ \text{m}^3$

四点全为填方:

$-V_9 = 400 \times (0.18+0.58+2.86+2.44)/4 \ \text{m}^3 = 606 \ \text{m}^3$

两点填方(两点挖方):

V_5 中,$-V_5 = 20 \times (0.18+0.58) \times (6.92+10.09)/8 \ \text{m}^3 = 32.32 \ \text{m}^3$

$\qquad +V_5 = 20 \times (0.34+0.57) \times (13.08+9.91)/8 \ \text{m}^3 = 52.30 \ \text{m}^3$

V_{11} 中,$-V_{11} = 20 \times (2.71+1.58) \times (18.75+14.63)/8 \ \text{m}^3 = 358 \ \text{m}^3$

$\qquad +V_{11} = 20 \times (0.18+0.58) \times (1.25+5.37)/8 \ \text{m}^3 = 12.58 \ \text{m}^3$

V_{12} 中,$-V_{12} = 20 \times (1.58+0.27) \times (14.63+9.64)/8 \ \text{m}^3 = 112.25 \ \text{m}^3$

$\qquad +V_{12} = 20 \times (0.58+0.29) \times (5.37+10.36)/8 \ \text{m}^3 = 34.21 \ \text{m}^3$

三点填方(或挖方)、一点挖方(填方):

V_2 中,$-V_2 = 3.71 \times 2.63 \times 0.13/6 \ \text{m}^3 = 0.21 \ \text{m}^3$

$\qquad +V_2 = (800-3.71 \times 2.63) \times (1.25+0.86+0.57)/10 \ \text{m}^3 = 211.79 \ \text{m}^3$

V_3 中,$-V_3 = 5.91 \times 2.63 \times 0.13/6 \ \text{m}^3 = 0.34 \ \text{m}^3$

$\qquad +V_3 = (800-5.91 \times 2.63) \times (0.86+1.94+0.31)/10 \ \text{m}^3 = 243.97 \ \text{m}^3$

V_7 中,$-V_7 = 5.91 \times 8.39 \times 0.13/6 \ \text{m}^3 = 1.07 \ \text{m}^3$

$\qquad +V_7 = (800-5.91 \times 8.39) \times (0.18+0.58+0.31)/10 \ \text{m}^3 = 80.29 \ \text{m}^3$

V_{10} 中,$-V_{70} = (800-4.74 \times 1.25) \times (0.58+2.44+2.71)/10 \ \text{m}^3 = 455 \ \text{m}^3$

$\qquad +V_{70} = 4.74 \times 1.25 \times 0.18/6 \ \text{m}^3 = 0.18 \ \text{m}^3$

相对两点为填方(挖方)余两点为挖方(填方)

V_6 中,$-V_6 = 10.09 \times 15.26 \times 0.58/6 \ \text{m}^3 = 14.89 \ \text{m}^3$

$\qquad -V_6 = 8.39 \times 3.71 \times 0.13/6 \ \text{m}^3 = 0.67 \ \text{m}^3$

$\qquad +V_6 = (800-10.09 \times 15.26-3.71 \times 0.13) \times (0.57+0.18)/12 \ \text{m}^3 = 40.35 \ \text{m}^3$

计算出每个方格的土方工程量后,对每个网格的挖方、填方进行合计,算出填、挖方总量。将所得的结果填入土方计算表2-4。

表 2-4　土方平衡表

序号	挖方 /m³	填方 /m³	序号	挖方 /m³	填方 /m³
V_1	234	0	V_7	80.29	1.07
V_2	211.79	0.21	V_8	182	0
V_3	243.97	0.34	V_9	0	606
V_4	533	0	V_{10}	0.18	455
V_5	52.30	32.32	V_{11}	12.58	358
V_6	40.35	15.56	V_{12}	34.21	112.25

任务 4　用数字高程模型（DEM）法计算土方量

DEM 是地形表面的一个数学（或数字）模型，是用三维空间形式来表示地块内的地貌形态，以微缩的形式再现地表形态起伏变化特征，具有形象、直观、精确等特点，在园林工程中具有很强的实用价值。DEM 法一般与 GIS 或 CAD 软件相结合，对软件的依赖性比较强，数据要求比较高，但可以计算比较复杂的地形情况，可以设定园林的地面坡度，也可以基本确定挖填界线。

一、任务分析

DEM 法通过实测地形数据及设计高程生成不规则三角网（TIN）及 DEM，以此计算土方量。TIN 是 DEM 的表现形式之一，其构建方式是直接利用实测地形碎部点、特征点进行三角构网（图 2-22）。将 DEM 看作空间的曲面，则存在填方空间曲面和挖方空间曲面，相关软件就可以自动捕捉两个曲面的交线，并能用一个铅垂面同时对两个曲面进行任意切割，并计算夹在两个切割下面的曲面间的空间体积。实际上，该空间体积就是该工程填挖方的土方量。

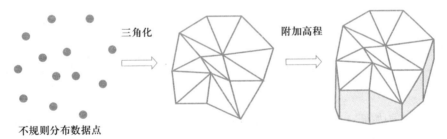

三角化　　附加高程

不规则分布数据点

图 2-22　三角构网数据模型

二、实践操作

通过 DEM 法计算园林土方量，即计算原地形面和设计基准面之间的体积值。假设原地形面用 DEM_t 来表示，而设计基准面用 DEM_d 来表示，在同一坐标系下，将该区域的 DEM_t 和 DEM_d 进行叠加，可得到一个新的 DEM，假设新的 DEM 用 ΔDEM 来表示，则有 $\Delta DEM = DEM_t - DEM_d$，其分量公式为：

$$\Delta Z(i,j) = Z(i,j)_t - Z(i,j)_d$$

式中，$Z(i,j)_t$ 为 DEM_t 的角点高程；$Z(i,j)_d$ 为 DEM_d 的角点高程。

对任一格网 (i,j)，若 $\Delta Z(i,j) > 0$，则该格网为挖方；若 $\Delta Z(i,j) < 0$，则该格网为填方。

设格网面积为 $A = dx \cdot dy$,则该格网处的土方量为 $V(i,j) = \Delta Z(i,j)A$。
再分别对 $V(i,j) > 0$ 和 $V(i,j) < 0$ 的数据进行求和,即是该区域填挖的总土方量。

建立 DEM 的方法很多,其数据来源主要有:一是直接取自地形表面,现今多用全站仪直接测出地面地形特征点的三维坐标(X,Y,Z);二是间接取自地形表面模拟模型,如地形图,航摄照片等。本项目以软件 ArcGis 为例,介绍 DEM 土方量算法。

1. DEM 数据获取

(1) 在软件 ArcGis 中,加载全站仪测得的高程点(图 2-23)。点是 TIN 的基本要素,决定了 TIN 表面的基本形状。在变化较大的地方,采集较多的点;对于较平坦的地方,采集较少的点。

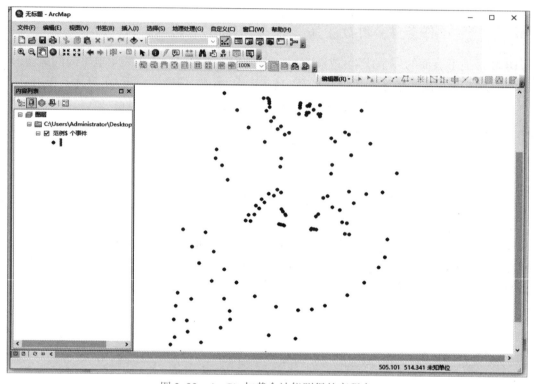

图 2-23 ArcGis 加载全站仪测得的高程点

(2) 在 ArcGis 中按照 ArcToolbox—3DAnalyst 工具—数据管理—TIN—创建 TIN 操作步骤,选择好对应的字段和参数后,点击确定开始生成 TIN 文件(图 2-24),TIN 文件生成完毕并自动加载在 ArcGis 中(图 2-25)。

(3) 将 TIN 转换成栅格地形数据,即 DEM。按照 ArcToolbox—3D Analyst 工具—转换—由 TIN 转出—TIN 转栅格步骤(图 2-26),选择对应的空间插值方法及采样距离后,即可生成对应的 DEM(图 2-27)。

2. 填挖方计算

分别建立设计前后的 DEM,按照 ArcToolbox—3D Analyst 工具—栅格表面—填挖方进行操作,系统计算填挖方,生成一个新的栅格图层(图 2-28)。其实质是将上面所得的两个 DEM 进行叠加,找出填挖分界线。由此将设计表面和现状表面分割成 3 个区域,开挖和回填区域均用不同的颜色显示,显示净填方、不填不挖、净挖方数据。

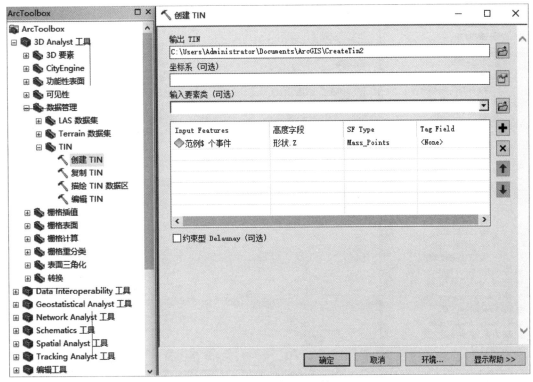

图 2-24　生成 TIN 文件

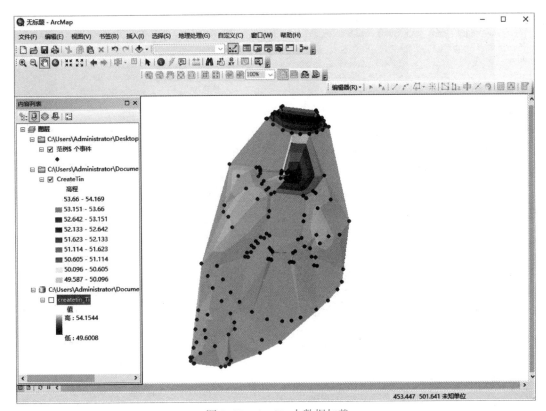

图 2-25　ArcGis 中数据加载

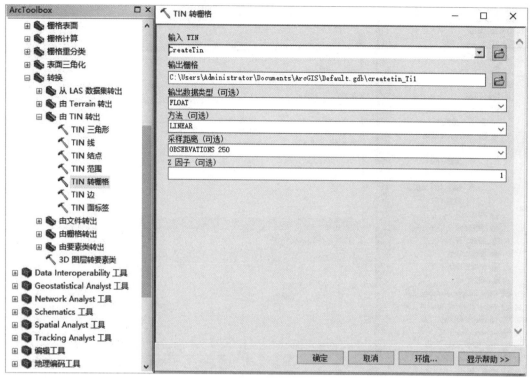

图 2-26 TIN 转栅格步骤

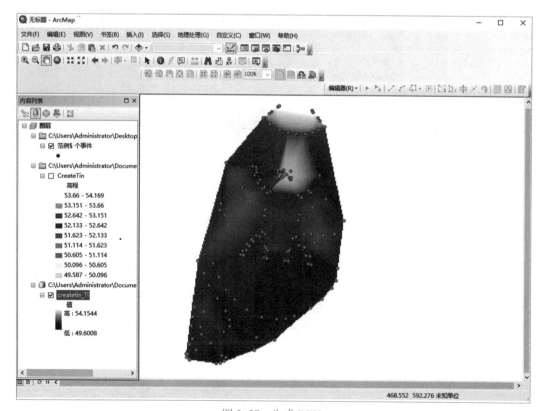

图 2-27 生成 DEM

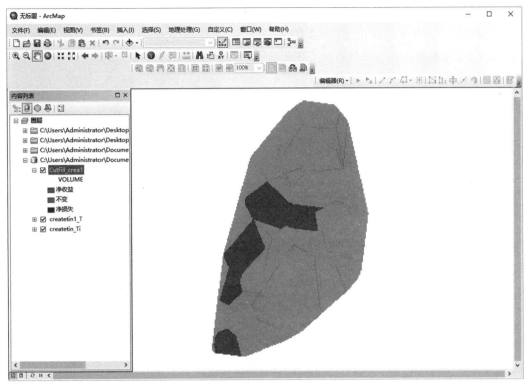

图 2-28 生成新栅格图层

ArcGis 提供了土方计算的专用菜单并将土方计算结果与要素建立了一一对应关系。其工程填挖方数据由要素属性表表达,要素值大于 0 表示填方,小于 0 表示挖方,等于 0 表示不填不挖。填挖方面积及对应的栅格数量也可以得到确切表达,每一条记录对应一个开挖或回填区域,结果见表 2-5。

表 2-5 填挖方统计表

序号	栅格数	填挖方 $/m^3$	填挖方面积 $/m^2$
1	4 204	1 255. 85	1 831
2	10 371	−2 371.01	4 518
3	12 016	0	5 234

子项目三　园林土方施工

任务 1　施工放线

一、任务分析

施工现场清理之后,为了确定施工范围及挖土或填土的标高,应按设计图纸的要求,

园林土方施工放线

用测量仪器在施工现场进行定点放线工作。这一步工作很重要,为使施工充分表达设计意图,测设时应尽量精确。园林工程定位放线内容包括:

(1) 测出用地范围红线边界和界址点坐标;

(2) 测出建筑物主要角点坐标及主要尺寸;

(3) 测出规划道路中心线并标注坐标;

(4) 测出构筑物的中心坐标或特征点坐标,标注其特征尺寸;

(5) 地下管线标明起点、转折点、终点的坐标,标明管线长度、埋深、管径及与相邻道路、建筑物的相对关系;

(6) 架空管线标明各类杆、架的坐标,必要时测量管线悬高;

(7) 自然地形的放线。

二、实践操作

1. 园林工程定位放线准备工作

(1) 进场后,首先对甲方提供的施工定位图进行复核,以确保设计图纸的正确。其次,与甲方一道对现场的坐标点和水准点进行交接验收,发现误差过大时应与甲方或设计院共同商议处理方法,经确认后方可正式定位。

(2) 现场建立控制坐标网和水准点。水准点由永久水准点引入,水准点应采取保护措施,确保其不被破坏。

(3) 工程定位后要经建设单位和规划部门验收合格后方可开始施工。

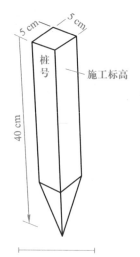

图 2-29 桩木示意图

(4) 按工程定位图,以纵横两个方向为坐标轴,每 30 m 测设一条控制线,形成 30 m × 30 m 的现场控制网,取工程纵横向的主轴线作为现场控制网轴线,工程的其他轴线依据主轴线位置确定。

2. 平整场地的放线

用经纬仪或红外线全站仪将图纸上的方格测设到地面上,并在每个交点处立桩木,边界上的桩木的数目和位置依图纸要求设置。桩木的规格及标记方法(图 2-29),侧面须平滑,下端削尖,以便插入土中,桩上应表示出桩号(施工图上方格网的编号)和施工标高(挖土用"+"号,填土用"-"号)。

3. 自然地形的放线

自然地形放线比较困难,特别是缺乏永久性地面物的空旷场地。一般先在施工图上打方格,再用经纬仪把方格网测设到地面上,而后把设计地形等高线和方格网的交点一一标到地面上并打桩(图 2-30),桩木上要标明桩号、原地形标高、设计标高和施工标高。

图 2-30 自然地形放线

4. 山体放线

山体放线有两种方法。一种是一次性立桩,适用于较低山体,一般最高处不高于 5 m。堆山时由于土层不断升高,桩木可能被土埋没,所以桩的长度应大于每层填土的高度。一般可用长竹竿做标高桩,在木桩上把每层的标高定好(图 2-31a)。不同层可用不同颜色标识,以便识别。另一种方法是分层放线,分层设置标高桩,适用于较高的山体(图 2-31b)。

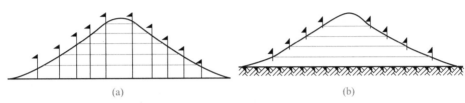

(a)　　　　　　　　　　　　(b)

图 2-31　山体放线的两种立桩方法

5. 水体放线

水体放线工作和山体放线基本相同。水体挖深一般较一致,而且池底常年隐没在水下,放线可以粗放些。水体底部应尽可能整平,不留土墩对养鱼捕鱼有利。如果水体打算栽植水生植物,还要考虑所栽植物的适宜水深。岸线和岸坡的定点放线应该准确,这不仅因为它是水上部分,有造景之功,而且关系到水体岸坡的稳定。为了施工的精确,可以用边坡样板来控制边坡坡度(图 2-32)。

6. 沟渠放线

在开挖沟槽时,木桩常容易被移动甚至被破坏,从而影响校核工作,所以实际工作中一般使用龙门板(图 2-33),龙门板构造简单,使用也方便。每隔 30~100 m 设龙门板一块,其间距视沟渠纵坡的变化情况而定。板上应标明沟渠中心线位置及沟上口、沟底的宽度等。板上还要设坡度板,用坡度板来控制沟渠纵坡。

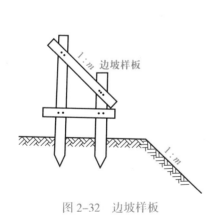

图 2-32　边坡样板　　　　　　　　图 2-33　龙门板

工作任务	根据提供的场地平面图进行放样				
姓名		班级		学号	

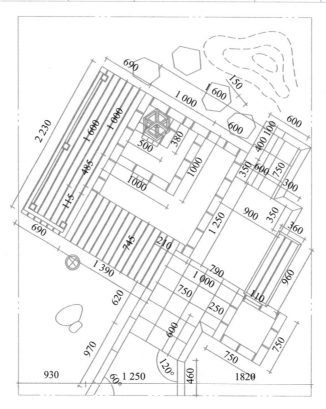

<table>
<tr><td colspan="2">① 总平面尺寸定位图　　1 : 25</td></tr>
</table>

总平面及尺寸定位图

序号	最高 10 分			
	考查要点	分值	是否完成	得分
1	是否对现场进行清理	1		
2	是否对现场进行平整	1		
3	是否设置控制放线网格	2		
4	是否将各控制点现场标记打桩	3		
5	是否将各控制点连接,准确将图纸内容放线至场地内	3		

任务2　土　方　施　工

一、任务分析

无论是园林建筑或构筑物,还是园林广场、道路的修建,都要从土方工程开始,通过挖沟槽、做基础,然后才能进行地面施工。其他的平整场地、挖湖堆山,都是先行土方施工。一些土方量大的项目,施工工期长,直接影响到工程进度,在园林工程建设中占有重要地位,必须提前做好施工调度与安排。

二、实践操作

1. 准备工作

在园林施工中,土方工程是一项比较艰巨的工作,施工前对工程建设要进行认真、周全的准备,合理组织和安排工程建设,否则会造成窝工甚至返工,进而影响工效带来浪费。
准备工作具体包括以下内容:

园林土方施工

(1) 研究和审阅图纸　检查图纸和资料是否齐全,核对平面尺寸和标高,图纸是否错误和矛盾;掌握设计内容及各项技术要求,熟悉土壤地质、水文勘察资料,并进行图纸会审,明确建设场地范围与周围地下管线的关系。

(2) 施工现场勘查　按照图纸到施工现场实际勘查,调查工程现场情况,收集施工相关资料,如施工现场的地形、地貌、土质、水文气象、河流、运输道路、植被、邻近建筑物、各种管线、地下基础、电缆坑基、防空洞、地面上施工范围内的障碍物和堆积物状况,供水、供电、排水、通讯及防洪系统等。

(3) 编制施工方案　研究图纸和现场勘查情况,根据甲方需求的施工进度及施工质量进行可行性分析,制定出符合本工程要求及特点的施工方案与措施。绘制施工总平面布置图、土方开挖图、土方运输路线图和土方填筑图,对施工人员、施工机具、施工进度进行周全、细致的安排。

(4) 修建道路和临时设施　修筑好施工场地内临时机械运行道路,以供机械进场和土方运输之用,主要的临时运输道路宜结合永久性道路的布置修筑。道路的坡度、转弯半径应符合安全要求,两侧作排水沟。此外,还要根据土方工程的规模、工期、施工力量安排等修建简易的临时生产和生活设施(如工具库、休息棚、材料库、油库、修理棚等),同时附设现场供水、供电等管线,并试水、试电等。

(5) 准备机具、物资及人员　准备好挖土、运输车辆及施工用料和工程材料,并按施工平面图堆放,配备好土方工程施工所需的各专业技术人员、管理人员和技术工人等。

2. 清理场地

在施工范围内,凡有碍工程的开展或影响工程稳定的地面物或地下物都应该清理,例如不需要保留的树木、废旧建筑物或地下构筑物等。

(1) 伐除树木　凡土方开挖深度不大于50 cm,或填方高度较小的土方施工,现场及排水沟中的树木必须连根拔除,清理树墩除用人工挖掘外,直径在50 cm以上的大树墩可用推土机铲除或用爆破法清除。关于树木的伐除,特别是大树的伐除应慎之又慎,凡能保留者尽量保留。

（2）建筑物和地下构筑物的拆除　应根据其特点进行拆除,并遵照《建筑工程安全技术规范》的规定进行操作。

（3）其他　如果施工场地内的地面、地下、水下发现有管线通过或其他异常物体时,除查看图纸,还应请有关部门协同勘察,未查清前,不可动工,以免发生危险或造成其他损失。

3. 排水

场地积水不仅不便于施工,而且也影响工程质量,在施工之前,应设法将施工场地范围内的积水或过高的地下水排走。

（1）排除地面积水　在施工前,根据施工区地形特点在场地周围挖好排水沟。在山地施工为防山洪,在山坡上方应做截洪沟。这样就能够保证场地内排水畅通,而场外的水也不致流入。在低洼处或挖湖施工时,除挖好排水沟外,必要时还应加筑围堰或设防水堤,为了保证排水通畅,排水沟的纵坡不应小于2%,沟的边坡值为1:1.5,沟底宽及沟深不小于50 cm。

（2）地下水的排除　排除地下水的方法很多,但一般多采用明沟,因为明沟排水较简单经济。一般根据排水面积和地下水位的高低来安排排水系统,先定出主干渠和集水井的位置,再定支渠的位置和数目,土壤含水量大要求排水迅速的,支渠分布应密些,其间距约1.5 m左右,反之可疏。

在挖湖施工中应先挖排水沟,排水沟的深度,应深于水体挖深。沟可一次挖掘到底,也可以依施工情况分层下挖,采用哪种方式可根据出土方向决定。图2-34是两面出土,图2-35是单向出土,A、B、C、E均为排水沟。水体开挖顺序可依图上A、B、C、D依次进行。

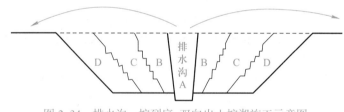

图2-34　排水沟一挖到底、双向出土挖湖施工示意图

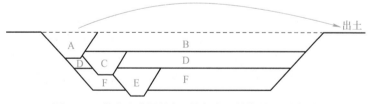

图2-35　排水沟分层挖掘、单向出土挖湖施工示意图

4. 土方施工

土方施工包括挖、运、填、压四个内容。其施工方法可采用人力施工,也可用机械化或半机械化施工。这要根据场地条件、工程量和当地施工条件决定。在规模较大,土方较集中的工程中,采用机械化施工较经济;但对工程量不大,施工点较分散的工程或因受场地限制,不便采用机械施工的地段,应该用人力施工或半机械施工。以下按上述四个内容简单介绍。

（1）挖方　挖方施工流程包括确定开挖顺序和坡度—确定开挖边界与深度—分层开挖—修整边缘部位—清底。

人工挖方施工机具主要是锹、镐、钢钎、手锤、手推车、梯子、撬棍、钢尺、坡度尺、小线或铅丝等。人工施工要点：① 施工者要有足够的工作面，一般平均每人应有 4~6 m²。② 开挖土方附近不得有重物及易坍落物。③ 在挖土过程中，随时注意观察土质情况，要有合理的边坡，须垂直下挖者，松软土不得超过 0.7 m，中等密度者不超过 1.25 m，坚硬土不超过 2 m，超过以上数值的须设支撑板或保留符合规定的边数。④ 挖方工人不得在土壁下面开挖，以防坍塌。⑤ 在坡上或坡顶施工者，要注意坡下情况，不得向坡下滚落重物。⑥ 施工过程中注意保护基桩、龙门板或标高桩，以防损坏。

机械施工主要有推土机、挖土机、铲土机、自卸车等。机械施工要点：① 推土机手应识图或了解施工对象的情况，在动工之前应向推土机手介绍拟施工地段的地形情况及设计地形的特点，最好结合模型，使之一目了然。另外施工前还要了解实地定点放线情况，如桩位、施工标高等。② 注意保护表土。在挖湖堆山时，先用推土机将施工地段的表层熟土(耕作层)推到施工场地外围，待地形整理停当，再把表土回填，这样做虽然较麻烦费工，但有利于公园的植物生长。③ 桩点和施工放线要明显，推土机活动范围较大，施工地面高低不平，加上进车或退车时司机视线存在盲区，所以桩木和施工放线很容易受破坏。为了解决这一问题：第一，应加高桩木的高度，桩木上可做醒目标志(如挂小彩旗或在桩木上涂明亮的颜色)，以引起施工人员的注意；第二，施工期间，施工人员应该经常到现场，随时随地用测量仪器检查桩点和放线情况，掌握全局，以免挖错(或填错)位置。

(2) 运土　一般竖向设计都力求土方就地平衡，以减少土方的搬运量。运土关键是运输路线的组织，一般采用回环式道路，避免相互影响。

运土方式也分人工运土和机械运土两种。人工运土一般都是短途的小搬运，搬运方式有用人力车拉、用手推车推或由人力肩挑背扛等。运输距离较长或工程量很大时，最好使用机械运输，运输工具主要是装载机和汽车。根据工程施工特点和工程量大小等不同情况，还可以采用半机械化与人工相结合的方式。

(3) 填方　填方时必须根据填方地面的功能和用途，选择合适土质的土壤和施工方法。如在绿化地段土壤应该满足种植物的要求，而作为建筑用地则以要求将来地基的稳定为原则。利用外来土垫地堆山，对土质应该鉴定，劣土及受污染的土壤不应放入园内，以免影响植物的生长和游人健康。

填方的施工流程：基底地坪的清整—检验土质—分层铺土、耙平—分层夯实—检验密实度—修整找平验收。

填埋顺序：先填石方，后填土方；先填底土，后填表土；先填近处，后填远处。

填埋方式：大面积填方应该分层填筑，一般每层20~50 cm，有条件的应层层压实。

在斜坡上填土，为防止新填土方滑落，应先把土坡挖成台阶状，然后再填方(图 2-36)，这样可保证新填土方的稳定。

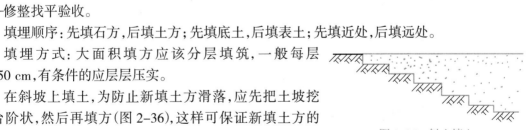

图 2-36　斜土填土

在填自然式山体时，应以设计的山头为中心，采用螺旋式分路上土法，运土顺循环道路上填，每经过全路一遍，便顺次将土卸在路两侧，空载车(人)沿线路继续前行下山，车(人)不走回头路，不交叉穿行。这不仅合理组织了人工，而且使土方分层上升，土体较稳定，表面较自然(图 2-37)。

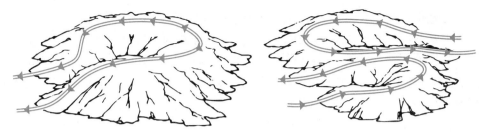

图 2-37 堆土运土路线

（4）压实 土方压实分为人工压实和机械压实。人力夯实可用夯、硪、碾等工具，一般 2 人或 4 人为一组，这种方式适合于面积较小的填方区。机械碾压可用碾压机或用拖拉机带动的铁碾，此方式适合于面积较大的填方区。为保证压实质量，土壤应该具有最佳含水率（表 2-6），如土壤过分干燥，需先洒水湿润，然后再行压实。土方夯压应注意以下几点：

① 填方时必须分层堆填，分层进行压实，否则会造成土方上紧下松。

② 为了保证土壤相对稳定，压实要求均匀。

③ 压实松土时，夯实工具应先轻后重。先轻打一遍，使土中细粉受震落下，填满下层土粒间的间隙；然后再加重打压，夯实土壤。

④ 压实工作应自边缘开始，逐渐向中间收拢，否则边缘土方外挤，易引起坍落。

⑤ 注意土壤含水量，过多过少都不利于夯实。

表 2-6 各种土壤最佳含水量

土壤名称	最佳含水量	土壤名称	最佳含水量
粗砂	8%~10%	黏土质砂质土和黏土	20%~30%
细砂和黏质砂土	10%~15%	重黏土	30%~35%
砂质黏土	6%~22%	—	—

土方工程施工面较宽，工程量大，施工组织工作很重要。大规模的工程应根据施工力量和条件决定，工程可全面铺开也可以分区、分期进行。施工现场要有人指挥调度，各项工作要有专人负责，以确保工程按期按计划高质量地完成。

知识　土的工程分类与性质

土壤的类型很多，它们有着不同的物理性质。不同性质的土壤与土方工程施工的稳定性、施工方法、工程量及工程投资有很大关系，也涉及工程设计、施工技术和施工组织的安排。因此，对土壤的类型与性质的基本知识要有一定的了解。

一、土的工程分类

土壤类型有着不同的划分标准。施工部门为了便于确定技术措施和施工成本，根据土质和工程特点，对土壤加以分类，但各地的分类方法不一样。

1. 松土

用铁锹即可挖掘的土，如沙土、粉土、植物性土壤。

2. 半松土

用铁锹和部分洋镐可翻松的土。如潮湿的黄土、粉质黏土、砂质黏土、混有碎石与卵石的腐殖土。

3. 坚土

用人工撬棍或机具开挖,有时用爆破的方法。如密实黄土、泥岩、砾岩、密实石灰岩。

二、土的工程性质

土壤一般由固相(土壤颗粒)、液相(水)和气相(空气)三部分组成。三部分的比例关系反映出土壤的不同物理状态,如:干燥或湿润,密实或松散等。土壤这些指标对评价土的物理力学和工程性质,进行土方工程施工有重要意义。

1. 土壤容重

土壤重容是指单位体积内天然状况下的土壤重量,单位为 kg/m^3。土壤容重的大小直接影响着施工的难易程度,容重越大,挖掘越难。

2. 土壤的自然倾斜面和自然倾斜角(安息角)

松散状态下的土壤颗粒,自然滑落而成的天然斜坡面,叫作土壤的自然倾斜面。该面与地平面所形成的夹角(图 2-38)就是土壤的自然倾斜角(安息角),以 α 表示。在园林工程设计时,为了使工程稳定,其边坡坡度数值应参考相应土壤的自然倾斜角数值,土壤自然倾斜角还受到其含水量的影响,见表 2-7。

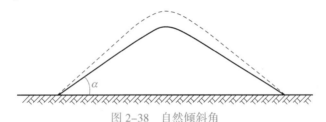

图 2-38　自然倾斜角

表 2-7　土壤的自然倾角

土壤名称	干土	潮土	湿土	土壤颗粒尺寸 /mm
砾石	40°	40°	35°	2~<20
卵石	35°	45°	25°	20~200
粗砂	30°	32°	27°	<1~2
中砂	28°	35°	25°	<0.5~1
细砂	25°	30°	20°	0.05~0.5
黏土	45°	35°	45°	0.001~0.005
壤土	50°	40°	30°	—
腐殖土	40°	35°	25°	—

对于土方工程,不论是挖方或填方都要求有稳定的边坡。所以进行土方工程的设计或施工时,应该结合工程本身的要求(如:填方或挖方,永久性或临时性)以及当地的具体条件(如:土壤的种类及分层情况、压力情况等)使挖方或填方的坡度合乎技术规范的要求。如情况在规范之

外,则须进行实地测试。

工程界习惯以 1∶M 表示边坡坡度,M 是坡度系数。1∶M=1∶(L/h),所以,坡度系数即是边坡坡度的倒数。举例说,边坡坡度 1∶3 的边坡,也可叫作坡度系数 M=3 的边坡。

土方工程的边坡坡度以其高和水平距之比表示(图 2-39)。则:边坡坡度 =h/L=tan α

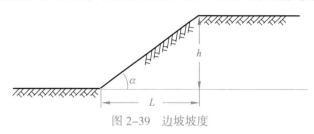

图 2-39　边坡坡度

在高填或深挖时,应考虑各层土壤的性质以及同一土层中土壤所受压力的变化,根据其压力变化采取相应的边坡坡度。

关于边坡坡度的规定见表 2-8~ 表 2-11。一般说来,在土方工程的设计及施工中,如无特殊目的及相应的土壁支撑和加固稳定措施,不得突破表中的规定,以确保工程质量及安全。

表 2-8　永久性土工结构物挖方的边坡坡度

项次	挖方性质	边坡坡度
1	在天然湿度,层理均匀,不易膨胀的黏土,砂质黏土和砂类土内挖方深度 ≤ 3 m 者	1∶1.25
2	土质同上,挖深 3 m 至 2 m	1∶1.5
3	在碎石和泥炭岩土内挖方,深度为 12 m 及 12 m 以下,根据土壤性质、层理特性和边坡高度确定	1∶1.5~1∶0.5
4	在风化岩石内的挖方,根据岩石性质、风化程度、层理特性和挖方深度确定	1∶1.5~1∶0.2
5	在轻微风化岩石内的挖方,岩石无裂缝且无倾向挖方坡的岩层	1∶0.1
6	在未风化的完整岩石内挖方	直立的

表 2-9　深度在 5 m 之内的基坑基槽和管沟边坡的最大坡度(不加支撑)

项次	土类名称	边坡坡度		
		人工挖土,并将土抛于坑、槽或沟的上边	机械施工	
			在坑、槽或沟底挖土	在坑、槽或沟上边挖土
1	砂土	1∶0.75	1∶0.67	1∶1
2	黏砂土	1∶0.67	1∶0.5	1∶0.75
3	砂质黏土	1∶0.5	1∶0.33	1∶0.75
4	黏土	1∶0.33	1∶0.25	1∶0.67
5	含砾石卵石土	1∶0.67	1∶0.5	1∶0.75
6	泥灰岩白垩土	1∶0.33	1∶0.25	1∶0.67
7	干黄土	1∶0.25	1∶0.1	1∶0.33

注:如人工挖土不把土抛于坑、槽和沟的上边,而是随时把土运往弃土场,则应采用机械在坑、槽或沟挖土时的坡度。

表 2-10　永久性填方的边坡坡度

项次	土的种类	填方高度 /m	边坡坡度
1	黏土、粉土	6	1∶1.5
2	砂质黏土	6~7	1∶1.5
3	黏质砂土、细砂	6~8	1∶1.5
4	中砂和粗砂	10	1∶1.5
5	砾石和碎石	10~12	1∶1.5
6	易风化的岩石	12	1∶1.5

表 2-11　临时性填方的边坡坡度

项次	土的种类	填方高度 /m	边坡坡度
1	砾石土和粗砂土	12	1∶1.25
2	天然湿度的黏土、砂质黏土和砂土	8	1∶1.25
3	大石块	6	1∶0.75
4	大石块(平整的)	5	1∶0.5
5	黄土	3	1∶1.5

3. 土壤含水量

土壤的含水量是土壤孔隙中的水重和土壤颗粒重的比值。

土壤虽具有一定的吸持水分的能力,但土壤中水的实际含量经常发生变化。一般土壤含水量愈低,则土壤吸水力愈大;反之,土壤含水量愈高,则土壤吸水力愈小。土壤含水量在 5% 以内称干土,在 30% 以内称潮土,大于 30% 称湿土。土壤含水量的多少,对土方施工的难易也有直接影响,土壤含水量过小,土质过于坚实,不易挖掘;水量过大,土壤易泥泞,也不利施工。以黏土为例,含水量在 30% 以内最易挖掘。若含水量过大,则其丧失了稳定性,此时无论是填方或挖方,其坡度都显著下降。因此含水量过大的土壤不宜作回填之用。

4. 土壤的相对密实度

它是用来表示土壤在填筑后的密实程度的,可用下列公式表达:

$$D=(\varepsilon_1-\varepsilon_2)/(\varepsilon_1-\varepsilon_3)$$

式中,D ——土壤相对密实度;

ε_1 ——填土在最松散状况下的孔隙比;

ε_2 ——经碾压或夯实后的土壤孔隙比;

ε_3 ——最密实情况的土壤孔隙比。

(注:孔隙比是指土壤的体积与固体颗粒体积的比值)

在填方工程中,土壤的相对密实度是检查土壤施工中密实程度的标准。为了使土壤达到设计要求的密度,可以采用人力夯实或机械夯实。一般采用机械压实,其密度可达 95%,人力夯实在 87% 左右。填土厚度较大时,为达到较好的夯实效果,可以采取多次填土、分层夯实的办法。填方不加夯实,随着时间的推移,会自然沉降,久而久之也可达到一定的密实度。

5. 土壤松散度

土方从自然状态被挖动以后，会出现体积膨胀的现象。往往因土体膨胀而造成土方多余，或因造成塌方而给施工带来困难和不必要的经济损失。土壤膨胀的一般经验数值是虚方比实方大14%~50%，一般砂为14%、砾为20%、黏土为50%。填方后土体自落快慢看利用哪种外力的作用。若任其自然回落则需要1年左右的时间，而一般以小型运土工具填筑的土体要比大型工具回落得快。当然如果随填随压，则填方较为稳定，但也要比实方体积大3%~5%。由于虚方在经过一段时间回落后方能稳定，故在进行土方量计算时，必须考虑这一因素。土壤松散度是土壤的实方与虚方之比。

$$土壤松散度 = 原土体积(实方) / 松土体积(虚方)$$

若该土壤的松散度是0.05，则其可松性系数应是1+0.05=1.05，因此在土方计算中，计算出来的土方体积应乘以可松性系数，方能得到真实的虚方体积。

复习题

1. 竖向设计的方法有哪些？
2. 坡度如何计算？
3. 什么是等高线，它的性质有哪些？
4. 地形的类型有哪些？
5. 什么是竖向设计？园林用地竖向设计的原则是什么？
6. 竖向设计的内容是什么？
7. 计算土方量的方法有哪些？
8. 用方格网法计算土方量时，每一角点的各种标高是如何标注的？
9. 用插入法求原地形标高的公式是什么？
10. 什么是平整标高？计算平整标高的公式是什么？
11. 列出方格网法平整场地的步骤。
12. 简述自然地形放线方法。
13. 土方施工之前的准备工作有哪些？
14. 简述土方施工的方法。

技能训练

完成某城市广场的竖向设计，并制作模型，计算土方量，最后进行施工放样。

1. 地形设计

用等高线法完成某广场的竖向设计。要求绘制地形平面图和断面图。

2. 模型制作

将广场设计平面图侧放到苯板上，根据设计等高线用吹塑纸按比例及等高距制作山体骨架，固定在苯板上。用橡皮泥完善山体。

3. 某园林广场原地形为平地，地形图(详见图2-40)中有一个水池、一些自然起伏的微地形。请仔细阅读图纸，根据图中标注计算土方量。

（1）用体积法估算出水池的挖方量。

（2）用水平断面法求微地形的填方量。

（3）如果后期拟在有微地形的绿地中平整场地,建一个长方形停车场(20 m×30 m),三面坡,坡度均为1%。请选择一个合适的位置,用图中现有的方格(边长10 m)作为方格网,用方格网法作平整场地的土方量计算。

4. 测量放线。

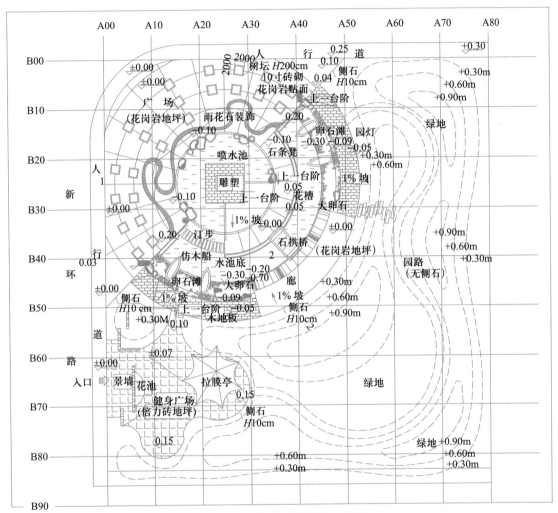

图 2-40　某园林广场施工地形图

■ **知识目标**

1. 了解园林给水工程组成、公园用水特点、公园给水管网的布置形式；掌握给水管网的布置原则；掌握园林给水管网施工流程和技术要点；

2. 了解园林绿地喷灌的种类及适用范围；了解喷灌系统的构成；熟悉喷头的布置形式；掌握喷灌的主要技术要素：喷灌强度、喷灌均匀度、水滴打击强度；

3. 了解雨水管道系统的构成；了解降雨强度的计算公式；掌握园林排水方式及设计要点；

4. 了解海绵城市低影响开发技术；掌握雨水花园的构造及技术要点。

■ **技能目标**

1. 会计算公园中各用水点的用水量（设计秒流量）、各管段的管径、水压，能进行园林给水管网的设计并绘制园林给水管网施工图；

2. 会计算喷灌用水量、管径和水泵扬程；能完成园林绿地固定式喷灌系统设计与施工；

3. 会计算雨水干管的设计流量；能进行小型绿地的排水设计与施工；

4. 能完成雨水花园施工图设计。

■ **素养目标**

1. 培养园林工程师严谨理性和精益求精的工匠精神；

2. 培养不同工种之间团队协作的精神和探究质疑的品质；

3. 树立当代园林从业者建设生态城市和美丽中国的社会责任感。

■ **教学引导图**

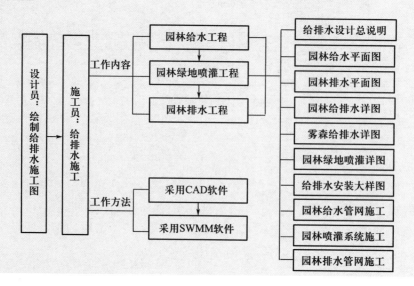

子项目一　园林给水工程

园林休闲绿地是人们休闲的场所,同时又是园林植物较集中的地方,故必须满足人们活动、植物生长及水景用水所必需的水质、水量和水压要求。

园林给水工程通常是由取水工程、净水工程和输、配水工程三部分组成(图 3-1)。取水工程是指从各种水源取水的工程,常由取水构筑物、管道、机电设备等组成。净水工程通常指原水不能直接使用,需要通过各种措施对原水进行净化、消毒处理,使水质符合用水要求的工程。输、配水工程是通过设置配水管网将水送至各用水点的工程。一般由加压泵站(或水塔)、输水管和配水管组成。

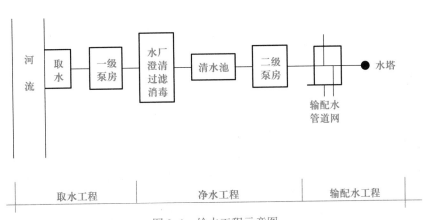

园林给水方式

图 3-1　给水工程示意图

任务 1　园林给水管网设计

一、任务分析

公园中用水特点分析:用水量不大,但用水点较分散。并且各用水点在高程上随地形起伏,因此所要求的水压也很不同。

园林给水管网的布置:除了要了解园林的用水特点外,也需要了解周边的给水情况,它往往影响管网的布置形式。城市中小公园的给水可由一点引入,而大公园或风景区或有条件的地区尽可能考虑多点引水,这样可以节约管材,减少水头损失。公园给水管网的布置形式一般有以下三种:

1. 树枝状管网

树枝状管网由干管和支管组成,布置犹如树枝,从树干到树梢,越来越细(图 3-2a)。其优点是管线短,投资省。但供水可靠性差,一旦管网局部发生事故或需检修,则后面的所有管道就会中断供水。另外,当管网末端用水量减小,管中水流缓慢甚至停流而造成"死水"时,水质容易变坏。适用于用水量不大、用水点较分散的情况。

园林给水管网布置

2. 环状管网

环状管网是主管和支管均呈环状布置的管网(图 3-2b),优点是供水安全可靠,管网中任何管道都可由其余管道供水,水质不易变坏。缺点是管线总长度大于树枝状管网,造价高。

3. 混合管网

在实际工程中,给水管网往往同时存在以上两种布置形式,称为混合管网。在初期工程中,对连续性供水要求较高的局部地区、地段可布置成环状管网,其余采用树枝状管网。然后再根据扩建的需要增加环状管网在整个管网中所占的比例。

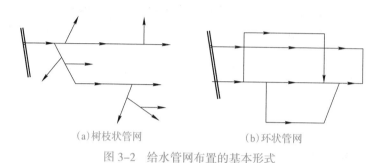

(a)树枝状管网　　　　　　　　(b)环状管网

图 3-2　给水管网布置的基本形式

二、实践操作

在最高日最高时用水量条件下,确定各管段的设计流量、管径及水头损失,再据此确定所需水泵扬程或水塔高度。

1. 收集分析有关的图纸、资料

这主要是指公园设计图纸、公园附近市政干管布置情况或其他水源情况。

2. 布置管网

确定水源后,在公园设计平面图上定出给水干管位置、走向,并对节点进行编号,量出节点间的长度。给水管网的布置要求供水安全可靠、投资节约,一般应遵循以下原则:

(1) 干管应靠近主要供水点,保证有足够的水量和水压。

(2) 和其他管道按规定保持一定距离,注意管线的最小水平净距和垂直净距。给水管道相互交叉时,其净距不小于 0.15 m,与污水管平行时,间距取 1.5 m,与污水管或输送有毒液体管道交叉时,给水管道应敷设在上面,且不应有接口重叠。

(3) 管网布置必须保证供水安全可靠,干管一般随主要道路布置,宜成环状,但应尽量避免在园路和铺装场地下敷设。

(4) 力求以最短距离敷设管线,以降低费用。

(5) 在保证管线安全不受破坏的情况下,干管宜随地形敷设,避开复杂地形和难于施工的地段,减少土方工程量。在地形高差较大时,可考虑分压供水或局部加压,这样不仅能节约能量,还可以避免地形较低处的管网承受较高压力。

(6) 分段分区设检查井、阀门井,一般在干管与支干管、支干管与支管连接处设阀门井,转折处设检查井,干管长度 ≤ 500 m 设检查井。

(7) 预留支管接口。

(8) 管端井应设泄水阀。

(9) 确定管顶覆土厚度：管顶有外荷载时覆土厚度≥0.7 m；管顶无外荷载时、无冰冻时覆土厚度可<0.7 m，给水管在冰冻地区应埋设在冰冻线以下 20 cm 处。

(10) 消火栓的设置：在建筑群中消火栓之间的距离≤120 m；距建筑外墙≤5 m，最小为1.5 m；距路缘石≤2 m。

3. 求公园中各用水点的用水量（设计秒流量 q_0）

国家根据我国各地区城镇的性质、生活水平和习惯、气候、房屋设备和生产性质等的不同情况而制定的用水数量标准，是进行给水管段计算的重要依据之一。通常以一年中用水最高的那一天的用水量来表示。与园林有关的项目见表 3-1，其中茶室、小卖部为不完全统计数据，非国家标准，可供参考。园林中的用水量，不是固定不变的，而是在一年中随着气候、游人量以及人们生活方式的不同而不同。

园林给水管网水力计算

表 3-1　用水量标准及小时变化系数

序号	名称		单位	用水量标准 /L	小时变化系数	备注
1	餐厅		每一顾客每次	15~20	2.0~1.5	仅包括食品加工、餐具洗涤、清洁用水，工作人员、顾客的生活用水
	茶室		每一顾客每次	5~10	2.0~1.5	
	小卖部		每一顾客每次	3~5	2.0~1.5	
2	电影院		每个观众每场	3~8	2.5~2.0	(1) 附设有厕所和饮水设备的露天或室内文娱活动场所，都可以按电影院或剧场的用水量标准选用
	剧场		每个观众每场	10~20	2.5~2.0	(2) 俱乐部，音乐厅和杂技场可按剧场标准，影剧院用水量标准介于电影院和剧场之间
3	喷泉	大型	h	10 000 以上	—	应考虑水的循环使用
		中型	h	2 000		
		小型	h	1 000		
4	洒地用水	柏油路面	m²/ 次	0.2~0.5	—	≤3 次 /d
		石子路面	m²/ 次	0.4~0.7		≤4 次 /d
		庭园及草地	m²/ 次	1.0~1.5		≤2 次 /d
5	花园浇水 *		m²/d	4~8	—	结合当地气候、土质等实际情况取用
	苗圃浇水 *		m²/d	1.0~1.3		
6	公共厕所		h	100	—	

注：带 * 者为国外资料

(1) 管段用水量 $Q_d = \sum Q_n$。

(2) 最高日用水量 $Q_d = n q_d K_d$。

Q_d——用水点的最高日用水量（L/d）；

n——用水点用水单位数（人数、席位数、面积）；

q_d——用水量标准；

K_d——日变化系数 = 最高日用水量 / 平均日用水量。

（3）最高时用水量 $Q_n=(Q_d/T)K_h$。

Q_n——最高时用水量（L/h）；

T——用水点用水时间；

K_h——时变化系数 = 最高时用水量 / 平均时用水量。

（4）设计秒流量 $q_0=Q_n/3\,600$。

把一年中用水量最多的一天的用水量称为最高日用水量。年最高日用水量与平均日用水量的比值，叫日变化系数，以 K_d 表示。K_d 值在城镇为 1.2~2.0，在农村为 1.5~3.0。在园林中，由于节假日游人较多，其值在 2~3 之间。

一天中每小时用水量也不相同，把用水量最高日那天用水最多的一小时的用水量称为最高时用水量，它与最高日平均时用水量的比值，叫时变化系数，以 K_h 表示。K_h 值在城镇为 1.3~2.5，农村为 5~6。在园林中，由于白天、晚上差异较大，其值在 4~6 之间。

4. 确定各管段的管径

（1）流量和流速 在给水系统的设计中，各种构筑物的用水量是按最高日用水量确定的，而给水管网的设计是按最高日最高时用水量来计算确定的，最高日最高时管网中的流量就是给水管网的设计流量。流速的选择较复杂，涉及管网设计使用年限、管材及其价格、电费高低等，在实际工作中通常按经济流速的经验数值取用：

$D>100$ mm 时，$v=0.2\sim0.6$ m/s；

100 mm$>D>40$ mm 时，$v=0.6\sim1.0$ m/s

$D<40$ mm 时，$v=1.0\sim1.4$ m/s。

（2）管径的确定 管网中用水量各管段计算流量分配确定后，一般就作为确定管径 D 的依据（有的管段从供水安全等考虑，需适当放大管径）。

由于 $Q=Av$，$A=(\pi/4)D^2$，所以 $D=(4Q/\pi v)^{1/2}$。

式中，D——管段管径；

Q——管段的计算流量；

v——管内流速；

A——管道断面积。

（3）以 Q、v 查管道水力计算表，得出 D 值。

根据各用水点所求得的设计流量及管段流量并考虑经济流速，查铸铁管水力计算表（表 3-2）确定各管段的管径。同时还可查得与该管径相应的流速和单位长度的沿程水头损失值。

5. 水压计算

在给水管上任意点接上压力表所测得的读数即为该点的水压力值。为便于计算管道阻力，并对压力有一个较形象的概念，常以"水柱高度"表示。水力学中又将水柱高度称为"水头"，单位为 m。

"配水点"应当是管网中的最不利点。所谓最不利点，是指处在地势高、距离引水点远、用水量大或要求工作水头特别高的用水点。只要最不利点的水压得到满足，则同一管网中的其他用水点的水压也能满足。

表 3-2 铸铁管水力计算表(节选表)

流量 Q/ $(L \cdot s^{-1})$	管径 D/mm											
	50		75		100		125		150		200	
	流速 v/m·s⁻¹	1 000 i	流速 v/m·s⁻¹	1 000 i	流速 v/m·s⁻¹	1 000 i	流速 v/m·s⁻¹	1 000 i	流速 v/m·s⁻¹	1 000 i	流速 v/m·s⁻¹	1 000 i
0.50	0.26											
0.70	0.37											
1.0	0.53		0.23	2.31								
1.3	0.69		0.30	3.69								
1.6	0.85		0.37	5.34	0.21	1.31						
2.0	1.06		0.46	7.98	0.26	1.94						
2.3	1.22		0.53	10.3	0.30	2.48						
2.5	1.33		0.58	11.9	0.32	2.88	0.21	0.966				
2.8	1.48		0.65	14.7	0.36	3.52	0.23	1.18				
3.0	1.59		0.70	16.7	0.39	3.98	0.25	1.33				
3.3	1.75		0.77	19.9	0.43	4.73	0.27	1.57				
3.5	1.86		0.81	22.2	0.45	5.26	0.29	1.75	0.20	0.723		
3.8	2.02		0.88	15.8	0.49	6.10	0.315	2.03	0.22	0.834		
4.0	2.12		0.93	18.4	0.52	6.69	0.33	2.22	0.23	0.909		
4.3	2.28		1.00	32.5	0.56	7.63	0.36	2.53	0.25	1.04		
4.5	2.39		1.05	35.3	0.58	8.29	0.37	2.74	0.36	1.12		
4.8	2.55		1.12	39.8	0.62	9.33	0.40	3.07	0.275	1.26		
5.0	2.65		1.16	43.0	0.65	10.0	0.414	3.31	0.286	1.35		
5.3	2.81		1.23	48.0	0.69	11.2	0.44	3.68	0.304	1.50		
5.5	2.92		1.28	51.7	0.72	12.0	0.455	3.92	0.315	1.60		
5.7	3.02		1.33	55.3	0.74	12.7	0.47	4.19	0.33	1.71		
6.0			1.39	61.5	0.78	14.0	0.50	4.60	0.344	1.87		
6.3			1.46	67.8	0.82	15.3	0.52	5.03	0.36	2.08	0.20	0.505
6.7			1.56	76.7	0.87	17.2	0.55	5.62	0.384	2.28	0.215	0.559
7.0			1.63	83.7	0.91	18.6	0.58	6.09	0.40	2.46	0.225	0.605
7.4					0.96	20.7	0.61	6.74	0.424	2.72	0.238	0.668
7.7					1.00	22.2	0.64	7.25	0.44	2.93	0.248	0.718
8.0					1.04	23.9	0.66	7.75	0.46	3.14	0.257	0.765
8.8					1.14	28.5	0.73	9.25	0.505	3.73	0.283	0.908
10.0					1.30	36.5	0.83	11.7	0.57	4.69	0.32	1.13
12.0							0.99	16.4	0.69	6.55	0.39	1.58
15.0							1.24	24.9	0.86	9.88	0.48	2.35
20.0							1.66	44.3	1.15	16.9	0.64	3.97

公园给水干管所需水压计算公式: $H=H_1+H_2+H_3+H_4$

式中, H ——引水点处所需的总水压(m);

H_1 ——配水点与引水点之间的地面高程差(m);

H_2 ——配水点与建筑物进水管之间的高差(m);

H_3——配水点所需的工作水头（m）；

H_4——沿程水头损失和局部水头损失之和（m）；

$H_4 = h_y + h_j \approx (1.1-1.3)h_y$；

$h_y = L$（管道长度）$\times i$（水力坡降）；

h_y——沿程水头损失；

h_j——局部水头损失。

水头损失就是水在管中流动时因管壁、管件等的摩擦阻力而使水压降低的现象。水头损失包括沿程水头损失和局部水头损失。

水力坡降：生活用水管网的水力坡降为 25%~30%，生产用水管网的水力坡降为 20%，消防用水管网的水力坡降为 10%。

6. 校核

通过上述的水头计算，若引水点的自由水头略高于用水点的总水压要求，则说明该管段的设计是合理的。否则，需对管网布置方案或对供水压力进行调整。

7. 采用网格法进行管线定位

每段给水管的管径、坡度、流向均用数字及箭头准确标注，管底标高分别用指引线清晰标出，使人一目了然。

任务 2 园林给水管网施工

一、任务分析

城市给水管线绝大部分埋在绿地下，当穿越道路、广场时设在硬质铺地下，特殊情况也可考虑设在地面上。在土壤耐压力较高和地下水位较低时，水管可直接埋在天然地基上，但在岩基上应加垫砂层。对承载力达不到要求的地基土层，应进行基础处理。

二、实践操作

1. 熟悉设计图纸

熟悉管线的平面布局、管段的节点位置高程、不同管段的管径、管底标高、阀门井以及其他设施的位置等。

2. 清理施工场地

清除场地内有碍管线施工的设施和建筑垃圾等。

3. 施工定点放线

根据管线的平面布局，利用相对坐标和参照物，把管段的节点放在场地上，连接邻近的节点即可。

4. 抽沟挖槽

沟槽的深度根据给水管的管径确定，一般为管径加上 60~70 cm。沟槽一般为梯形，其深度为管道埋深，如承载力达不到要求的地基上层，应挖得更深一些，以便进行基础处理；处理后需要检查基础标高与设计的管底标高是否一致，有差异需要作调整。

（1）沟槽底部的宽度计算公式 $B = D_0 + 2 \times (b_1 + b_2 + b_3)$

式中，B——管道沟渠底部的开挖宽度（mm）；

D_0——管外径(mm);

b_1——管道一侧的工作面宽度(mm),$D_0 \leqslant 500$ mm 的化学建材管道可取 300 mm;

b_2——有支撑要求时,管道一侧的支撑厚度,可取 150~200 mm;

b_3——现场浇筑混凝土或钢筋混凝土管渠一侧模板厚度(mm)。

(2) 沟槽上部的宽度　当地质条件良好、土质均匀、地下水位低于沟槽底面高程且开挖深度在 5 m 以内、沟槽不设支撑时,老黄土沟槽边坡的最陡坡度为 1∶0.25,根据沟槽底部宽度计算确定沟槽上部的宽度。

(3) 人工挖沟槽　管道沟槽应按施工放样中心线和槽底设计标高开挖。开挖沟槽时应根据设计要求保证槽床至少有 0.2% 的坡度,坡向指向指定的泄水点,以便做好防冻。

(4) 沟槽基础处理

① 沟槽基础如为未经扰动的原状土层,则对天然地基进行夯实;如为软弱管基及特殊性腐蚀土壤,应更换土壤并夯实。

② 当沟底无地下水、超挖在 0.15 m 以内时,可利用原土回填夯实,密实度不应低于原地基天然土的密实度;超挖在 0.15 m 以上时,可利用石灰土或砂填层处理,密实度不应低于 95%。

③ 当沟底有地下水或沟底土层含水量较大时,可利用天然砂回填。

④ 当沟底有岩石、多石层、木头和垃圾等杂物时,必须在清除后铺一层厚度不小于 0.15 m 的砂土或素土,且将其平整夯实。

⑤ 管道附件或阀门,管道支墩位置应垫碎石,夯实后按规范要求设混凝土垫层找平。

5. 管道安装

在管道安装之前,需要准备相关材料。材料准备好后,计算相邻节点之间需要的管材和每种管件的数量。如果应用镀锌钢管,需要先进行螺纹丝口的加工再进行管道安装;如果采用塑料管,则采用热熔连接。

安装顺序一般是先干管、后支管、再占桩管,在工程量大和工程复杂地域可以分段或分片施工,利用管道井、阀门井和活接头连接。

6. 水压试验和泄水试验

管道安装完成后,应分别进行水压试验和泄水试验。水压试验的目的在于检验管道及其接口的耐压强度和密实性,试验压力为 1.0 MPa。泄水试验的目的是检验管网系统是否有合理的坡降、能否满足冬季泄水的要求。

7. 加固管道

用水泥砂浆或混凝土支墩对管道的某些部位进行压实或支撑固定,以减小给水系统在启动、关闭或运行时产生的水锤和震动作用,增加管网系统的安全性。一般在水压试验和泄水试验合格后实施。对于地埋管道,加固位置通常为弯头、三通、变径、堵头以及间隔一定距离的直线管段。

8. 设置阀门井

阀门井采用砖砌,规格为 600 mm × 600 mm。砌筑应符合现行国家标准《砌体结构工程施工质量验收规范》(GB 50203—2011)的有关规定;砌筑完毕,应待砌体砂浆或混凝土凝固达到设计强度后回填;回填土应干湿适宜,分层夯实,与砌体接触密实。在阀门井中安装水表和截止阀。

9. 回填土方

管道安装完毕,通水检验管道无渗漏情况再填土。

（1）部分回填　部分回填是指管道以上约 100 mm 范围内的回填。一般采用砂土或筛过的原土回填，管道两侧分层踩实，管周填土不得有直径大于 2.5 cm 的石子及直径大于 5 cm 的硬土块。

（2）全部回填　采用符合要求的原土，分层轻夯或踩实。一次填土 100~150 mm，直至高出地面 100 mm 左右。填土到位后对整个管槽进行夯实，以免绿化工程完成后出现局部下陷，影响绿化效果。

3.1.1　学习任务单

工作任务	根据提供的景观给水施工图,写出相应的设备名称及设计要求			
姓名		班级		学号	

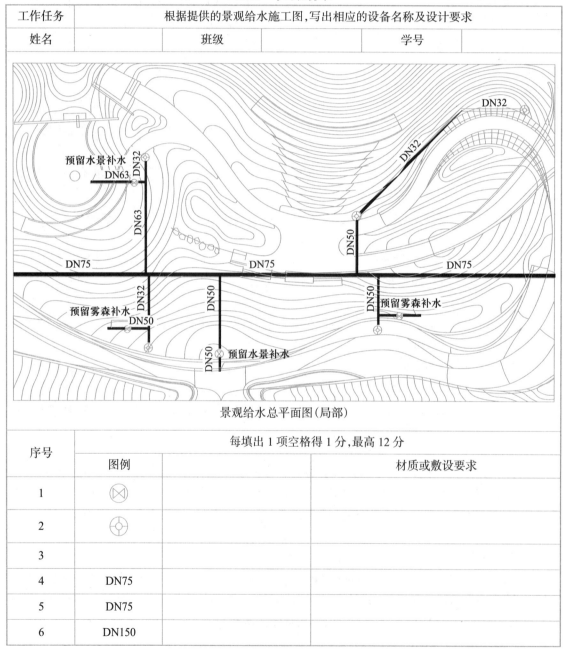

景观给水总平面图(局部)

序号	每填出 1 项空格得 1 分,最高 12 分	
	图例	材质或敷设要求
1	⊗	
2	⊕	
3		
4	DN75	
5	DN75	
6	DN150	

子项目二　园林绿地固定式喷灌工程

园林绿地喷灌是借助一套专门的设备将具有压力的水喷射到空中、散成水滴降落到地面、供给植物水分的一种灌溉方法。喷灌和其他灌溉方式比较,具有许多优点,如有利于浅浇勤灌、节约用水、改善小气候、减小劳动强度等;它是一种先进的灌溉方式,现在已被广泛地运用在公园、城市广场以及农业生产上。

按喷灌形式,喷灌系统可分为移动式、固定式和半固定式三种。

移动式喷灌系统:此种形式要求灌溉区有天然地表水源,其动力(电动机或汽、柴油发动机)、水泵、管道和喷头等是可以移动的。由于不需要埋设管道等设备,所以投资较经济,机动性强,但操作不便。移动式喷灌系统适用于天然水源充裕的地区,尤其是水网地区的园林绿地、苗圃、花圃的灌溉。

固定式喷灌系统:固定式喷灌系统泵站固定,干支管均埋于地下,喷头固定于立管上,也可临时安装。固定式喷灌系统的设备费用较高,但操作方便,节约劳力,便于实现自动化和遥控操作。固定式喷灌系统适用于需要经常灌溉和灌溉期较长的草坪、大型花坛、花圃和庭园绿地等。

半固定式喷灌系统:其泵站和干管固定,支管和喷头可移动,优缺点介于上述两者之间。应视具体情况酌情采用,也可混合使用。

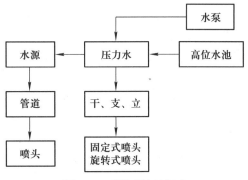

喷灌系统的类型和组成

任务1　园林绿地固定式喷灌系统设计

一、任务分析

喷灌系统通常由喷头、管材和管件、控制设备、过滤装置、加压设备及水源等所构成(图 3-3)。用于市政供水的中小型绿地的喷灌系统一般无须设置过滤装置和加压设备。

1. 喷头

喷头一般由喷体、喷芯、喷嘴、滤网、弹簧和止溢阀等部分组成,按非工作状态分为外露式喷头和地埋式喷头。地埋式喷头是指非工作状态下埋藏在地面以下的喷头。工作时,这类喷头的喷芯在水压的作用下伸出地面。其优点是不影响园林景观效果、不妨碍活动,射程、射角及覆盖角度等喷洒性能易于调节,雾化效果好,能够更好地满足园林绿地和运动场地等草坪的专业化喷灌要求。

图 3-3　喷灌系统的组成

2. 管材和管件

管材和管件在绿地喷灌系统中起着纽带的作用。它将喷头、闸阀、水泵等设备按照特定的方式连接在一起,构成喷灌管网系统。管道材质一般为聚氯乙烯(PVC)、聚乙烯(PE)和聚丙烯(PP)等塑料材料。

3. 控制设备

控制设备是绿地喷灌系统的指挥体系,其技术含量和完备程度决定喷灌系统的自动化程度和技术水平。根据控制设备的功能不同,可分为状态性控制设备、安全性控制设备和指令性控制设备。

(1)状态性控制设备　指喷灌系统中能够满足设计和使用要求的各类阀门。按照控制方式的不同可将这些阀门分为手控阀(如闸阀、球阀和快速连接阀)、电磁阀(包括直阀和角阀)与水力阀。

(2)安全性控制设备　是指各种保证喷灌系统在设计条件下安全运行的各种控制设备,如减压阀、调压孔板、逆止阀、空气阀、水锤消除阀和自动泄水阀等。

(3)指令性控制设备　是指在喷灌系统的运行和管理中起指挥作用的各种控制设备,其中包括各种控制器、遥控器、传感器、气象站和中央控制系统等。指令性控制设备的应用使喷灌系统的运行具有智能化的特征,不仅可以降低系统运行和管理的费用,还提高了水的利用率。

4. 控制电缆

控制电缆是指传输控制信号的电缆。

5. 过滤设备

当水中含有泥沙、固体悬浮物、有机物等杂质时,为了防止堵塞喷灌系统管道、阀门和喷头,必须使用过滤设备。

6. 加压设备

当使用地下水或地表水作为喷灌用水或当市政管网水压不能满足喷灌的要求时,需要使用加压设备为喷灌系统供水,以保证喷头所需工作压力。常用的加压设备为各类水泵。

二、实践操作

1. 收集基础资料

固定式喷灌
系统设计

(1)地形图　比例尺为 1：1 000~1：500 的地形图,了解设计区域的形状、面积、位置、地势等。

(2)气象资料　包括气温、雨量、湿度、风向风速等,其中风向风速对喷灌影响最大。

(3)土壤资料　主要是指土壤的质地、持水能力、土层厚度等,以便确定喷灌强度和灌水定额。

(4)植被情况　植被的种类、种植面积、根系情况等。

(5)水源条件　城市自来水或天然水源。

2. 确定喷头布置形式

喷头的组合形式指各喷头相对位置的安排。喷嘴喷洒的形状有圆形和扇形,一般扇形用在场地的边角上,其他区域用圆形。在喷头射程相同的情况下,不同的布置形式,其支管和喷头的间距也不相同。表 3-3 是常用的几种喷头布置形式和有效控制面积及使用范围。

表 3-3　常用的喷头布置形式

序号	喷头组合形式	喷洒方式	喷头间距(L) 支管间距(b) 喷头射程(R)的关系	有效控制面积	应用范围
A		全圆	$L=b=1.42R$	$S=2R^2$	在风向改变频繁的地区效果好
B		全圆	$L=1.73R$ $b=1.5R$	$S=2.6R^2$	在无风的情况下喷洒的效果最好
C		扇形	$L=R$ $b=1.73R$	$S=1.73R^2$	较 A、B 节省管道,但多用喷头
D		扇形	$L=R$ $B=1.87R$	$S=1.865R^2$	较 A、B 节省管道,但多用喷头

3. 划分轮灌区

轮灌区是指受单一阀门控制且同步工作的喷头和相应管网构成的局部喷灌系统。轮灌区划分是指根据水源的供水能力将喷灌区域划分为相对独立的工作区域以便轮流灌溉。划分轮灌区便于进行分区控制性供水,以满足不同植物的需水要求,也有助于降低喷灌系统工程造价和运行费用。

4. 布置喷灌管线

(1) 根据选择的喷头布置形式和喷头射程等数据确定喷头的位置。

(2) 用"波形"将喷头分组到支管,从而确定支管的分布形式,支管线路只需将喷头连线。

(3) 画主管示意图并考虑控制阀的位置。

(4) 调整并完成支管布置、主管布线、控制阀定位的细化。

5. 管线布置的注意事项

（1）山地干管沿主坡向、脊线布置，支管沿等高线布置。

（2）缓坡地干管尽可能沿路放置，支管与干管垂直。

（3）经常刮风的地区，支管与主风向垂直。

（4）支管不可过长，支管首端与末端压力差不超过工作压力的 20%。

（5）压力水源（泵站）尽可能布置在喷灌系统中心。

（6）每根支管均应安装阀门。

（7）支管竖管的间距按选用的喷头射程及布置方式及风向、风速而定。

6. 喷灌的主要技术要素

固定式喷灌系统水力计算

喷灌强度、喷灌均匀系数和喷灌雾化指标是衡量喷灌质量的主要指标，要求喷灌强度适宜，喷洒均匀，雾化程度好。以保证土壤不板结、植物不损伤。

（1）喷灌强度 ρ　单位时间喷洒到地面的水深称为喷灌强度，单位常用 mm/h 表示。由于喷洒时水量分布常常是不均匀的，因此喷灌强度有某一点的喷灌强度、喷头平均喷灌强度和系统的组合喷灌强度之分。系统的组合喷灌强度应小于土壤的渗吸速度（表 3-4，表 3-5）。

表 3-4　土壤质地和渗吸速度

土壤质地	土壤渗吸速度 /(mm/h)		土壤质地	土壤渗吸速度 /(mm/h)	
	表面良好	表面板结		表面良好	表面板结
粗砂土	20~25	12	粉壤土	10	7
细砂土	12~20	10	黏壤土	8	6
细砂壤土	12	8	黏土	5	2

表 3-5　最大允许喷灌强度随地面坡度的折减系数

地面坡度 /°	允许喷灌强度折减系数			地面坡度 /°	允许喷灌强度折减系数		
	砂土	壤土	黏土		砂土	壤土	黏土
<5	100	100	100	13~20	82	80	55
6~8	90	87	77	>20	75	60	39
9~12	86	83	64				

注：有良好覆盖时，表中数据可提高 20%。

（2）喷灌均匀度　喷灌均匀度是指在喷灌面积上水量分布的均匀程度，可用喷灌均匀系数表示。喷灌均匀度与单喷头水量分布、工作压力、喷头布置方式、喷头转速的均匀性、竖管安装角度、地面坡度、风速和风向等因素有关，一般不应低于 75%。

（3）水滴打击强度　水滴打击强度是指单位受水面积内水滴对植物和土壤的打击动能，它与水滴大小、降落速度和密集程度有关。水滴太大容易破坏土壤表层的团粒结构并造成板结，甚至会打伤植物的幼苗，或把土溅到植物叶面上，影响其生长；水滴太小，则水在空中的蒸发损失大，受风力影响大。

因为测量水滴打击强度比较复杂，测量水滴直径的大小也较困难，所以在使用或设计喷灌系统时多用雾化指标。雾化指标是指喷头的设计工作压力(m,水柱高表示)和喷嘴直径(m)之比。

7. 喷灌管线计算

(1) 确定喷灌用水量

$$Q = nq, q = Lb\rho/1\ 000$$

式中,Q——喷灌用水量(m^3/h);

　　n——喷头数;

　　q——单个喷头流量(m^3/h);

　　L——喷头间距(m);

　　b——支管距(m);

　　ρ——设计喷灌强度(mm/h)。

(2) 选择管径

支管的水流量(Q)计算出来后,查水力计算表,即可得到支管的流速(v)和管径(DN)。喷灌经济流速为 2 m/s。也可以用管径计算公式求得支管管径:DN=$(4Q/\pi v)^{1/2}$。

主管管径的确定与主管上连接支管的数量以及设计同时工作的支管的数量有关,主管的流量随同时工作的支管数量变化而变化。

8. 确定水泵扬程

$$H = H_{喷} + H_{局} + C_d H_{沿} + H_{立} + H_{地形高差}$$

C_d 表示多口系数(表3-6)。

表 3-6　多口系数 C_d 值

管上出口总数	$X=1$	$X=1/2$	管上出口总数	$X=1$	$X=1/2$
1	1.000	1.000	11	0.380	0.351
2	0.625	0.500	12	0.376	0.349
3	0.518	0.422	13	0.373	0.348
4	0.469	0.392	14	0.370	0.347
5	0.440	0.378	15	0.367	0.346
6	0.421	0.369	16	0.365	0.345
7	0.408	0.363	17	0.363	0.344
8	0.398	0.358	18	0.361	0.343
9	0.391	0.355	19	0.360	0.343
10	0.383	0.353	20	0.359	0.342

任务2　道路绿地自动灌溉系统设计

一、任务分析

道路绿地具有改善城市生态环境、丰富城市景观、分割车道等作用。道路绿地具有距离长、交通安全要求高、灌溉取水点多、养护难度大等特点。传统道路绿地一般采用人工、洒水车浇灌的方法,投资小、操作简单;但存在植物用水无保障、喷洒不均匀、水利用率低、工作效率低等问题。为了解决以上问题,我们可以在道路建设的同时安装自动灌溉系统。

自动灌溉系统具有以下优点:

1. 节省人力、提高管理水平

智能化管理系统操作简单、效率高,每人可以管理 20 万~50 万 m² 绿地,几十千米的道路绿化灌溉只需 1~2 人管理;计算机可以通过管线分布情况,自动优化流量分配,有效提高灌溉效率、降低泵站运行时间和运行费用。

2. 精准灌溉,利于植物生长

自动灌溉系统能做到及时、足量、均匀灌溉。基于天气情况,按照植物实际需水量灌溉,每平方米绿地耗水可降到 0.35~0.5 t/ 年,节水 30%~50%。

3. 从计算机地图上可以实时观察场地工作情况和故障,并对故障作出及时报警。

二、实践操作

1. 确定水源、电源

市政水、湖水或井水均可作为水源。根据道路长度每隔一定距离设一个水源,针对灌溉类型,考虑水源过滤要求。需要计算植物需水量和水源给水能力,泵站、控制系统需要交流电源。

2. 确定灌溉方式

草坪、灌木、花卉、乔木、绿地边角采用不同的灌溉方式。

(1)草坪灌溉方式　草坪一般采用喷灌方式,根据绿地宽度选择合适的喷头。宽度 5 m 以下,选择散射喷头,配散射喷嘴;宽度 5~8 m,选择散射喷头,配旋转喷嘴;宽度 8~15 m,选择中远距离旋转喷头;宽度 15 m 以上,选择远距离旋转喷头。

(2)灌木灌溉方式　密植灌木一般采用喷灌,选择弹出高度高的散射喷头;密植灌木也可以采用滴灌,选择滴灌管。

稀疏灌木一般选择滴灌,采用滴头,株距大的单株灌木采用单出口滴头,滴头一端通过倒刺或螺纹连接在给水管上,另一端用 1/4 寸毛细管引到植物根部并用插件固定。稀疏灌木也可以采用涌泉灌。盆栽或丛栽灌木一般采用多出口滴头。

(3)花卉灌溉方式　花卉一般采用微喷。微喷头安装在提升架上面,喷头安装高度可根据灌木高度及提升架高度进行调整,以喷洒不被阻挡为宜。狭长带状花卉采用滴灌管。

(4)乔木灌溉方式　名贵乔木采用树根灌水器(内置涌泉头),透气兼深层灌溉,促进树木根系往深处生长。

普通乔木采用涌泉灌或多出口滴头。涌泉头或多出口滴头推荐用锣纹连接,管线可埋在地下,不影响景观;灌水器可拆卸,便于维护。如图 3-4。

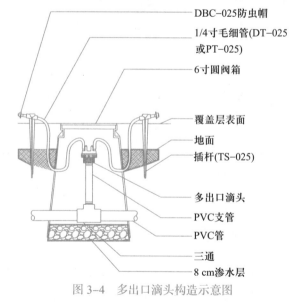

DBC-025防虫帽
1/4寸毛细管(DT-025或PT-025)
6寸圆阀箱
覆盖层表面
地面
插杆(TS-025)
多出口滴头
PVC支管
PVC管
三通
8 cm渗水层

图 3-4　多出口滴头构造示意图

（5）边角补充灌溉　边角补充灌溉可以采用快速取水阀,快速取水阀安装在主管上,便于临时取水,如图 3-5。

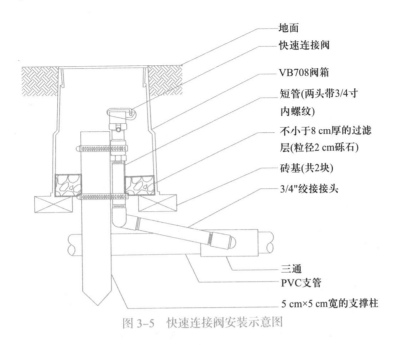

地面
快速连接阀
VB708阀箱
短管(两头带3/4寸内螺纹)
不小于8 cm厚的过滤层(粒径2 cm砾石)
砖基(共2块)
3/4"绞接接头
三通
PVC支管
5 cm×5 cm宽的支撑柱

图 3-5　快速连接阀安装示意图

3. 管线设计

（1）喷头布置　道路绿地喷头一般采用从两边对喷的方式,尽量不要采用中间单排布置,以免漏浇或过多浇到道路上。泉头或滴头布置尽可能选压力补偿滴头或涌泉头,电磁阀后支管末端要留冲洗口,对乔木或大的灌木,喷头布置在树冠投影中心位置,一般采用偶数对称布置,随着树的生长,滴头位置尽可能相应向外移动,建议设覆盖层以保护软管。

（2）滴灌管布置　滴灌管要选压力补偿滴灌管,电磁阀后要设过滤器和空气阀。根据植物稀疏程度选择滴头间距和滴灌管间距,滴灌管间距一般取 50 cm;支管末端要留冲洗头,每隔30~50 cm 要做固定。滴灌管埋深不超过 5 cm,建议设覆盖层以保护滴灌管。

（3）系统分区　根据植物及灌溉方式的不同,分为喷灌区、微喷区和涌泉灌区。在微喷和涌泉灌区,阀门后要安装 150 目过滤器。轮灌组划分:以系统设计流量为基础,每个轮灌组的流量尽可能一致或相近,灌溉强度相差大的喷头不能划在同一轮灌组,不同植物类型尽量分在不同的轮灌组。

（4）阀门选型和布置

阀门选型:单个轮灌组的喷头总流量在阀门流量许可范围内,通过阀门的流量所产生的水压损失应不大于管道静压的 10%。

阀门布置在专门的阀箱内,要留足够的操作空间;还要考虑水力平衡,尽量布置在所控制喷头中间;避免布置在低洼处,也不能影响交通和场地使用。

（5）管道布置　管道可以采用 PVC、PE、PPR 等材料,尽量减少交叉,主管尽量沿路边布置,主管和支管尽可能设在同一管沟内。管径 50~90 mm 的支管,流速小于 2 m/s;管径 40 mm 的支管,流速小于 1.8 m/s;管径 25 mm 的支管,流速小于 1.2 m/s。

（6）确定控制方式　采用程序自动控制方式,控制器直接安装在阀门箱内。实现定时定量灌溉,多次频繁灌溉,无需交流电源,节省电源线和电磁阀线。

采用计算机智能控制,能够做到自动决策和精准灌溉,更好地维护生态环境。

任务3　喷灌系统施工

一、任务分析

绿地喷灌系统的工作压力较高,隐蔽工程较多,工程质量要求严格。

二、实践操作

虚拟实训:
江苏园排水
系统施工

1. 施工准备

要求施工场地范围内绿化地坪、大树调整、建/构筑物的土建工程、水源、电源、临时设施应基本到位。

2. 施工放样

施工放样应尊重设计意图和客观实际。放样时先确定喷头位置,再确定管道位置。

3. 开挖沟槽

因喷灌管道沟槽断面较小,同时也为了防止对地下隐蔽设施的损坏,一般不采用机械方法开挖。

沟槽应尽可能挖窄,只在各接头处挖成较大的坑。沟槽断面形式可取矩形或梯形。沟槽宽度一般可按管道外径加 0.4 m 确定,沟槽深度应满足地埋式喷头安装高度及管网泄水的要求。一般情况下,绿地中管顶埋深为 0.5 m,普通道路下为 1.2 m(≥ 1 m 时,需在管道外加钢套管或采取其他措施)。沟槽开挖时应根据设计要求保证槽床至少有 0.2% 的坡度,坡向指向指定的泄水点,以便做好防冻。挖好的管槽底面应平整、压实,具有均匀的密实度。

4. 安装管道

管道安装是绿地喷灌工程中的主要施工项目。安装顺序一般先立干管,后支管,再立管。

管道材质不同,其连接方法也不同。目前,喷灌系统中普遍采用的管道材质是硬聚氯乙烯(PVC)。硬聚氯乙烯管的连接方式有冷接法和热接法。其中冷接法无需加热设备,便于现场操作,故广泛用于绿地喷灌工程。安装管道操作过程中应注意:保证管道工作面及密封圈干净,不得有灰尘和其他杂物;不得在承口上涂润滑剂。安装管道后需要加固管道。

5. 水压试验和泄水试验

安装管道后应进行水压试验和泄水试验。

6. 回填土方

对于聚乙烯管(PE 软管),填土前应先对管道压力充水至接近其工作压力,以防止回填过程中管道挤压变形。

7. 修筑管网附属设施

主要是阀门井、泵站等。要严格按照设计图纸进行施工。

8. 安装设备

（1）水泵和电机设备的安装　水泵和电机设备的安装施工必需严格遵守操作规程,确保施工质量。

（2）喷头安装施工注意事项　喷头安装前,应彻底冲洗管道系统,以免管道中的杂物堵塞喷头;喷头的安装高度,以喷头顶部与草坪根部或灌木的修剪高度平齐为宜。

子项目三　园林排水工程

排水工程的主要任务是把雨水、废水、污水收集起来并输送到适当地点排除,或经过处理之后再重复利用和排除掉。园林中如果没有排水工程,雨水、污水将淤积园内,将会使植物遭受涝灾,滋生大量蚊虫并传播疾病;既影响环境卫生,又会严重影响公园里的所有游园活动。因此,在每一项园林工程中都要设置良好的排水工程设施。

任务　园林绿地雨水管渠的设计

一、任务分析

雨水管道系统通常由雨水口、连接管、检查井、干管和出水口共五部分组成。

雨水口是雨水管渠上收集雨水的构筑物,其位置应能保证迅速有效地收集地面雨水。

连接管是雨水口与检查井之间的连接管段。长度一般不超过 25 m,坡度不小于1.5%。

园林雨水管道设计

检查井是对管道检查和清理同时也起连接作用而设置的雨水管道系统附属构筑物。检查井通常设在管渠交汇、转弯、管渠尺寸或坡度改变、跌水等处以及相隔一定距离的直线管段上。

出水口设在雨水管渠系统的终端,用以将汇集的雨水排入天然水体。

二、实践操作

1. 收集和整理资料

收集和整理所在地区和设计区域的各种原始资料,包括设计区域总平面布置图、竖向设计图和当地的水文、地质、暴雨等资料。

2. 汇水区划分

汇水区根据排水区域地形、地物等情况划分,通常沿山脊线(分水岭)、建筑外墙、道路等进行划分。给各汇水区编号并求其面积(F)。

3. 绘制管道布置草图

根据汇水区划分、水流方向及附近城市雨水干管分布情况等,确定管道走向以及雨水口、检查井的位置。给各检查井编号,求其地面标高,并标出各段管长。

（1）雨水管渠布置的一般规定

① 管道的最小覆土深度。根据雨水井连接管的坡度、冰冻深度和外部荷载情况决定。雨水管道的最小覆土深度一般为 0.5~0.7 m。

② 最小管径和最小设计坡度。雨水管道多为无压自流管,只有具有一定的纵坡值,雨水才

能靠自身重力向前流动,而且管径越小雨水管道所需最小纵坡值越大。雨水管道最小坡度规定:雨水管道最小管径为 200 mm,相应坡度为 4‰;公园绿地雨水管径为 300 mm,相应最小坡度为 3.3‰;管径为 350 mm,相应最小坡度为 3‰;管径为 400 mm,相应最小坡度为 2‰。

③ 最小容许流速。各种管道在自流条件下的最小容许流速不得小于 0.75 m/s;各种明渠不得小于 0.4 m/s。

④ 最大设计流速。若流速过大,则会磨损管壁,降低管道的使用年限。各种金属管道的最大设计流速为 10 m/s,非金属管道为 5 m/s;各种明渠的最大设计流速:草皮护面、干砌块石、浆砌块石及浆砌砖、混凝土分别是 1.6 m/s、2.0 m/s、3.0 m/s、4.0 m/s。

⑤ 管道材料的选择。排水管道材料的种类一般有:铸铁管、钢管、石棉水泥管、陶土管、混凝土管和钢筋混凝土管等。室外雨水的无压排除通常选用陶土管、混凝土管和钢筋混凝土管等。

(2) 雨水管渠布置的要点

① 当地形坡度较大时,雨水干管应布置在地形低的地方;在地形平坦时,雨水干管应布置在排水区域的中间地带,以尽可能地扩大重力流排除范围。

② 尽量利用地形汇集雨水、利用地面输送雨水,以达到所需管线最短。

③ 应结合区域的总体规划进行考虑,如道路情况、建筑物情况、远景建设规划等。

④ 为了尽快将雨水排入水体,尽量采用分散出水口的方式布置雨水管渠。

⑤ 雨水口的布置应考虑及时排除附近地面的雨水。

⑥ 在满足冰冻深度和荷载要求的前提下,管道坡度宜尽量接近地面坡度。

4. 求设计降雨强度 q

降雨强度是指单位时间内的降雨量,我国常用的降雨强度公式为:

$$q = 167\,Ai(1+c\lg P)/(t+b)n$$

式中,q——设计降雨强度 [L/(s·hm²)];

P——设计重现期(a);

t——降雨历时(min);

A_i, c, b, n——地方参数,根据统计方法进行计算确定。根据经验,一般公园绿地的 P 为 1~3 年,t 为 5~15 min。

5. 确定各汇水区的平均径流系数值

径流系数是指单位面积径流量与单位面积降雨量的比值,用 ψ 表示。地面性质不同,其径流系数也不同,各类地面径流系数参考表 3–7。

表 3–7　不同性质地面的径流系数 ψ 值

地面种类	ψ 值	地面种类	ψ 值
各种屋面、混凝土和沥青路面	0.9	干砌砖石和碎石路面	0.4
大块石铺砌路面和沥青表面处理的碎石路面	0.6	非铺砌土地面	0.3
级配碎石路面	0.45	公园或绿地	0.15

常根据排水流域内各类地面面积所占比例求出平均径流系数,$\psi_{平均} = \sum \psi F / \sum F$。

6. 求单位面积径流量 q_0

单位面积径流量是降雨强度与径流系数的乘积,即 $q_0 = q \times \psi$。

7. 雨水干管的设计流量计算,公式为:$Q=\psi \times q_0 \times F$

式中,Q——管段雨水流量;

q_0——单位面积径流量;

F——汇水面积;

$\psi_{平均}$——平均径流系数。

计算出各汇水区的流量,通常设计流量应稍大于计算流量。查表确定各管段的管径、管坡、流速等。根据预先确定的管道起点埋深计算各管段起点和终点的管底标高及管底埋深值。

8. 绘制雨水管道平面图

9. 绘制雨水干管纵剖面图

知识　园林绿地排水系统

园林环境与一般城市环境很不相同,其排水工程的情况也和城市排水系统的情况有相当大的差别。因此,在排水类型、排水方式、排水量构成、排水工程构筑物等多方面都有其特点。

一、园林排水概述

1. 污水的分类

(1) 生活污水　园林中的生活污水主要来自餐厅、茶室、小卖部、厕所、宿舍等处。这些污水中所含有机污染物较多,一般不能直接向园林水体中排放,需要在除油池、沉淀池、化粪池等中进行处理后才能排放。另外,做清洁卫生时产生的废水,也可划入这一类中。

园林排水工程概述

(2) 生产废水　盆栽植物浇水时多浇的水,鱼池、喷泉池、睡莲池等较小的水景池排放的水,都属于园林生产废水。游乐设施中的水体一般面积不大,积水太久会使水质变坏,所以每隔一定时间就要换水,如游泳池、戏水池、碰碰船池、冲浪池、航模池等,就常在换水时有废水排出。

(3) 降水　园林排水管网要收集、输送和排除雨水及融化的冰、雪水。这些天然降水落到地面前后,会受到空气污染物和地面泥沙等污染,但污染程度不高,一般可以直接向园林水体,如湖、池、河流中,排放。

2. 排水工程系统的组成

(1) 生活污水排水系统　这种排水系统主要是排除园林生活污水,包括室内和室外部分。

① 室内污水排放设施如厨房洗物槽、下水管、房屋卫生设备等;

② 除油池、化粪池、污水集水口;

③ 污水排水干管、支管组成的管道网;

④ 管网附属构筑物如检查井、连接井、跌水井等;

⑤ 污水处理站,包括污水泵房、澄清池、过滤池、消毒池、清水池等;

⑥ 出水口,是排水管网系统的终端出口。

(2) 雨水排水系统　园林内的雨水排水系统不只是排除雨水,还要排除园林生产废水和游乐废水。因此,它的基本构成部分就有:

① 汇水坡地、集水浅沟和建筑物的屋面、天沟、雨水斗、竖管、散水;

② 排水明渠、暗沟、截水沟、排洪沟;

③雨水口、雨水井、雨水排水管网、出水口；

④在利用重力自流排水困难的地方，还可设置雨水排水泵站。

（3）排水工程系统体制　将园林中的生活污水、生产废水、游乐废水和天然降水从产生地点收集、输送和排放的基本方式，称为排水系统的体制，简称排水体制。排水体制主要有分流制与合流制两类。

二、园林排水的特点

1. 主要是排除雨水和少量生活污水；

2. 园林中多具有起伏多变的地形，有利于地面水的排除；

3. 园林中大多有水体，雨水可就近排入园中水体；

4. 园林中大量的植物可以吸收部分雨水，同时考虑旱季植物对水的需要，干旱地区更应注意保水。

三、园林排水的方式

1. 地面排水

地面排水就是利用地面坡度使雨水汇集，再通过沟、谷、涧、山道等加以组织引导，就近排入附近水体或城市雨水管渠的过程。这是公园排除雨水的一种主要方法，此法经济适用，便于维修，而且景观自然，通过合理安排可充分发挥其优势。利用地形排除雨水时，若地表种植草皮则最小坡度为0.5%。

2. 明沟排水

主要是土质明沟，其断面形式有梯形、三角形和自然式浅沟，沟内可植草种花，也可任其生长杂草，通常采用梯形断面；在某些地段根据需要也可砌砖、石或混凝土明沟，断面形式常采用梯形或矩形（图3-6）。

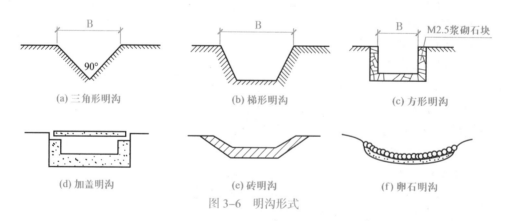

图3-6　明沟形式

3. 盲沟排水

盲沟又称暗沟，是一种地下排水渠道，主要用于排除地下水、降低地下水位。在一些要求排水良好的全天候体育活动场地、地下水位高的地区以及某些不耐湿的园林植物生长区等都可以采用盲沟排水。

（1）盲沟排水的优点　取材方便,利用砖石等料,造价相对低廉;地面没有雨水口、检查井之类构筑物,从而保持了园林绿地草坪及其他活动场地的完整性。

（2）盲沟布置形式　取决于地形及地下水的流动方向。常见的有三种形式,即树枝式、鱼骨式和铁耙式(图 3-7),分别适用于洼地、谷地和坡地。

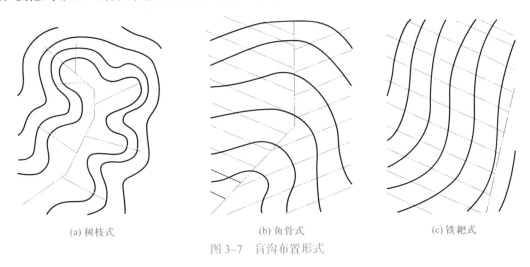

(a) 树枝式　　　　　　　　(b) 鱼骨式　　　　　　　　(c) 铁耙式

图 3-7　盲沟布置形式

（3）盲沟的埋深和间距　盲沟的埋深主要取决于植物对地下水位的要求、根系破坏的影响、土壤质地、冰冻深度及地面荷载情况等因素,通常在 1.2~1.7 m 之间;支管间距则取决于土壤种类、排水量和排水要求,要求高的场地应多设支管,支管间距一般为 9~24 m。

（4）盲沟纵坡　盲沟沟底纵坡不小于0.5%。只要地形等条件许可,纵坡坡度应尽可能取大些,以利地下水的排除。

（5）盲沟的构造　因透水材料多种多样,故类型也多。常用材料及构造形式,如图 3-8 所示。

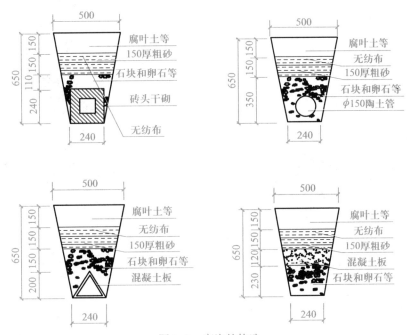

图 3-8　盲沟的构造

4. 地表径流的排除

地表径流对地表的冲刷,给园林道路造成一定危害,是地面排水所面临的主要问题。必须采取合理措施来防止冲刷、保持水土、维护园林景观。通常从以下几方面着手来解决。

(1) 竖向设计排除

① 控制地面坡度,使之不要过陡,不至于造成过大的地表径流速度。如果坡度大而不可避免,需设加固措施。

② 同一坡度的坡面不宜延续过长,应有起伏变化,以免造成大的地表径流。

③ 利用顺等高线的盘谷山道、谷线等组织拦截,分散排水。

(2) 工程措施排除　园林中,除了在竖向设计中考虑外,有时还必须采取工程措施防止地表冲刷,也可以结合景点设置。常用的工程措施有:

① 消能石(谷方)。在山谷及沟坡较大的汇水线上,容易形成大流速地表径流,为防止其对地表的冲刷,在汇水区布置一些山石,减缓水流冲力,这些山石就称为"谷方"。消能石需深埋浅露,布置得当,还能成为园林中动人的水景。

② 挡水石和护土筋。利用山道边沟排水,坡度变化较大时,为减少流速大的水流对道路的冲击,常在道路旁或陡坡处设挡水石和护土筋,结合道路曲线和植物种植可形成小景。

③ 出水口。园林中利用地面或明渠排水,在排入园内水体时,为了保持岸坡结构稳定,可结合造景,出水口应做适当处理。"水簸箕"是一种敞口排水槽,槽身的加固可采用三合土、浆砌块石(或砖)或混凝土。当排水槽上下口高差大时:a 可在下口设栅栏起消力和防护作用;b 在槽底设置消力阶;c 在槽底砌消力块等;d 槽底做成礓磋状(连续的浅阶)(图3-9)。

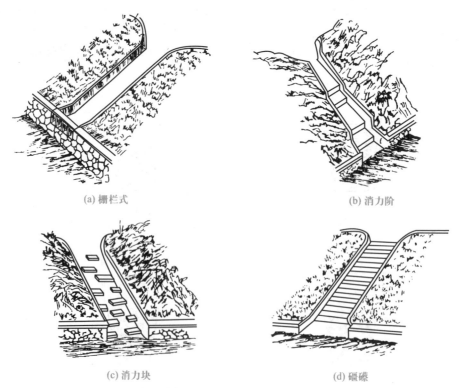

(a) 栅栏式　　　　　　　　　　　　　(b) 消力阶

(c) 消力块　　　　　　　　　　　　　(d) 礓磋

图3-9　出水口消能方式

（3）利用植物排除　园林植物具有对地表径流加以阻碍、吸收以及固土等诸多作用,合理种植、用植被覆盖地面是防止地表径流的有效措施与正确选择。

（4）埋管排水排除　地势低洼处无法用地面排水时,可采用管渠进行排水,尽快地把园林绿地的积水排除。

3.3.1　学习任务单

工作任务	根据提供的景观排水施工图,写出相应的设施名称及设计要求		
姓名		班级	学号

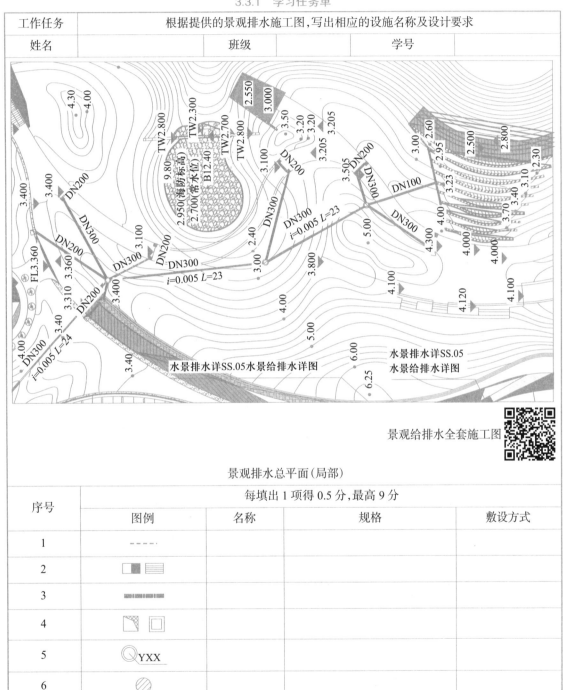

水景排水详SS.05水景给排水详图

水景排水详SS.05 水景给排水详图

景观给排水全套施工图

景观排水总平面(局部)

序号	每填出 1 项得 0.5 分,最高 9 分			
	图例	名称	规格	敷设方式
1	- - - - -			
2	▨ ▤			
3	▦▦▦▦			
4	◹ ▢			
5	Ⓠ YXX			
6	⊘			

子项目四 雨水花园设计与施工

城市雨洪灾害和水污染管理是制约我国城市生态发展的重要问题。2013年12月，习近平总书记在中央城镇化工作会议上强调，提升城市排水系统时要优先考虑把有限的雨水留下来，优先考虑更多利用自然力量排水，建设自然积存、自然渗透、自然净化的海绵城市。

海绵城市是指城市能够像海绵一样，在适应环境变化和应对自然灾害方面具有良好的"弹性"，下雨时吸水、蓄水、渗水、净水，需要时将蓄存的水"释放"并加以利用。提升城市生态系统功能和减少城市洪涝灾害的发生。

海绵城市建设主要包括哪些内容？一是保护原有水生态系统；二是修复受破坏的水体及其他自然环境；三是推行低影响开发，运用低影响开发技术建设城市生态环境。

海绵城市低影响开发技术主要包括哪些内容？低影响开发技术主要包括截留技术、促渗技术和调蓄技术3种。截留技术是通过选用适宜的材料或者结构增加雨水汇集的面积，从而减缓雨水径流的速度，延缓径流的形成，如绿色屋顶及植物群落冠层截留等。地表促渗技术是改变地面材料或结构，能够让雨水透过空隙下渗至场地内部，同时，材料或是结构具有一定的过滤净化作用，如透水铺装和绿色停车场等。调蓄技术指能储存一定量的雨水径流，并对其进行净化，当设施内的雨水达到饱和时，通过溢流口排入市政雨水管网，而干旱时可向周边绿地提供水资源，如雨水花园、生态沟、调蓄池、人工湿地等。

什么是雨水花园？雨水花园是海绵城市建设的绿色基础设施之一，也是有效的雨水自然净化处理技术。雨水花园是在地势较低区域种有植物的专类工程设施，它通过土壤和植物的过滤作用净化雨水，减小径流污染，同时消纳小面积汇流的初期雨水，减少径流量。低影响开发倡导的在雨水花园中运用的雨水控制措施主要包括生物滞留池、生物沟渠、植草沟、生态洼地、渗透渠、透水铺装、绿色屋顶以及雨水桶等。

雨水花园主要有哪些构造层？雨水花园主要由蓄水层、覆盖层、种植土层、人工填料层及砾石层构成。蓄水层能暂时滞留雨水，同时沉淀、去除部分污染物。覆盖层能缓解径流雨水对土壤的冲刷，保持土壤湿度，维持较高的渗透率，同时在土壤界面创造适合微生物生长和有机物降解的环境。种植土层通过植物根系的吸附作用以及微生物的降解消除各种污染物。人工填料层的设计保证雨水能及时下渗。最下部的砾石层常埋设集水穿孔管，使经渗滤的雨水可排入邻近的河流或其他蓄积系统。人工填料层和砾石层之间常铺设一层砂层或土工布，防止土壤颗粒堵塞穿孔管或进入砾石层，同时有利于通风。当雨水的收集量超过其承载力时，可通过溢流管直接排出场地。

一、任务分析

1. 绘制雨水花园的施工图

（1）平面布局　包括计算面积、调蓄容积、进水口、穿孔排水管、溢流管、排水方向等（图3-10、图3-11）。

（2）层级构造　包括不同层级填料的材质、厚度、规格、级配及强度等技术参数。

（3）管线布置　包括市政雨水管、溢流口（井）、穿孔排水管规格、材质、强度等技术参数。

（4）植物配置　包括种植植物的配置要求。

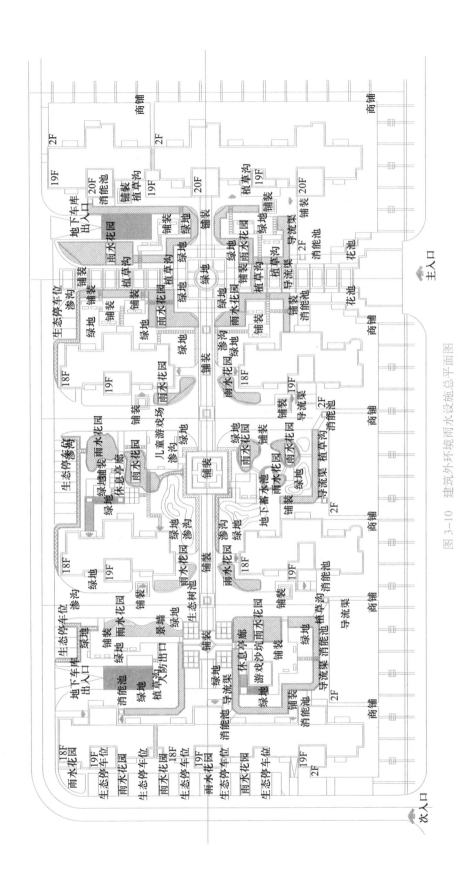

图 3-10　建筑外环境雨水设施总平面图

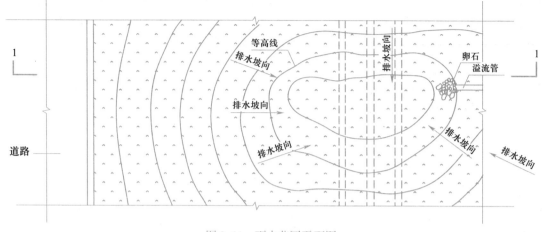

图 3-11 雨水花园平面图

2. 横断面图绘制

雨水花园设计深度通常为 900~1 500 mm,可根据地下水位状况调整。雨水花园的构造共分为五部分,自下而上主要为砾石层、人工填料层、种植土层、覆盖层和蓄水层(图 3-12)。

砾石层。选用粒径不超过 50 mm 天然级配碎石,厚度为 200~300 mm。若土壤下渗能力小于 1×10^{-8} m/s 时,在底部应设置穿孔排水管。穿孔排水管管径宜采用 DN100—DN150,外部用土工布包裹。土工布规格 200~300 g/m²,土工布搭接宽度不应少于 200 mm。

人工填料层。人工填料层深度为 500~1 200 mm,其主要成分与种植土层(黄棕壤土)一致,并掺杂一定的砾石或煤渣,保证较强的渗透性。

种植土层。种植土层厚度根据植物类型而定,种植草本植物一般不小于 250 mm,种植灌木一般不小于 600 mm,种植乔木一般应大于 1 000 mm。若土壤下渗能力小于 1×10^{-8} m/s 时,应进行土壤介质改良。改良后的土壤介质比根据各地土壤情况试验取定,渗透性能不小于 7×10^{-6} m/s。

覆盖层。采用卵石或树皮等覆盖物保持土壤的湿度,厚度一般为 50~80 mm。

蓄水层。蓄水层厚度根据径流控制目标,植物耐淹性能和土壤渗透性能综合确定。一般宜为 100~250 mm,最高不超过 500 mm。

图纸要求:

(1)雨水花园的边坡坡度和底部宽度;

(2)五个层级构造的介质类型及厚度;

(3)雨水花园周边及层级保护做法;

(4)穿孔排水管的管径及土工布包裹做法;

(5)溢流管形式、位置及保护做法,溢流口标高。

3. 排水设施

雨水花园内应设置排水设施,保证暴雨时地表径流的溢流排放顺畅。根据雨水花园面积和蓄水能力不同,通常可采用穿孔排水管和溢流管等。

穿孔排水管图纸要求:

(1)穿孔排水管宜采用 UPVC、PPR、双螺纹渗管或双壁波纹管等材料;

(2)穿孔排水管管径大于 DN150;

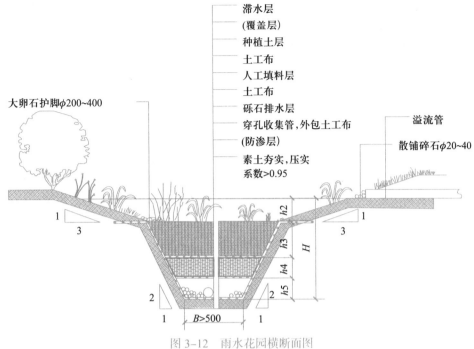

图 3-12 雨水花园横断面图

（3）开孔率应控制在 1%~3%；

（4）穿孔排水管外包土工布；

（5）穿孔排水管与市政雨水管连接。

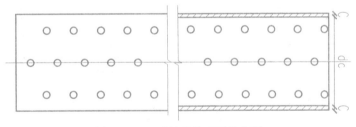

图 3-13 双壁波纹渗透管构造图

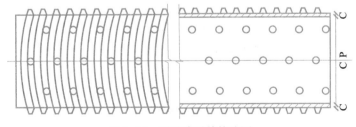

图 3-14 平壁渗透管构造图

溢流管图纸要求：

（1）溢流管宜采用 UPVC、PPR、双螺纹渗管或双壁波纹管等材料；

（2）溢流口顶部应预留 100 mm 的超高。

4. 植物选择

植被要求能覆盖整个雨水花园表面,这就需要选择适宜的植物进行配置。根据种植土厚度、滞水深度、污染负荷等因素,有针对性地选择耐淹、耐旱、耐污染、耐寒且耐热能力较强的乡土植物。

选取的植被既要能保证雨水处理效果,也应具有良好的景观效果。一般植物分为两类:地表植物和乔灌木。

地表植物主要处理污染物以及防止侵蚀,配置地表植物时应注意:

(1) 地表植物须覆盖雨水花园整个表面;

(2) 在具有延伸高度的雨水花园内,设计高密度的植物,有利于进行有效的水处理;

(3) 植物布置均匀密集,使水流均匀、防止冲刷,并在过滤介质内产生均匀的根系分布;

(4) 尽量选用本地植物且避免使用有生物入侵风险的植物;

(5) 所选植物应能耐受较长时间干旱和短期淹没。

乔灌木不是雨水花园必须种植的植物类型,但种植乔灌木能为小动物提供舒适栖息环境,使得景观效果更好:

(1) 宜选用本地树种,树冠相对稀少,使地表植物获得阳光和水分;

(2) 设计时要考虑树木的耐旱、耐湿能力;

(3) 不能选用落叶植物;

(4) 树木根系宜浅,避免根系疯长破坏管道。

二、雨水花园施工工序(图 3-15)

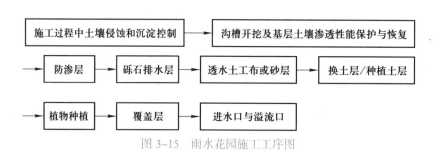

图 3-15 雨水花园施工工序图

雨水花园的施工应符合各项规定:

(1) 雨水花园宜在汇水面(如周边绿地种植、道路结构层等)施工完成后进行。沟槽周边应设置挡土袋、预沉淀池等,防止周边水土流失对沟槽渗透性能、深度造成影响。已完成的入水口设施应进行临时封堵。

(2) 雨水花园采用沟槽机械开挖。水泥混凝土拌合与挡土砌筑作业等宜在沟槽外围进行,避免沟槽因重型机械碾压,水泥混凝土拌合作业等减低基层土壤渗透性能。

(3) 将沟槽内的石块、树枝等尖锐材料清理干净,防止其损坏透水土工布或防渗土工布。

(4) 砾石排水层应为洗净的碎石、砾石等材料,不含杂土。砾石层内穿孔排水管的开孔孔径应小于砾石粒径,开孔率不小于 2%,穿孔排水管端头和侧壁应用透水材料进行包裹。砾石排水层应采用土工布包裹的方式,避免种植土层内土壤随雨水流失进入排水层。

（5）种植土层中的土壤或人工过滤介质应分层回填至设计高度。种植土层四周用土工布包裹时,土工布搭接宽度不应小于 200 mm,以避免周边土壤进入种植土层。种植土层回填到设计高度后一段时间内发生沉降时,应进行补充回填。

（6）植物种植应按种植设计图纸施工,也可按照实际景观效果进行适当调整,并按照程序进行设计变更。进水口及溢流口处的种植密度可适当加密,利用植物拦截较大颗粒物及垃圾。

（7）覆盖层应根据植物种植,按照不漏土的原则进行铺设,还应考虑景观效果。

（8）进水口的设置应根据施工图图纸施工。实际施工过程中,应按照便于雨水汇入雨水花园的原则,对进水口位置进行适当调整。汇水面上的高程最低点应设置进水口。

3.4.1 学习任务单

工作任务	在雨水花园横断面图中标注层级介质及尺寸		
姓名		班级	学号

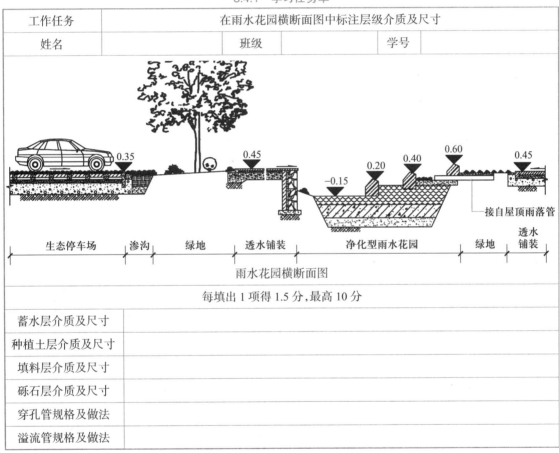

雨水花园横断面图

每填出 1 项得 1.5 分,最高 10 分	
蓄水层介质及尺寸	
种植土层介质及尺寸	
填料层介质及尺寸	
砾石层介质及尺寸	
穿孔管规格及做法	
溢流管规格及做法	

复习题

1. 给水管网的布置原则是什么?
2. 给水管网的布置形式有哪些?
3. 喷灌系统的类型有哪些?
4. 园林排水的方式有哪些?

5. 雨水花园施工图中,排水设施有哪些?

技能训练

在给定的标准足球场范围里,对足球场进行喷灌设计和排水设计。

1. 确定足球场尺寸和喷洒范围,标准 11 人足球场的尺寸是 68 m×105 m,面积为 7 140 m²。

2. 选择合适的喷头,根据喷头参数(R、Q、P),确定喷洒半径和流量。

3. 选择一种合适的喷头布置方式(正方形、长方形、等腰三角形、正三角形),根据喷头喷洒半径进行管线布置。

4. 通过水力计算确定主管和支管的管径。

5. 确定水泵扬程和流量。

6. 布置排水管线,绘制其平面图。

7. 绘制排水结构图。

项目四　园林水景工程

知识目标

1. 熟悉人工湖水体空间划分处理手法，掌握不同功能湖池的水深要求，掌握湖体施工时的排水方法；

2. 了解小溪的平面线形、溪底坡度设计要求，熟悉小溪施工流程；

3. 了解瀑布的类型、设计要点，熟悉瀑布构成要素、出水口形式、承水潭宽度的设计要求，熟悉瀑布施工流程；

4. 了解驳岸的概念、作用，了解破坏驳岸的主要因素，掌握驳岸的类型、构造，熟悉驳岸施工流程和施工技术要点；

5. 了解水池结构，熟悉水池给排水系统，掌握刚性结构水池施工流程及施工技术要点；

6. 熟悉常见喷头类型，掌握喷泉照明特点，熟悉喷泉的日常管理要点。

技能目标

1. 能绘制人工湖的池底结构图、小溪断面结构图、瀑布断面结构图，能完成小型自然式水池、小溪施工；

2. 会根据实际情况设计驳岸结构并绘制出驳岸结构图；

3. 能完成喷泉、水池的设计并绘制出喷泉水池施工图，能完成简单规则式刚性结构水池施工和喷泉安装。

素养目标

1. 树立文化自信，能够具有欣赏中国古典园林造园理水艺术的素养；

2. 具备园林水景工程设计的园林美学素养；

3. 树立节水节能、因地制宜的可持续发展理念；

4. 树立安全设计，安全施工，严格遵守相关规范和法规的职业精神。

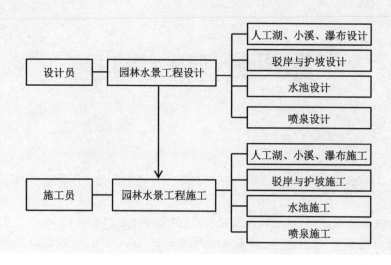

1. 什么是水景工程?

水景工程是与水体造园相关的所有工程的总称。一般来说,主要包括园林水体建造工程、岸坡工程、喷泉工程、室内水景工程等。

水景是园林景观构成的重要组成部分,水的形态不同,构成的景观也不同。园林中常见的水景形式按水流状态可分为静态水景和动态水景两种。

静态水景一般指园林中以片状汇聚的水面为景观的水景形式,如湖、池等。静水是和平宁静、清澈透明的。安详、朴实是静水的主要特点,它能反映出周围物象的倒影,这又赋予静水以特殊的景观,给人以丰富的想象。

水景工程概述

动态水景以流动的水体,利用水姿、水色、水声来增强其活力和动感,令人振奋。形式上主要有流水、落水和喷水三种。流水如小河、小溪、涧,多为连续的、有宽窄变化的带状动态水景;园林流水有急缓、深浅之分,也有流量、流速、幅度大小之分,具体形式有蜿蜒的小溪和曲折的河流,如杭州九溪十八涧、无锡寄畅园八音涧、扬州瘦西湖等。落水因蓄水和地形条件之影响而成瀑。瀑布在园林中虽用得不多,但特点鲜明,充分利用了高差变化,使水产生动态之势。瀑布有线落、布落、挂落、条落、多级跌落、层落、片落、云雨雾落、壁落等,奔腾磅礴,呼啸而下。喷水是通过自然源泉或人工处理,使水流喷涌而出,犹如喷珠吐玉,结合灯光,五彩缤纷,千姿百态。主要的水体形态为:喷泉、涌泉、溢泉、滴泉等。

2. 园林水景布置要注意些什么?

园林水景的形式多种多样,其景观布置、工程设计与施工有共同之处,但也各有差异。在设计与施工中应加以区分。园林中的各种水景如湖、池、河、溪涧、瀑布、跌水、泉、岛等常常是园林的构图中心,也是山水园最具特色的造园要素。在考虑水景布置时应注意:

(1) 水体水源的由来去处要明确;

(2) 水景布置要结合环境条件,因地制宜,材料可取,施工可行,经济适用。

(3) 以戏水为目的的水景,必须注意安全,严格控制水深;以种植水生植物为目的的水池,要注意植物对水深的要求。

(4) 注意水质是否达到要求,为此要考虑水景循环中是否要安装过滤装置,这在喷泉设计中尤为重要。

（5）要确保水景中各种设施或设备有必需的场地和空间，例如循环用水设备、泵房、过滤装置、灯光系统等。

（6）要注意水景中各种管线的合理搭接，管线是否需要隐蔽，用何物隐蔽等，还要注意管线的防腐及安全。

（7）水景构筑物的防渗漏措施要可行，这在水景施工中尤其重要。

子项目一　自然式园林水景

任务 1　人工湖设计与施工

一、任务分析

湖属于静态水体，有天然湖和人工湖之分。前者是自然的水域景观，如著名的云南滇池、杭州西湖、广东星湖、扬州瘦西湖等。人工湖则是人工依地势就低挖掘而成的水域，沿岸因境设景，自然天成，如深圳仙湖和一些现代公园的人工湖。湖的特点是水面宽阔平静，有平远开朗之感。此外，湖往往有一定的水深以利于水产，湖岸线和周边天际线要考虑好。有时，还常在湖中利用人工堆土成小岛，用来划分水域空间，使水景层次更为丰富。

二、实践操作

1. 人工湖的设计

建造人工湖，主要是做好水体平面形状的设计，其次是对水体驳岸的结构进行设计，水景附属设施如观景平台、码头等的设计也很重要。设计包括平面设计（表达湖岸线和水域范围）、竖向设计（表达水深、湖底地形）、结构设计（包括湖底结构、水景附属设施和驳岸结构）。

人工湖设计

（1）平面设计　湖的平面形状，亦岸线形状，直接影响到湖的水景形象及风景效果。水有大小之分：水大则为衬托背景，得水而媚，组成景点的脉络；水长则是自然溪涧的源远流长，利用宽窄对比，深邃藏幽，藉收放而成序列变化，藉带状水面的导向性而引人入胜；水小则成为视线的焦点，或景点观赏的引导。湖设计时应注意：

① 湖池与周围环境的关系。要注意水面形状宜与所在地块的形状保持一致，湖水面的大小宽窄与环境的关系比较密切。水面的纵、横长度与水边景物高度之间的比例关系，对水景效果影响很大。水面窄，水边景物高，则在水区内视线的仰角比较大，水景空间的闭合性也比较强。在闭合空间中，水面的面积看起来一般都比实际面积要小。

② 岸线。岸边曲线除了山石驳岸可以有细碎曲弯和急剧的转折外，一般岸线都宜缓和一点。

③ 基址选择。应选择壤土、土质细密、土层厚实之地，不宜选择过于黏质或渗透性大的土质。如果渗透力大于 0.009 m/s 时，必须采取工程措施设置防漏层。

（2）水体空间划分处理手法　湖设计中，有时需要通过两岸岸线凹凸对水面进行划分，使之成为两个或者两个以上的水区。或者通过桥、岛、建筑物、堤岸、汀石等手法来划分,以丰富水景空间的造型层次和景深感。

① 桥。湖中桥宜建于水面窄处。在小水面设桥,以曲折低矮、贴水而架最能"小中见大",空间相互渗透流通,产生倒影,增加风景层次。桥与栏杆多用水平条石砌筑,适宜的尺度,令人顿生轻快舒展之感。在大水面设桥,应有堤桥分隔,并化大为小,以小巧取胜。其高低曲折,应视水面大小而定。

② 岛。注意与水面的尺度比例协调,小水面不宜设岛。大水面可设岛屿,但不宜居中,应偏于一侧,自由活泼。湖中可设岛,岛中也可设湖,构成"湖中湖"的复合空间。

③ 堤岸。一般有土堤、湖岸、驳岸、岩壁、石矶、散礁等,大水面常用堤岸来分隔水面,长堤宜曲折,堤中设桥,多为拱桥。桥孔不宜过多,以巧为上。堤岸贴近水面处可使石块挑出水面,凹凸结合,高低错落形成洞穴,从而自然地勾画出窈窕曲折的水面轮廓线,似泉若渊,深邃幽趣。

④ 水景平台。一般建于临水建筑如亭、榭、廊等与水面相交的地带,且平台前面的水面一定要比较广阔或纵深条件比较好。常采用规则的平面形式,一般不设计为自然式平面。在水面上建造水廊、榭、阁、舫等,临水而筑构成近水楼台、平湖秋月式的空间环境。

⑤ 汀石。在小水面或大水面收缩或弯头落差处,可在水中置石,散点成线,藉以代桥,通向对岸。汀石也可由混凝土仿生制成。汀石半浸碧水,人步其间,有喜、有趣、有险。

上述,仅为水池的静水界面空间处理手法,为增添园林景色,还可结合地形布置溪涧飞瀑,筑山喷泉造成有声、有色、有势的动水空间,动静结合,相映成趣。

(3) 竖向设计　要注意湖水位设计,选择合适的排水设施,如水闸、溢流孔(槽)、排水孔等;湖的水深一般不是均匀的,水深应由水体功能决定,如:划船为 1.5~3 m;水体自净需要 1.5 m 左右深;距岸边、桥边、汀步边以外宽 1.5~2 m 的带状范围内,要设计为安全水深,不超过 0.7 m。

(4) 结构设计　湖底做法应因地制宜。其中灰土做法适于大面积湖体,混凝土湖底宜于较小的湖池。图 4-1 是几种常见的湖底施工方法。

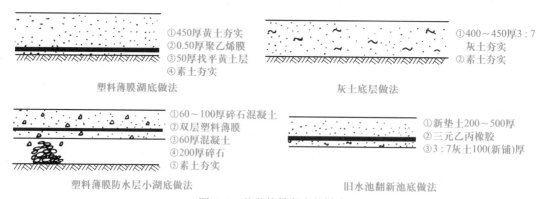

图 4-1　几种简易湖底的做法

2. 人工湖体的施工

(1) 认真分析设计图纸,并按设计图纸确定土方量。

(2) 详细勘查现场,按设计线形定点放线。放线可用石灰、黄沙等材料。打桩时,沿湖池外缘 15~30 cm 打一圈木桩,第一根桩为基准桩,其他桩皆以此为准。基准桩即是湖体的池缘高度。桩打好后,注意保护好标志桩、基准桩。并预先准备好开挖方向及土方堆积方法。

（3）考察基址渗漏状况　好的湖底全年水量损失占水体 5%~10%；一般湖底 10%~20%；较差的湖底 20%~40%，以此制定施工方法及工程措施。

（4）湖体施工需要排水　湖体施工时如果地下水位过高，为避免湖底受地下水的挤压而被抬高，必须特别注意地下水的排放。施工时可用多台水泵排水，也可通过梯级排沟排水。通常用 15 cm 厚的碎石层铺设整个湖底，上面再铺 5~7 cm 厚沙子，如果这种方法还无法解决，则必须在湖底开挖环状排水沟，并在排水沟底部铺设带孔聚氯乙烯（PVC）管，四周用碎石填塞（图 4-2），以取得较好的排水效果。同时要注意开挖岸线的稳定，必要时要用块石或竹木支撑保护，最好做到护坡或驳岸的同步施工。

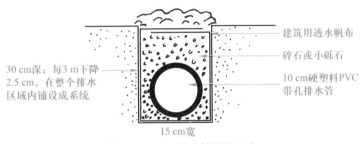

图 4-2　PVC 排水管铺设示意

（5）湖底处理　基址条件较好的湖底不做特殊处理，适当夯实即可。但渗漏性较严重的湖底必须采取工程手段。常见的措施有灰土层湖底、塑料薄膜湖底和混凝土湖底等做法。

（6）湖岸处理　湖岸的稳定性对湖体景观有特殊意义，应予以重视。先根据设计图严格将湖岸线用石灰放出，放线时应保证驳岸（或护坡）的实际宽度，并做好各控制基桩的标注。开挖后要对易崩塌之处用木条、板（竹）等支撑（参见土方施工），遇到洞、孔等渗漏性大的地方，要结合施工材料采用抛石、填灰土、三合土等方法处理。如岸壁土质良好，做适当修整后可进行后续施工（详见驳岸和护坡工程）。湖岸的出水口常设计成水闸，应保证足够的安全性。

4.1.1　学习任务单

工作任务	根据设计要求，绘制一个游园，注重人工湖的设计				
姓名		班级		学号	

设计一游园，场地大小 120 m × 80 m，设计要求：

1. 绘制设计总平面图；

2. 绘制设计平面图、剖面图；

3. 场地内必须有人工湖，设计时仔细研究水体平面设计和水体空间划分处理手法，并且需在平面图上表达水体竖向设计；

4. 图面注意完整，指北针、图名、比例尺不限、图幅不限等。

每项完成合格即可得分，最高 10 分				
序号	考查要点	分值	是否完成	得分
1	人工湖平面布局尺度、位置是否合理	2		
2	人工湖平面形态是否与周边景观元素相契合	1		

序号	考查要点	分值	是否完成	得分
3	人工湖剖面图是否反映湖岸设计、设计水位线、最高水位线、最低水位线	2		
4	人工湖立面图是否能够反映湖体与周边景观元素的关系和竖向变化	2		
5	人工湖驳岸形式选择	2		
6	图面内容完整,比例尺图幅设置合理	1		

任务 2　小溪设计与施工

小溪设计与施工

一、任务分析

现代园林中的小溪是自然界溪流的艺术再现,是连续的带状动态水体。清溪浅而宽,水沿滩泛溢而下,轻松愉快,柔和如意。如将清溪加深变窄,则成为"涧",涧水量充沛,水流湍急,扣人心弦。目前园林中以小溪应用更为广泛。

二、实践操作

1. 小溪的设计

(1)平面设计　园林中溪涧的布置讲究师法自然,宽窄曲直对比强烈,空间分隔开合有序。平面上要求蜿蜒曲折,整个带状游览空间层次分明,组合有致,富于节奏感。

(2)立面设计　立面上要求有缓有陡,布置溪涧最好选择有一定坡度的基址,并根据流势而设计,急流处 5% 左右,缓流处 0.5%~1%,普通的溪流多为 0.5% 左右,溪流宽 1~2 m,水深 5~10 cm,一般不超过 30 cm 为好,平均流量为 0.5 m³/s,流速 20 cm/s。据经验,一条长 30 m 的小溪需要一个 3.8 m³ 的蓄水池。要充分利用水姿、水色和水声。通过溪道中散点山石创造水的各种流态,配植沉水植物,间养红鲤赏其水色,布置跌水可听其水声。

(3)结构设计　通过绘制小溪剖面图,表现溪壁和溪底的结构、材料、尺寸,还要表现小溪的给排水系统以及溪底的高程和坡度。

2. 小溪的施工

(1)施工准备　主要是进行现场勘察,熟悉设计图纸,准备施工材料、施工机具、施工人员。对施工现场进行清理平整,接通水电,搭置必要的临时设施等。

(2)溪道放线　依据已确定的小溪设计图纸,用白粉笔、黄沙或绳子等在地面上勾画出小溪的轮廓,同时确定小溪循环用水的出水口和承水池间的管线走向。由于溪道宽窄变化多,放线时应加密打桩量,特别是转弯点。各桩要标注清楚相应的设计高程,变坡点(设计小跌水之处)要做特殊标记。

(3)溪槽开挖　小溪要按设计要求开挖,最好掘成 U 形坑,因小溪多数较浅,表层土壤较肥沃,要注意将表土堆放好,作为溪涧种植用土。溪道开挖要求有足够的宽度和深度,以便安装散点石。值得注意的是,一般的溪流在落入下一段之前都应有至少 7 cm 的水深,故挖溪道时每一段最前面的深度都要深些,以确保小溪的自然。溪道挖好后,必须将溪底基土夯实,溪壁拍实。如果溪底用混凝土结构,先在溪底铺 10~15 cm 厚碎石层作为垫层。

(4) 溪底施工

① 混凝土结构。在碎石垫层上铺上沙子(中沙或细沙),垫层 2.5~5 cm,盖上防水材料(EPDM、油毡卷材等),然后现浇混凝土(水泥标号、配比参阅水池施工),厚度 10~15 cm(北方地区可适当加厚),其上铺 M7.5 水泥砂浆约 3 cm,然后再铺素水泥浆 2 cm,按设计种上卵石即可。

② 柔性结构。如果小溪较小,水又浅,溪基土质良好,可直接在夯实的溪道上铺一层 2.5~5 cm 厚的沙子,再将衬垫薄膜盖上。衬垫薄膜纵向的搭接长度不得小于 30 cm,留于溪岸的宽度不得小于 20 cm,并用砖、石等重物压紧。最后用水泥砂浆把石块直接粘在衬垫薄膜上。

(5) 溪岸施工　溪岸可用大卵石、砾石、瓷砖、石料等铺砌处理。和溪道底一样,溪岸也必须设置防水层,防止溪流渗漏。如果小溪环境开朗,溪面宽、水浅,可将溪岸做成草坪护坡,且坡度尽量平缓。临水处用卵石封边即可。

(6) 溪道装饰　为使溪流更自然有趣,可用较少的鹅卵石放在溪床上,这会使水面产生轻柔的涟漪。同时按设计要求进行管网安装,最后点缀少量景石,配以水生植物,饰以小桥、汀步等小品。

(7) 试水　试水前应全面清洁溪道,检查管路的安装情况。而后打开水源,注意观察水流及岸壁,如达到设计要求,说明溪道施工合格。

三、实践示例

自然界中的溪流多是在瀑布或涌泉下游形成的,上通水源,下达水体(图 4-3)。溪岸高低错落,流水清澈晶莹,且多有散石净沙,绿草翠树,体现水的姿态和声音。园林中由于地形条件的限制,在平坦的基址上设计小溪有一定的难度,但通过合理有效的工程措施是可以再现自然溪流的,且不乏佳例。

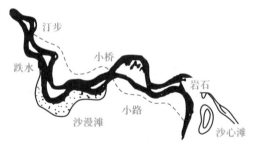

图 4-3　小溪模式图

北京颐和园的后溪景区(图 4-4),通过带状水面将分散的景点连贯于一体,强烈的宽窄对比,不同的空间交替,幽深曲折,形成忽开忽合、时收时放的节奏变化。

北京双秀公园(图 4-5)的竹溪是喷水池与小溪结合的水景,小溪从山腰山石处跌宕而下,曲折蜿蜒于平地,溪岸山石点置,溪涧架桥建亭,溪底铺卵石净沙,岸边连翘、榆叶梅、碧桃相间配植,整条水溪精巧玲珑、清秀多姿。无锡寄畅园的八音涧,颐和园谐趣园内的玉琴峡等更是人工理水的范作。

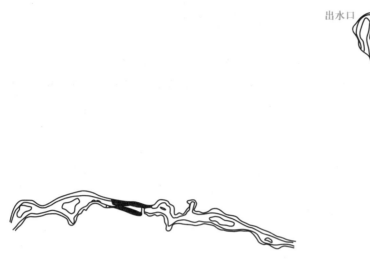

图 4-4　颐和园后溪河　　　　　　　　　图 4-5　北京双秀公园茶室小溪

任务 3　瀑布设计与施工

瀑布设计与
施工

一、任务分析

瀑布属于动态水体,有天然瀑布和人工瀑布之分。天然瀑布是由于河床突然陡降形成落水高差,水经陡坎跌落如布帛悬挂在空中,形成千姿百态的落水景观。人工瀑布是以天然瀑布为蓝本,通过工程手段而营造的水景景观。

二、实践操作

1. 瀑布的设计

(1) 选择瀑布的形式

① 按瀑布跌落方式分为:直瀑、分瀑、跌瀑、滑瀑。

② 按瀑布口的设计形式分:布瀑(瀑布的水像一片又宽又平的布一样飞落而下)、带瀑(从瀑布口落下的水流,组成一排水带整齐地落下)、线瀑(排线状的瀑布水流如同垂落的丝帘)。

(2) 明确瀑布的设计要点

① 筑造瀑布景观应师法自然,以自然的瀑布作为造景砌石的参考,来体现自然情趣。

② 设计前需先行勘查现场地形,以决定大小、比例及形式,并依此绘制平面图。

③ 瀑布设计有多种形式,筑造时要考虑水源的大小、景观主题,并依照岩石组合形式的不同进行合理的创新和变化。

④ 庭园属于平坦的地形时,瀑布不要设计得过高,以免看起来不自然。

⑤ 为节约用水,减少瀑布流水的损失,可装置循环水流系统,平时只需补充一些因蒸发而损失的水量。

⑥ 应用岩石及植栽隐蔽出水口,切忌露出塑胶水管,否则将破坏景观的自然性。

⑦ 岩石间的固定除用石与石互相咬合外,目前常以水泥强化其安全性,但应尽量以植栽掩

饰,以免破坏自然山水的意境。

（3）瀑布的结构设计　瀑布一般由背景、上游水源、落水口、瀑身、承水潭和溪流六部分构成（图4-6）。人工瀑布常以山体上的山石、树木组成浓郁的背景,上游积聚的水（或水泵动力提水）流至落水口,落水口也称瀑布口,其形状和光滑程度影响到瀑布水态,其水流量是瀑布设计的关键。瀑身是观赏的主体,落水后形成深潭经小溪流出。

（4）瀑布的细部设计　景观良好的瀑布具有以下特征:一是水流经过的地方常由坚硬扁平的岩石构成,瀑布边缘轮廓清晰可见,人工模仿的瀑布常设置各种主景石,如镜石、分流石、破滚石、承瀑石等;二是瀑布口多为结构紧密的岩石悬挑而出,俗称泻水石,水由落水口倾泻而下,水力巨大,泥沙、细石及松散物均被冲走;三是瀑布落水后接承水潭,潭周有被水冲蚀的岩石和散生湿生植物。

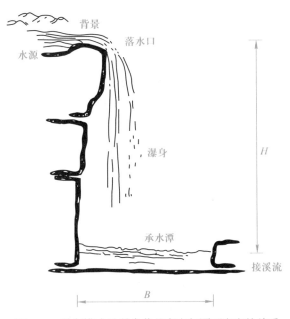

图4-6　瀑布模式及瀑身落差高度与潭面宽度的关系

（5）瀑布用水量设计　首先必须能够提供足够的水源。如果园址内有天然水源,可直接利用水位差供水。目前,人工瀑布多用水泵循环供水（图4-7）。

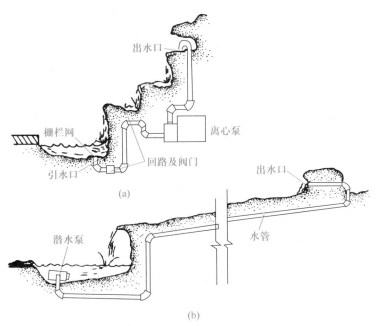

图4-7　水泵循环供水瀑布示意

瀑布要求较高的水质,因此一般都应配置过滤设备。

不论引用自然水源还是自来水,均应于出水口上端设立水槽储水。水槽设于假山上隐蔽的地方,水经过水槽,再由水槽中落下。

瀑布落水口的水流量是瀑布景观设计的关键,同一瀑布如果瀑身的水量不同就会营造出不同的气势。瀑布的用水标准可参考下表(表4-1)。

表4-1　瀑布用水量估算表

瀑布落水高度 /m	堰顶水膜厚度 /mm	用水量 /(m³·min⁻¹)	瀑布落水高度 /m	堰顶水膜厚度 /mm	用水量 /(m³·min⁻¹)
0.30	6	0.18	3.00	19	0.42
0.90	9	0.24	4.50	22	0.48
1.50	13	0.30	7.50	25	0.60
2.10	16	0.36	>7.50	32	0.72

也可根据瀑布用水量估算公式来进行计算:

$$Q = K \times B \times H^{3/2}$$

$$K(系数) = 107.1 + 0.177/H + 14.22H/D$$

Q——用水量(m^3/min);

B——全堰幅宽(m);

H——堰顶水膜厚度(m);

D——贮水槽深(m)。

(6)瀑布出水口的设计　常见的瀑布堰口材料多为混凝土或天然石材,但是这些材料的缺点是很难把堰口做得平整、光滑,造成塑造瀑布时影响景观质量。因此,常采用以下的措施来解决这一问题:

①将出水口处的山石做卷边处理;

②堰唇采用青铜或不锈钢制作,保证瀑布的水膜平整、光滑;

③适当增加堰顶水槽深度,来形成壮观的瀑布;

④在出水管口处设置挡水板,降低流速,将流速控制在0.9~1.2 m/s为宜,以消除紊流。

(7)瀑布承水潭设计　宽度至少应是瀑布高度的2/3,即$B=2/3H$(图4-6),以防水花溅出,且保证落水点为池的最深部位。如需安装照明设备,其基本水深应在30 cm左右。

(8)瀑身设计　凡瀑布流经的岩石缝隙都必须封死,以免泥土冲刷至潭中,影响瀑布水质。瀑身一般不宜采用白色材料作饰面,如白色花岗岩。利用料石或花砖铺砌墙体时,必须密封勾缝,避免墙体"起霜"。

2. 瀑布的施工

(1)现场放线　可参考小溪放线,但要注意落水口与承水潭的高程关系(用水准仪校对),同时要将落水口前的高位水池用石灰或沙子放出。如属掇山型瀑布,平面上应将掇山位置采用"宽打窄用"的方法放出外形,施工这类瀑布最好先按比例做出模型,以便施工时参考,还应注意循环供水线路的走向。

(2)基槽开挖　可采用人工开挖,挖方时要经常以施工图校对,避免过量挖方,保证各落水高程的正确。如瀑道为多层跌落方式,更应注意各层的基底设计坡面。承水潭的挖方参考水池施工。

(3)瀑道与承水潭施工　参考小溪溪道和水池的施工。图4-8是瀑布承水潭的常用结构。

(4)管线安装　对于埋地管可结合瀑道基础施工时同步进行。各连接管(露地部分)在浇捣混凝土1~2天后安装,出水口管段一般待山石堆掇完毕后再连接。

（5）瀑布装饰与试水　根据设计的要求对瀑道和承水潭进行必要的点缀,如种上卵石、水草,铺上净砂、散石,必要时安装上灯光系统。瀑布的试水与小溪相同。

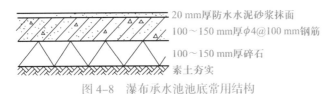

20 mm厚防水水泥砂浆抹面
100～150 mm厚φ4@100 mm钢筋
100～150 mm厚碎石
素土夯实

图 4-8　瀑布承水池池底常用结构

4.1.2　学习任务单

工作任务	根据水景(瀑布、溪流)图纸,以组为单位,在实训工厂施工			
姓名		班级		学号

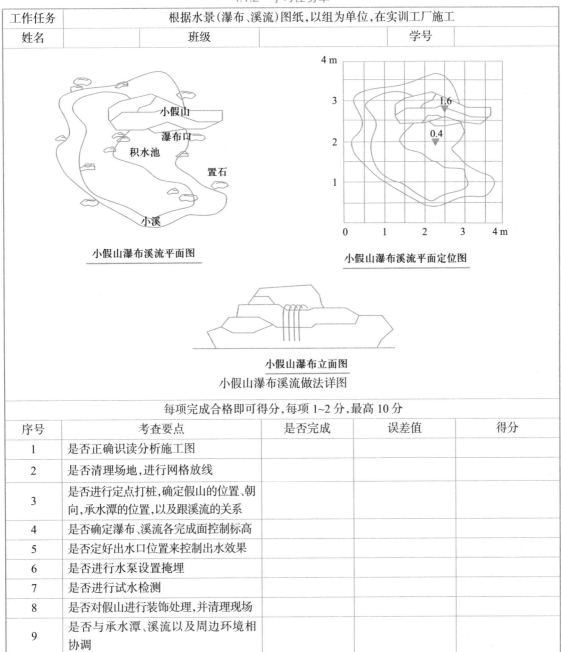

小假山瀑布溪流平面图

小假山瀑布溪流平面定位图

小假山瀑布立面图
小假山瀑布溪流做法详图

每项完成合格即可得分,每项1~2分,最高10分

序号	考查要点	是否完成	误差值	得分
1	是否正确识读分析施工图			
2	是否清理场地,进行网格放线			
3	是否进行定点打桩,确定假山的位置、朝向,承水潭的位置,以及跟溪流的关系			
4	是否确定瀑布、溪流各完成面控制标高			
5	是否定好出水口位置来控制出水效果			
6	是否进行水泵设置掩埋			
7	是否进行试水检测			
8	是否对假山进行装饰处理,并清理现场			
9	是否与承水潭、溪流以及周边环境相协调			

子项目二　驳岸、护坡

驳岸是一面临水的挡土墙,是支持陆地和防止岸壁坍塌的水工构筑物。园林驳岸也是园景的组成部分。在古典园林中,驳岸往往用自然山石砌筑,与假山、置石、花木相结合,共同组成园景。驳岸必须结合所处环境的艺术风格、地形地貌、地质条件、材料特性、种植特色以及施工方法、技术经济要求等来选择其结构形式,在实用、经济的前提下注意外形的美观,使其与周围景色协调。驳岸的作用如下:

1. 驳岸用来维系陆地与水面的界限,使其保持一定的比例关系

驳岸是正面临水的挡土墙,用来支撑墙后的土地。如果水际边缘不做驳岸处理,就很容易因为水的浮托、冻胀或风浪淘蚀而使岸壁塌陷,导致陆地后退,岸线变形,影响园林景观。

2. 驳岸能保证水体岸坡不受冲刷

通常水体岸坡受水冲刷的程度取决于水面的大小、水位高低、风速及岸土的密实度等。当这些因素达到一定程度时,如水体岸坡不做工程处理,岸坡将失去稳定,而造成破坏。因而,要沿岸线设计驳岸以保证水体坡岸不受冲刷。

3. 驳岸可强化岸线的景观层次

驳岸除支撑和防冲刷作用外,还可通过不同的形式处理,增加驳岸的变化,丰富水景的立面层次,增强景观的艺术效果。

任务1　驳岸设计

一、任务分析

驳岸设计

图4-9表明驳岸的水位关系。由图可见,驳岸可分为低水位以下部分、常水位至低水位部分、常水位与高水位之间部分和高水位以上部分。

高水位以上部分是不淹没部分,主要受风浪撞击和淘刷、日晒风化或超重荷载,致使下部坍塌,造成岸坡损坏。

常水位至高水位部分(B~A)属周期性淹没部分,多受风浪拍击和周期性冲刷,使水岸土壤遭冲刷,淤积水中,损坏岸线,影响景观。

常水位到低水位部分(B~C)是常年被淹部分,其主要是湖水浸渗冻胀,剪力破坏,风浪淘刷。我国北方地区因冬季结冰,常造成岸壁断裂或移位。有时因波浪淘刷,土壤被淘空后导致坍塌。

驳岸湖底以下基础部分的破坏原因包括:

(1)由于湖底地基强度和岸顶荷载不一而造成不均匀的沉陷,使驳岸出现纵向裂缝甚至局部塌陷。

(2)在寒冷地区水深不大的情况下,可能由于冻胀

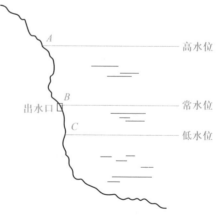

图4-9　驳岸的水位关系

而引起基础变形。

（3）木桩做的桩基则因受腐蚀或水底一些动物的破坏而朽烂。

（4）在地下水位高的地区会产生浮托力，影响基础的稳定。

湖底地基部分直接坐落在不透水的坚实地基上最为理想。

对于破坏驳岸的主要因素有所了解以后，再结合具体情况可以作出防止和减少破坏的措施。

二、实践操作

1. 确定驳岸岸顶高程

岸顶高程应比最高水位高出一段，以保证水不致因浪激而翻上岸边地面，因此高出多少要根据当地风浪拍击驳岸的实际情况制定。湖面广阔、风大的地方应高出多一些，湖面窄狭而又有挡风地形条件的可高出少一些，一般的高出 25 cm 至 1 m。从造景的角度讲，深潭和浅水面的要求不一样，一般情况下驳岸以贴近水面为好。在水面积大、地下水位高、岸边地形平坦的情况下，对于人流稀少的非主要地带可以考虑短时间被洪水淹没，以降低大面积垫土或增高驳岸造价。

驳岸的纵向坡度应根据原有地形条件和设计要求安排，不必强求平整，可随地形起伏。起伏过大的地方甚至可做成纵向阶梯。

2. 确定驳岸形式

根据实际情况和设计要求，选择合适的驳岸形式。

（1）按照驳岸的造型，驳岸有规则式、自然式和混合式三种。

① 规则式驳岸。规则式驳岸指用块石、砖、混凝土砌筑的几何形式的岸壁，如常见的重力式驳岸、半重力式驳岸、扶壁式驳岸等（图4-10）。规则式驳岸多属永久性的，要求较好的砌筑材料和较高的施工技术。

② 自然式驳岸。自然式驳岸是指外观较自然、有固定形状或规格的岸坡处理，如常用的假山石驳岸、卵石驳岸。这种驳岸系自然堆砌，景观效果好。

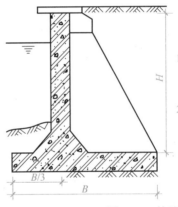

扶壁式驳岸构造要求：
1. 在水平荷重时B=0.45H；在超重荷载时B=0.65H；在水平又有道路荷载时B=0.75H
2. 墙面板、扶壁的厚度≥20～25 cm 底板厚度≥25 cm

图4-10 扶壁式

③ 混合式驳岸。混合式驳岸是规则式与自然式驳岸相结合的驳岸造型。一般为毛石岸墙，自然山石岸顶。混合式驳岸易于施工，具有一定装饰性，适用于地形许可，且有一定装饰要求的湖岸。

（2）按照驳岸的材料，驳岸分为砌石驳岸、桩基类驳岸、竹篱（板墙）驳岸、生态驳岸四种。

① 砌石驳岸。砌石驳岸是指在天然地基上直接砌筑的驳岸，埋设深度不大，但基址坚实、稳固。如块石驳岸中的虎皮石驳岸、条石驳岸、假山石驳岸等。此类驳岸的选择应根据基址条件和水景景观要求确定，既可处理成规则式，也可做成自然式（图4-11、图4-12）。

② 桩基类驳岸。桩基是我国古老的水工基础做法，在水利建设中得到广泛应用，直至现在仍是常用的一种水工地基处理手法。当地基表面为松土层且下层为坚实土层或基岩时，最宜用桩基。其特点是：基岩或坚实上层位于松土层下，桩尖打下去，通过桩尖将上部荷载传给下面的基岩或坚实土层；若桩打不到基岩，则利用摩擦桩，借摩擦桩侧表面与泥土间的摩擦力将荷载传

到周围的土层中,以达到控制沉陷的目的。

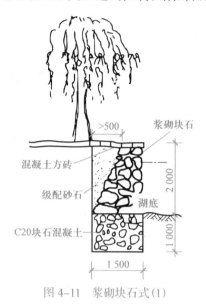

图 4-11　浆砌块石式(1)

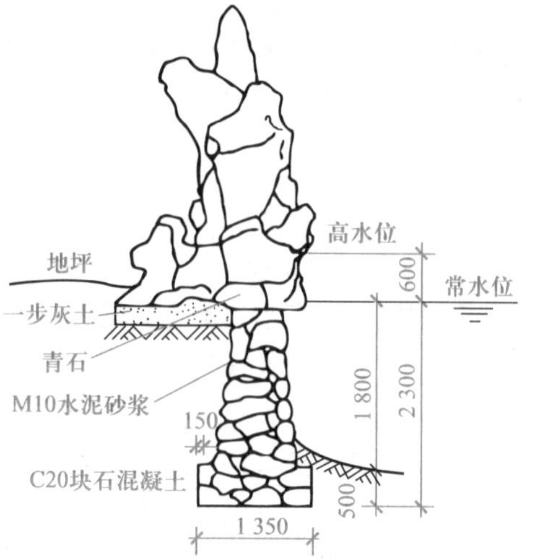

图 4-12　浆砌块石式(2)

图 4-13 是桩基驳岸结构示意,它由桩基、卡挡石、盖桩石、混凝土基础、墙身和压顶等几部分组成。卡挡石是桩间填充的石块,起保持木桩稳定作用。盖桩石为桩顶浆砌条石,作用是找平桩顶以便浇灌混凝土基础。基础以上部分与砌石类驳岸相同。

③ 竹篱(板墙)驳岸。驳岸打桩后,基础上部临水面墙身由竹篱(片)或板片镶嵌而成,适于临时性驳岸。竹篱驳岸造价低廉、取材容易、施工简单、工期短,能使用一定年限。凡盛产竹子,如毛竹、大头竹的地方都可采用。施工时,竹桩、竹篱要涂上一层柏油,目的是防腐。竹桩顶端由竹节处截断以防雨水积聚,竹片镶嵌直顺、紧密、牢固(图4-14 和图 4-15)。

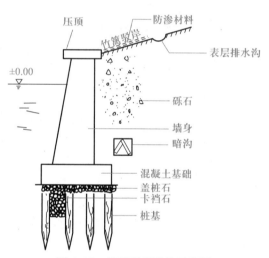

图 4-13　桩基驳岸结构示意图

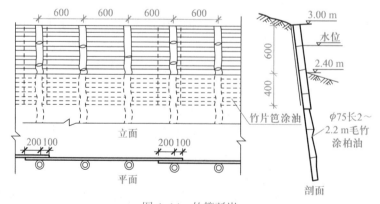

图 4-14　竹篱驳岸

由于竹篱缝很难做得密实,因此这种驳岸不耐风浪冲击、淘刷和游船撞击,岸上很容易被风浪淘刷,造成岸篱分开,最终失去护岸功能。因此,此类驳岸适用于风浪小、岸壁要求不高、土壤较黏的临时性护岸地段。

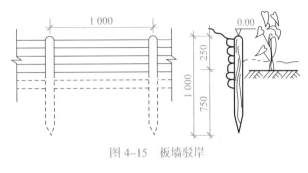

图4-15　板墙驳岸

④ 生态驳岸。生态驳岸是指运用植物、土木工程等相结合,对河道坡面进行防护,具备水文交换的调节功能,并具有景观效果的护岸形式。

生态驳岸包括自然式生态驳岸和有机材料式生态驳岸(图4-16和图4-17)。自然式生态驳岸是采用自然的块石堆砌,或有植被的缓坡驳岸,以减少水流对土壤的侵蚀。有机材料式生态驳岸主要是用树桩、扦插树枝、草袋等可降解或者可再生的材料辅助护坡,再通过植物生长出的根系稳固岸线。

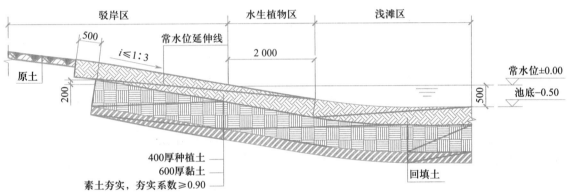

图4-16　自然式生态驳岸

生态驳岸上的植被深根有锚固土壤的作用,浅根具有加筋的作用,因此会稳固驳岸。植被、块石、渗滤砌块和有机材料的驳岸都会降低坡体水压力,截流降雨,控制土粒流失。生态驳岸设计不合理会影响植物的种植和生长,也会影响边坡的稳定性。坡度一般不能大于1:3。常水位附近区域的坡度要更小,因为降雨频繁时,这一区域会被淹没,降雨过后水位又要缓慢下降,水面的起伏和小浪都会影响边坡的稳定性。坡度根据土质和护坡来具体设计。

生态驳岸可以与生态塘、人工湿地和生态岛等驳岸结合设计。主要用植被、自然块石和有机材料来进行设计,其结构形式有块石堆砌、金属石笼、渗滤砌块、扦插柳条、树桩、草袋等。自然块石和金属石笼等硬度较高,能经受较强水流的冲蚀,保证驳岸的稳定安全。这些材料、构件组成的驳岸具有许多空隙和缝隙,有利于植物根系生长,并成为水陆间生态流的交换通道,又为水生动物提供了栖居空间。

3. 驳岸的结构设计

驳岸的常见构造,由基础、墙身和压顶三部分组成(图4-18)。

(1)基础　基础是驳岸承重部分,通过它将上部重量传给地基。因此,驳岸基础要求坚固,埋入湖底深度不得小于50 cm,基础宽度则视土壤情况而定,砂砾土为(0.35~0.4)h,砂壤上为0.45h,

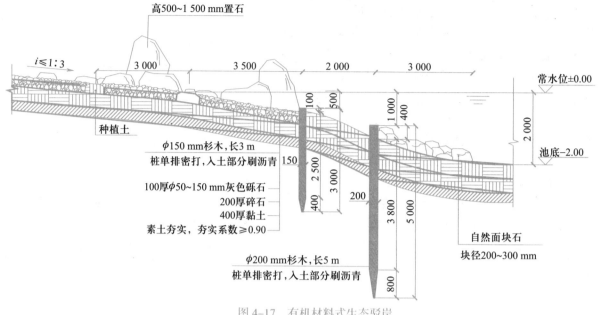

图 4-17 有机材料式生态驳岸

湿砂土为 $(0.5 \sim 0.6)h$，饱和土壤上为 $0.75h$。

（2）墙身 墙身处于基础与压顶之间，承受压力最大，包括垂直压力、水的水平压力及墙后土壤侧压力。因此，墙身应具有一定的厚度，墙体高度要以最高水位和水面浪高来确定。

（3）压顶 压顶应以贴近水面为好，便于游人亲近水面，并显得蓄水丰盈饱满。压顶为驳岸最上部分，宽度 30~50 cm，用混凝土或大块石做成。其作用是增强驳岸稳定，美化水岸线，阻止墙后土壤流失。图 4-19 是重力式驳岸结构尺寸图，与表 4-2 配合使用。

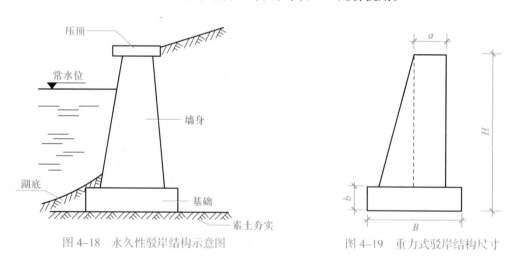

图 4-18 永久性驳岸结构示意图   图 4-19 重力式驳岸结构尺寸

整形式块石驳岸迎水面常采用 1:10 边坡。

如果水体水位变化较大，即雨季水位很高，平时水位很低，为了岸线景观可将岸壁迎水面做成台阶状，以适应水位的升降。

表 4-2　常见块石驳岸选用表

h	a	B	b
100	30	40	30
200	50	80	30
250	60	100	50
300	60	120	50
350	60	140	70
400	60	160	70
500	60	200	70

三、实践示例

砌石类驳岸结构做法见图 4-20 至图 4-24。

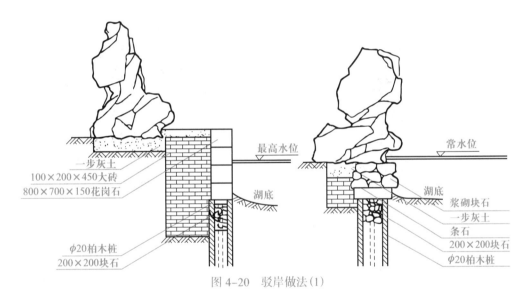

图 4-20　驳岸做法 (1)

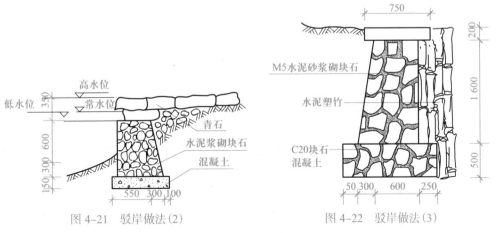

图 4-21　驳岸做法 (2)

图 4-22　驳岸做法 (3)

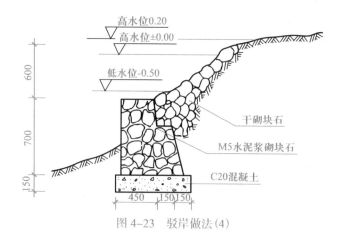

图 4-23　驳岸做法(4)

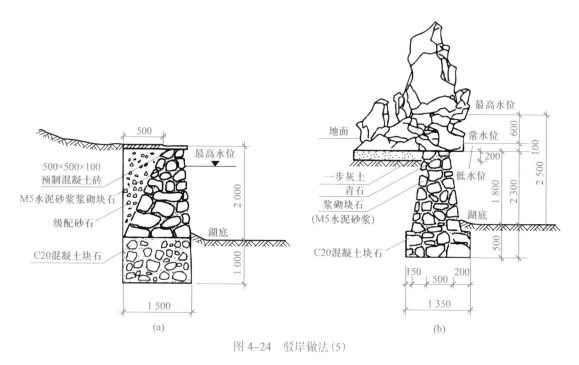

图 4-24　驳岸做法(5)

任务 2　驳 岸 施 工

一、任务分析

虚拟实训:
江苏园驳岸
施工

驳岸施工前应进行现场调查,了解岸线地质及有关情况,作为施工时的参考。常见的驳岸构造名称如下:

压顶——驳岸之顶端结构,如盖帽压顶,一般用 C15 混凝土,常用尺寸 300 mm×700 mm。

岸线——压顶外边线。

墙身——重力式驳岸主体,材料不同,名称常不同。

基础——驳岸的底层结构,厚度常用 300~400 mm,宽度为高度的 0.6~0.8 倍。

垫层——基础的下层,常用材料如道渣、碎石、碎砖,起整平地坪,保证基础与土壤均匀接触作用。

基础桩——增加驳岸的稳定性,防止驳岸滑动或倒塌的有效措施,同时也兼起加强土基的承载能力作用。

沉降缝——由于墙身不等高,墙后土压力、地基沉降不均匀等变化差异时所必须考虑设置的断裂缝。

伸缩缝——避免因凝缩结硬和湿度、温度的变化所引起的破裂而设置的缝道。一般 10~25 m 设置一道,宽度约 20 mm,有时也兼作沉降缝用。

泄水孔——为排除地面渗入水或地下水在墙后滞留,应考虑设置泄水孔,其分布可作等距离布置,平均 3~5 m 处可设置一个,驳岸墙后的泄水孔处需设倒滤层以防止阻塞。

二、实践操作

1. 放空湖水
驳岸施工前,一般应放空湖水,以便于施工。

2. 放线
布点放线应依据设计图上的常水位线,确定驳岸的平面位置,并在基础两侧各加宽 20 cm 放线。

3. 挖槽
一般由人工开挖,工程量较大时采用机械开挖。为了保证施工安全,对需要放坡的地段,应根据规定进行放坡。

4. 夯实地基
开槽后应将地基夯实,遇土层软弱时需进行加固处理。

5. 浇筑基础
一般为块石混凝土,浇筑时应将块石分隔,不得互相靠紧,也不得置于边缘。

6. 砌筑岸墙
浆砌块石岸墙的墙面应平整、美观,砌筑砂浆饱满,勾缝严密。每隔 10~25 m 做伸缩缝,缝宽 20 mm,可用板条、沥青、石棉绳、橡胶、止水带或塑料等防水材料填充。填充时应略低于砌石墙面,缝用水泥砂浆勾满。如果驳岸有高差变化,则应做沉降缝,确保驳岸稳固。驳岸墙体应预留泄水孔,口径为 120 mm × 120 mm,便于排除墙后积水,保护墙体。也可于墙后设置暗沟,填置砂石排除积水。如图 4-25。

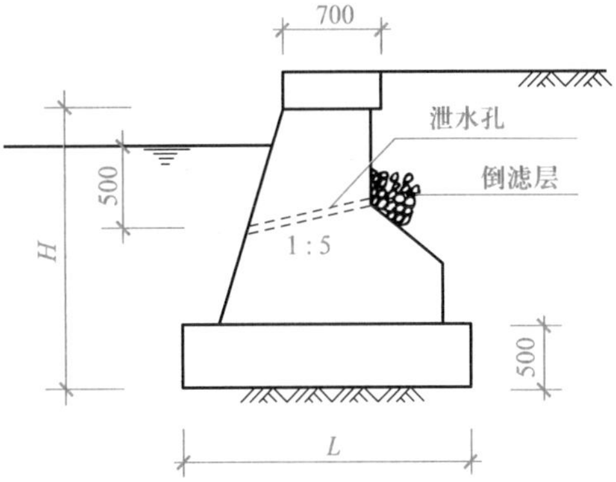

图 4-25　岸坡墙孔后的倒滤层

7. 砌筑压顶
可采用预制混凝土板块压顶,也可采用大块方整石压顶。顶石应向水中至少挑出 5~6 cm,并使顶面高出最高水位 50 cm 为宜。

新挖湖池应在蓄水之前进行驳岸施工。属于城市排洪河道、蓄洪湖泊的水体,可分段围堵截流,排空作业现场围堰以内的水。选择枯水期施工,如枯水位距施工现场较远,当然也就不必放空湖水再施工。驳岸采用灰土基础时,以干旱季节施工为宜,否则会影响灰土的凝结。浆砌块石施工中,砌筑要密实,要尽量减少缝穴,缝中灌浆务必饱满。浆砌块石缝应控制在 2~3 cm,勾缝可稍高于石面。

任务 3 护坡设计与施工

一、任务分析

护坡设计与施工

护坡在园林工程中应用广泛,原因在于水体的自然缓坡能产生自然、亲水的效果。护坡设计应依据坡岸透视效果、水岸地质状况和水流冲刷程度而定。目前常见的方法有铺石护坡、灌木护坡和草皮护坡。

二、实践操作

1. 铺石护坡

当坡岸较陡,风浪较大或因造景需要时,可采用铺石护坡,如图 4-26 所示。铺石护坡由于施工容易,抗冲刷力强,经久耐用,护岸效果好,还能因地造景,是园林常见的护坡形式。

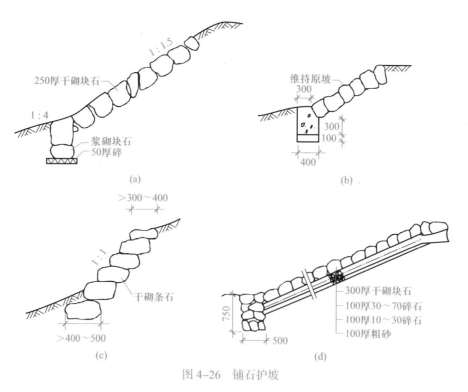

图 4-26 铺石护坡

护坡石料要求吸水率低(不超过 1%)、密度大(大于 2 t/m³)、具有较强的抗冻性,如石灰岩、砂岩、花岗石等岩石,以块径 18~25 cm、长宽比 1:2 的长方形石料最佳。

铺石护坡的坡面应根据水位和土壤状况确定,一般常水位以下部分坡面的坡度小于 1:4,常水位以上部分采用 1:1.5。

施工方法如下:首先把坡岸平整好,并在最下部挖一条梯形沟槽,槽沟宽40~50 cm,深50~60 cm。铺石以前先将垫层铺好,垫层的卵石或碎石要求大小一致,厚度均匀,铺石时由下至上铺设。下部要选用大块的石料,以增加护坡的稳定性。铺时石块摆成丁字形,与岸坡平行,一行一行往上铺,石块与石块之间要紧密相贴,如有突出的棱角,应用铁锤将其敲掉。稍后检查一下质量,即当人在铺石上行走时铺石是否移动。如果不移动,则施工质量合乎要求。下一步就是用碎石嵌补铺石缝隙,再将铺石填实即成。

2. 灌木护坡

灌木护坡较适于大水面周围的平缓坡岸。由于灌木有韧性,根系盘结,不怕水淹,能削弱风浪冲击力,减少地表冲刷,因而护岸效果较好。护坡灌木要具备速生、根系发达、耐水湿、株矮、常绿等特点,可选择沼生植物护坡。施工时可直播,可植苗,但要求较大的种植密度(图4-27)。若因景观需要,强化天际线变化,可适量种植乔木。

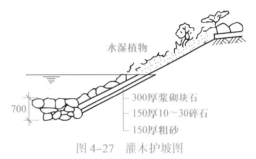

图4-27 灌木护坡图

3. 草皮护坡

草皮护坡适于坡度在1:5~1:20之间的湖岸缓坡。护坡草种要求耐水湿、根系发达、生长快、生存力强,如假俭草、狗牙根等。护坡做法按坡面具体条件而定,如果原坡面有杂草生长,可直接利用杂草护坡,但要求美观。也有直接在坡面上播草种,加盖塑料薄膜,或如图4-28所示,先在正方砖、六角砖上种草,然后用竹签四角固定作护坡。最为常见的是块状或带状种草护坡,铺草时沿坡面自下而上成网状铺草,用木方条分隔固定,稍加压踩。若要增加景观层次,丰富地貌,加强透视感,可在草地散置山石,配以花灌木。

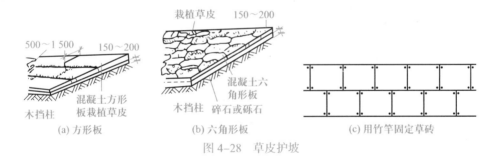

图4-28 草皮护坡

4. 多孔结构护坡

利用多孔砖进行植草的一种护坡,这种具有连续贯穿的多孔结构,为动植物提供了良好的生存空间和栖息场所,可在水陆之间进行能量交换,是一种具有"呼吸功能"的护岸。同时,植物根系的盘根交织与坡体有机融为一体,形成了对基础坡体的锚固作用,具有透气、透水、保土、固坡的效果。常见形式有六棱网格砖、八字砖、铰链式植草砖。

主要工艺流程包括测量放线→坡面开挖→护脚施工→反滤层施工→铺设土工布→铺设砖块→压顶施工→植草养护。

施工要点及要求包括:

①土工布铺设应自下而上进行,坡顶、坡脚应以锚固沟或其他可靠方法固定,防止其滑动;

② 每次铺设土工布的范围以能及时铺贴多孔砖块为原则,禁止铺设好土工布以后,长时间不覆盖而使土工布受阳光直接照射,致其老化;

③ 人工砌筑多孔砖,应严格按照设计要求自下而上码砌,要求整齐、顺直、无凹凸不平现象。铺砌过程,应随时检查缝格的顺直和砖面面层的平整度,减少误差;

④ 采用联锁式植草砖铺设时,要使每一块砖块被相邻的六块锁住,从而达到稳固的目的;

⑤ 铰链式绳索的取材由块体的大小、铺面长度和施工现场条件决定(5~15 mm 的聚酯缆绳、镀锌或不锈钢索连接);

⑥ 铰链式吊装前应先进行试吊,检查吊机及链体是否满足安全吊装的要求;

⑦ 铰链式安装前,应先在坡顶及坡脚挖好锚固沟,深度及宽度满足设计要求;

⑧ 铰链式采用水下作业时,坡脚可采用"抛石压脚"的方式进行护脚。

4.2.1 学习任务单

工作任务	根据该驳岸的平面图、立面图,绘制该驳岸 3-3 剖面图				
姓名		班级		学号	

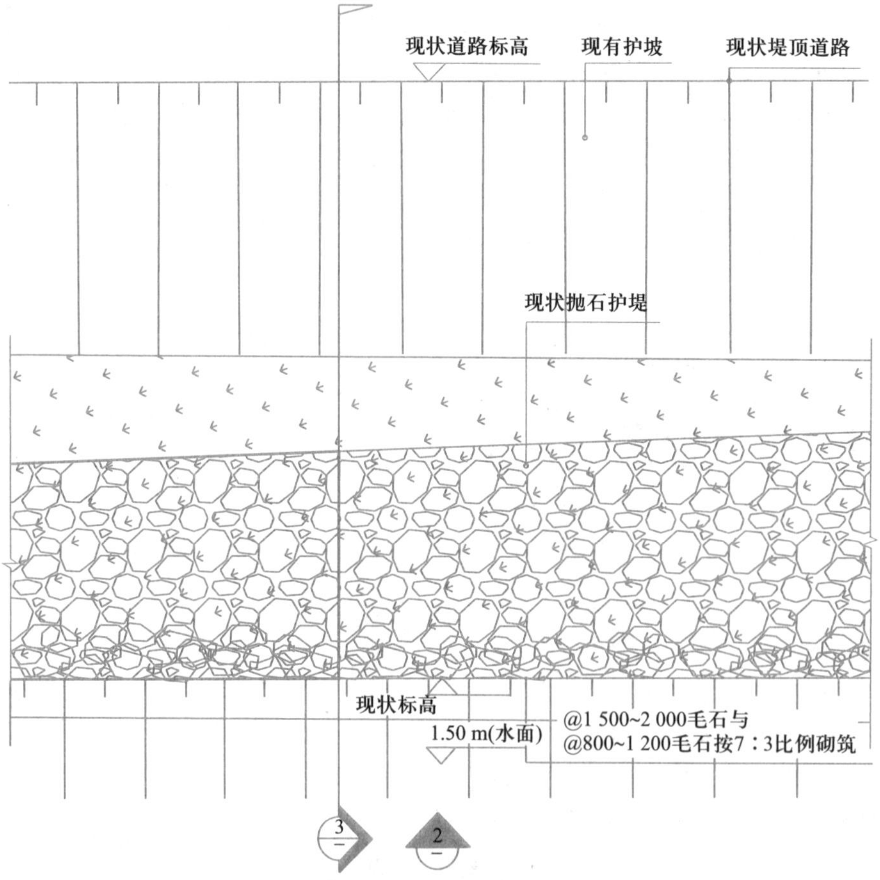

① 驳岸四做法平面图 1:100

现状道路标高　　现有护坡　　现状堤顶道路

现状抛石护堤

现状标高
1.50 m(水面)

@1 500~2 000毛石与
@800~1 200毛石按7:3比例砌筑

③　②

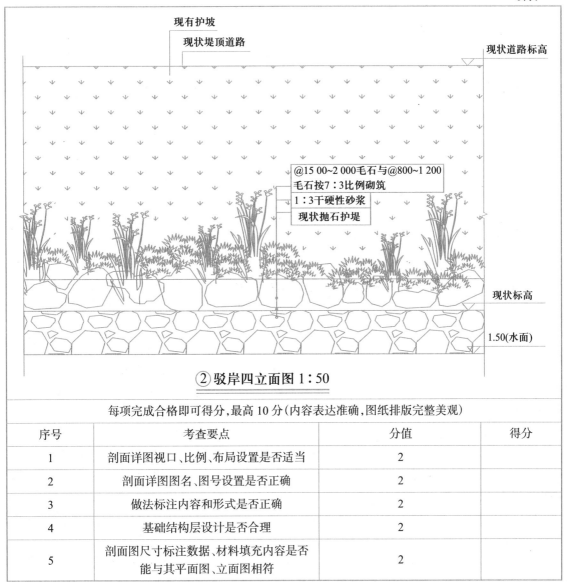

现有护坡
现状堤顶道路
现状道路标高

@15 00~2 000毛石与@800~1 200
毛石按7∶3比例砌筑
1∶3干硬性砂浆
现状抛石护堤

现状标高

1.50(水面)

② 驳岸四立面图 1∶50

每项完成合格即可得分,最高 10 分(内容表达准确,图纸排版完整美观)

序号	考查要点	分值	得分
1	剖面详图视口、比例、布局设置是否适当	2	
2	剖面详图图名、图号设置是否正确	2	
3	做法标注内容和形式是否正确	2	
4	基础结构层设计是否合理	2	
5	剖面图尺寸标注数据、材料填充内容是否能与其平面图、立面图相符	2	

子项目三　水　　池

任务 1　水池的设计

一、任务分析

池是静态水体,园林中常以人工池出现,与人工湖有较大的不同。人工池形式多样,可由设计者任意发挥。一般而言,池的面积较小,岸线变化丰富且具有装饰性;水较浅,不

水池设计

能开展水上活动,以观赏为主,常配以雕塑、喷水、花坛等。池可分为自然式水池、规则式水池和混合式水池三种。现代园林中的流线型、抽象式水池更为活泼、生动、富于想象。

二、实践操作

水池设计包括平面设计、立面设计、剖面结构设计、管线安装等。

1. 平面设计

水池的平面设计要求表现的内容一般包括以下:平面位置和放线尺寸;水池与周围环境、建筑物、地上地下管线的距离;周围地形标高与池岸标高;池岸岸顶标高、岸底标高;池底转折点、池底中心以及池底的标高、排水方向;进水口、排水口、溢水口的位置、标高;泵房、泵坑的位置、标高;喷头、种植池的平面位置和所取剖面的位置。

2. 立面设计

水池的立面处理要反映立面的高度和变化,水池池壁顶面与附近地面高差不宜太大。让人可坐在池边,要考虑人蹲坐的尺度要求。池壁顶有平顶的,有中间折拱或曲拱的,也有向水池里一面倾斜的。水池与池面相接部分可以作凹进和线条变化,立面图上还可以反映喷水的立面景观。

3. 剖面结构设计

水池的剖面结构应从地基至池壁顶注明各层的材料和施工要求。剖面应有足够的代表性。如一个剖面不足以反映时,可增加剖面。剖面图要求表现的内容一般包括如下:池岸、池底以及进水口高程;池岸池底结构、表层(防护层)、防水层、基础做法;池岸与山石、绿地、树木结合部的做法;池底种植水生植物的做法。

4. 管线安装和各单项土建工程

土建工程主要包括泵房、泵坑的结构;给排水、电气管线布置等。水池中由于需要保持水面的相对稳定,以保证最佳的景观效果,其水位通常是由进水管、泄水管和溢水管来进行控制,水管安装可以采用以下形式:

(1) 进水管与喷水管相结合　水池通过喷泉的喷水而起到进水的目的,溢水管可装在池壁,以控制水位升高。

(2) 进水管与跌水或瀑布相结合　通过跌水或瀑布跌入池中从而起到进水的目的。溢水管可结合山石,隐于山石之中,既可控制水池常水位的高程,又不破坏景观。

5. 水池设计要点

人工池通常是园林局部构图中心。一般可用作广场中心、道路尽端以及和亭、廊、花架、花坛组合形成独特的景观。位于广场中心的水池体量必须和广场的体量相称,外形轮廓大致和广场外轮廓取得统一。附属于建筑的水池大多被花架、廊所环绕,在外形轮廓上随建筑变化。不论规则式或自然式的水池都力求造型简洁大方。水池布置要因地制宜,充分考虑园址现状,其位置应在园中较为醒目的地方,使其融于环境中。

要注意池岸设计,做到开合有致、聚散得体。如配置于草坪或规则铺装中的水池,极讲究流线艺术,池底要求较为明快的铺饰或自然的卵石拉底;池岸色彩简洁宜人,池中多用小汀步,有时还需配喷水、灯光等。

有时要在池内养鱼或种植花草。这时应根据植物生长的特性来确定池水深度,所选的植物也不宜过多。如原池水太深,又要种植物时,应先将植物种植在种植箱内或盆中,并在池底砌砖或垫石为基座,再将种植盆移至基座上。图4-29是水生植物种植池,供参考。

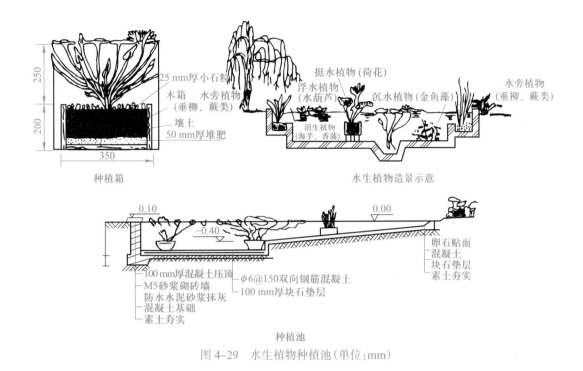

图 4-29　水生植物种植池(单位:mm)

任务 2　刚性水池施工

一、任务分析

水池的结构主要包括基础、池底、池壁以及进水管、泄水管、溢水管等相关的管线几个部分。目前,园林景观人工水池从结构上可分为刚性结构水池、柔性结构水池和临时简易水池三种。具体可根据功能的需要适当选用。

刚性结构水池也称钢筋混凝土水池(图4-30)。其特点是池底、池壁均配钢筋,因此寿命长、防漏性好,适用于大部分水池。钢筋混凝土水池的施工过程可分为:材料准备—池基开挖—池底施工—浇注混凝土池壁—混凝土抹灰—试水等。

二、实践操作

1. 材料准备

基础与池底:水泥1份,细沙2份,粒料4份,所配的混凝土型号为C20。

池底与池壁:水泥1份,细沙2份,0.6~2.5 cm粒料3份,所配的混凝土型号为C15。

防水层:防水剂3份,或其他防水卷材。

添加剂:混凝土中有时需要加入适量添加剂,常见的有U形混凝土膨胀剂、加气剂、氯化钙促凝剂、缓凝剂、着色剂等。

虚拟实训:
江苏园刚性
水池施工

子项目三　水池 ／ 135

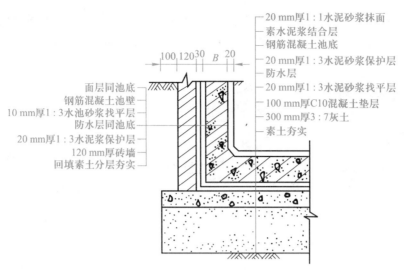

图 4-30　刚性结构水池做法(单位:mm)

池底、池壁必须采用 425 号以上普通硅酸盐水泥,水灰比 ≤ 0.55;粒料直径不得大于 40 mm、吸水率不大于 1.5%;混凝土抹灰和砌砖抹灰用 325 号水泥或 425 号水泥。

2. 场地放线

根据设计图纸定点放线。放线时,水池的外轮廓应包括池壁厚度。为使施工方便,池外沿各边加宽 50 cm,用石灰或黄沙放出起挖线,每隔 5~10 m(视水池大小)打一小木桩,并标记清楚。方形(含长方形)水池,直角处要校正,并至少打三个桩;圆形水池,应先定出水池的中心点,再用线绳(足够长)以该点为圆心,水池宽的一半为半径(注意池壁厚度)画圆,石灰标明,即可放出圆形轮廓。

3. 池基开挖

根据现场施工条件确定挖方方法,可用人工挖方,也可人工结合机械挖方。开挖时一定要考虑池底和池壁的厚度。如为下沉式水池,应做好池壁的保护。挖至设计标高后,池底应整平并夯实,再铺上一层碎石、碎砖作为底座。如果池底设置有沉泥池,应结合池底开挖同时施工。

池基挖方会遇到排水问题,工程中常用基坑排水,这是既经济又简易的排水方法。此法是沿池基边挖成临时性排水沟,并每隔一定距离在池基外侧设置集水井,再通过人工或机械抽水排走,以确保施工顺利进行。

4. 池底施工

池底现浇混凝土要在一天内完成,必须一次浇注完毕。先在池基上浇铺一层 5~15 cm 厚的混凝土浆作为垫层,用平板振荡器夯实,保养 1~2 天后,在垫层面测定池底中心,再根据设计尺寸放线定出柱基及池底边线,画出钢筋布线,依线绑扎钢筋,紧接着安装柱基和池底外围的模板。钢筋的绑扎要符合配筋设计要求,上下层钢筋要用铁撑加以固定,使之在浇捣过程中不产生位移。

混凝土的厚度根据气候条件而定:一般温暖地区 10~15 cm 厚,北方寒冷地区以 30~38 cm 为好。池底浇注不能留施工缝,施工间歇时间也不得超过混凝土的初凝时间,在混凝土初凝前要压实抹光池底表面。如混凝土在浇灌前产生初凝或离析现象,应在现场拌板上进行二次搅拌,方可入模浇捣。混凝土厚在 20 cm 以下的可用平板振动器,厚度较厚的一般用插入式振动器捣实。

为使池底与池壁紧密连接,池底与池壁连接处的施工缝可设置在基础上口 20 cm 处(图 4-31)。施工缝可留成台阶形,也可加金属止水片或遇水膨胀胶带。

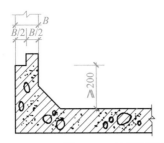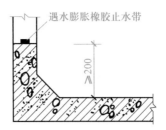

图 4-31 池底与池壁连接处施工缝做法图

5. 浇注混凝土池壁

浇注混凝土池壁须用木模板定型,木模板要用横条固定,并要有稳定的承重强度。浇注时,要趁池底混凝土未干时,用硬刷将边缘拉毛,使池底与池壁结合得更好。池底边缘处的钢筋要向上弯起凸入与池壁结合部,弯入的长度应大于 30 cm,这种钢筋能最大限度地增强池底与池壁结合部的强度。

钢筋的绑扎,要预先准备好钢筋绑扎的工具,如铅丝钩、小扳手、撬杠、绑扎架、折尺、色笔及 20~22 号铁丝(镀锌铁丝)等,并认真校对施工图,再根据施工图画出钢筋安装位置线。若钢筋品种较多,要在安装好的模板上标明各种型号的钢筋规格、形状和数量。

绑扎池壁钢筋时,要让箍筋的接头交叉错排,垂直放置,箍头转角与竖向钢筋交叉点必须扎牢。绑扎箍筋时,铁线扣要相互成八字形绑扎,竖向钢筋的弯钩应朝向混凝土内。使用双层钢筋网时,要在两层钢筋之间设置撑铁(钩)来固定钢筋的间距。绑扎钢筋网时,四周两行钢筋交叉点要扎牢,中间部分每隔一根相互成梅花式绑扎。

固定模板用的铁丝和螺栓不宜直接穿过壁池。当螺栓或套管必须穿过壁池时,应采取止水防漏措施,可焊接止水环。长度在 25 m 以上的水池应设变形缝和伸缩缝。

浇注混凝土池壁要连续施工。浇注时,要用木槌将混凝土浆捣实,不留施工缝。混凝土凝结后,应立即进行养护,并充分保持湿润,养护时间不得少于两周。拆模时池壁表面温度与周围气温不得超过 15℃。

6. 防水层

刚性结构水池防水层做法可根据水池结构形式和现场条件来确定。为确保水池不渗漏,常采用防水混凝土与防水砂浆结合的施工方法。防水混凝土是用 425 号硅酸盐水泥、中砂、卵石(粒径小于 40 mm,吸水率小于 1.5%)、U.E.A 膨胀剂和水经搅拌而成的混凝土。防水砂浆则是用 325 号普通硅酸盐水泥、砂(直径小于 3 mm,含泥量小于 3%)、外加剂(如素磺酸钙减水剂、有机硅防水剂、水玻璃矾类促凝剂等)按一定比例(水泥:砂为 1:1~1:3)混合而成。

水池内还必须安装各种管道,这些管道需通过池壁(见喷水池结构),因此务必采取有效措施防漏。管道的安装要结合池壁施工同时进行。在穿过池壁之处要预埋套管,套管上加焊止水环,止水环应与套管满焊严密。安装时先将管道穿过预埋套管,然后一端用封口钢板将套管和管道焊牢,再从另一端将套管与管道之间的缝隙用防水油膏等材料填充后,用封口钢板封堵严密。

7. 压顶

做成有沿口的压顶,可以减少水花向上溅溢,并能使波动的水面快速平衡下来,形成镜面倒影。如做成无沿口的压顶,则会形成浪花四溅,有强烈的动感。其他做法均可根据需要选择(图 4-32)。

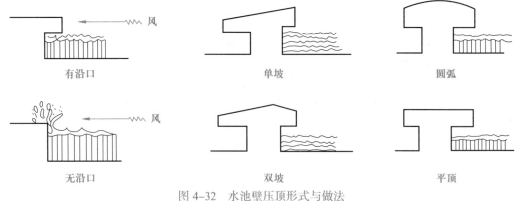

有沿口　　　　　单坡　　　　　圆弧

无沿口　　　　　双坡　　　　　平顶

图 4-32　水池壁压顶形式与做法

8. 混凝土抹灰

混凝土抹灰在混凝土结构水池施工中是一道十分重要的工序,它能使池面平滑,易于养护。抹灰前应先将池内壁表面凿毛,不平处要铲平,并用水清洗干净。

抹灰的灰浆要用 325 号(或 425 号)普通水泥配制砂浆,配合比 1:2。灰浆中可加入防水剂或防水粉,也可加些黑色颜料,使水池表面颜色更趋自然。抹灰一般在混凝土干后 1~2 天内进行。抹灰时,可在混凝土墙面上刷上一层薄水泥纯浆,以增加黏结力。通常先抹一层底层砂浆,厚度 5~10 mm;再抹第二层找平,厚度 5~12 mm;最后抹第三层压光,厚度 2~3 mm。池壁与池底结合处可适当加厚抹灰量,防止渗漏。如用水泥防水砂浆抹灰,可采用刚性多层防水层做法,此法要求在水池迎水面用五层交叉抹面作法(即每次抹灰方向相反),背水面用四层交叉抹面法。

9. 溢水口、泄水口的处理

目的是维持一定的水位和进行表面排污,保持水面清洁。

常用溢水口形式有堰口式、漏斗式、管口式、连通式等,可视实际情况选择,溢水口应设格栅。泄水口应设于水池池底最低处,并保持池底有不小于 1% 的坡度。

保养 1~2 天后,就可根据设计要求进行水池整个管网的安装,可与抹灰工序进行平行作业。

10. 试水

水池施工所有工序全部完成后,可以进行试水。试水的目的是检验水池结构的安全性及水池施工质量。试水时应先封闭排水孔。由池顶放水,一般要分几次进水,每次加水深度视具体情况而定。每次进水都应从水池四周观察记录,无特殊情况可继续灌水直至达到设计水位标高。达到设计水位标高后,要连续观察 7 天,做好水面升降记录。如果外表面无渗漏现象及水位无明显降落,说明水池施工合格。

11. 水池装饰

(1) 池底装饰　可根据水池的功能及观赏要求进行池底装饰,可直接利用原有土石或混凝土池底,再在其上选用深蓝色池底镶嵌材料,以加强水深效果。还可通过特意构图,镶嵌白色浮雕,以渲染水景气氛。

(2) 池面饰品　水池中可以布设小雕塑、卵石、汀步、跳水石、跌水台阶、石灯、石塔、小亭等,共同组景,使水池更具生活情趣的同时,也点缀了园景。

任务3 柔性水池施工

一、任务分析

近几年,随着新型建筑材料的出现,特别是各式各样的柔性衬垫薄膜材料的应用,水池出现了柔性结构,使水池的建造产生了新的飞跃。建造水池光靠加厚混凝土和加粗、加密钢筋网是不可取的,尤其对于北方地区水池的渗漏冻害,不如用柔性不渗水的材料做水池防水层为好。目前,在水池工程中使用的有玻璃布沥青席水池、三元乙丙橡胶(EPDM)薄膜水池、聚氯乙烯(PVC)衬垫薄膜水池、再生橡胶薄膜水池等。

二、实践操作

1. 玻璃布沥青席水池

施工这种水池前得先准备好沥青席。方法是以沥青0号：3号=2：1调配好,按调配好的沥青30%,石灰石矿粉70%的配比,且分别加热至100℃,再将矿粉加入沥青锅拌匀,把准备好的玻璃纤维布(孔目8 mm×8 mm或者10 mm×10 mm)放入锅内蘸匀后慢慢拉出,确保黏结在布上的沥青层厚度在2~3 mm,拉出后立即撒滑石粉,并用机械碾压密实,每块席长40 m左右。

施工时,先将水池土基夯实,铺300 mm厚3：7灰土保护层,再将沥青席铺在灰土层上,搭接长50~100 mm,同时用火焰喷灯焊牢,端部用大块石压紧,随即铺小碎石一层。最后在表层散铺150~200 mm厚卵石一层即可(图4-33)。

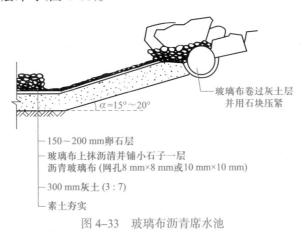

图4-33 玻璃布沥青席水池

2. 三元乙丙橡胶(EPDM)薄膜水池

EPDM薄膜类似于丁基橡胶,是一种黑色柔性橡胶膜,厚度为3~5 mm,能经受温度 -40~80℃,扯断强度 >7.35 N/mm²,使用寿命可达50年,施工方便自重轻,不漏水,特别适用于大型展览用临时水池和屋顶花园用水池。

建造EPDM薄膜水池,要注意衬垫薄膜与池底之间必须铺设一层保护垫层,材料可以是细砂(厚度 ≥ 5 cm)、废报纸、旧地毯或合成纤维。薄膜的需要量可视水池面积而定,不过要注意薄膜的宽度必须包括池沿,并保持在30 cm以上。铺设时,先在池底混凝土基层上均匀铺一层5 cm厚的沙子,并洒水使沙子湿润,然后在整个池中铺上保护材料,之后就可铺EPDM衬垫薄膜了。

注意薄膜四周至少多出池边 15 cm。如是屋顶花园水池或临时性水池，可直接在池底铺沙子和保护层，再铺 EPDM 即可（图 4-34）。油毛毡防水层（二毡三油）水池的结构和做法见图 4-35。

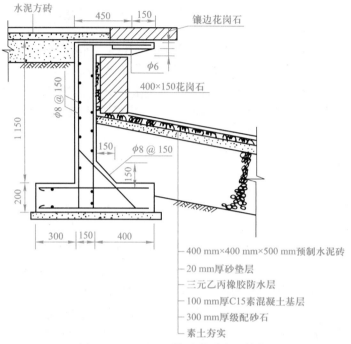

图 4-34　三元乙丙橡胶薄膜水池结构

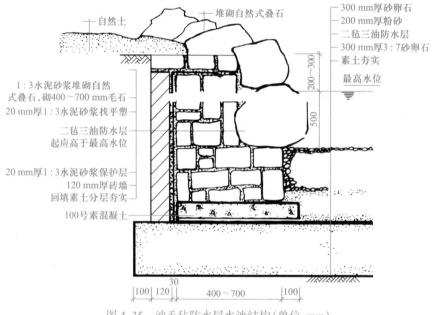

图 4-35　油毛毡防水层水池结构（单位：mm）

3. 临时水池的施工

在日常工作中有时会遇到一些临时水池施工，尤其是在节日、庆典期间。有时一些小型宾馆、饭店、影剧院等场所因某种需要也要用到临时水池。此类水池要求结构简单，安装方便，使用完毕后能随时拆除。当然建筑材料最好还能重复利用。

（1）池壁　如果水池铺设在硬质地面上，一般可以用角钢焊接水池池壁，也可采用红砖砌成池壁，还可用泡沫塑料制作池壁，其高度一般比设计水池的水深高 8~20 cm。

（2）池底　池底可先用深蓝色吹塑纸铺一层，再用塑料布将池底和池壁铺垫，并将塑料布反卷包住池壁外侧，用素土或其他重物固定。如水池较大，为确保不漏水，可采用几层塑料布铺设。为了防止地面的硬物刺穿塑料布，可在最底层铺上厚 20 mm 的聚苯板，或大幅牛皮纸保护层。

（3）装饰　水池的内侧池壁可以用树桩做成驳岸，也可用盆花遮挡，池底可视需要铺设 15~25 mm 的砂石或点缀少量卵石。必要时，为营造气氛，可在水池中安装小型喷泉与灯光系统。

还有一种临时水池，可用挖水池基坑的方法建造。方法是先根据设计的水池轮廓在地面上用粉笔或绳子勾画出水池边缘线。然后依据水池深度开挖土方，注意池壁必须压实，池顶要挖出埋设压顶的厚度。如果池底中要预留土墩来摆放盆花的，要留好土墩并拍实整平。基坑挖好后，便可铺装塑料布了。塑料布应至少有 15 cm 留在池缘，并用花岗石块或预制混凝土块将塑料布压紧，形成一个完整的压顶。如果水池内要安装喷泉、小瀑布及灯光系统，应将这些设备全部安装完毕后才可放水。最后摆上盆花，池周按设计要求种上草坪或铺上苔藓，一个临时水池就完成了。

4. 生态水池

生态水池是指以水域为主体，由动物、植物、土壤共同组成的具有完整生态体系的水池。生态水池的水域包括人为与自然的、永久或短暂的、静止与流动的水域。人工生态水池是指公园、学校、人造湿地、庭院生态池等人为控制下仿自然的生态水池。它不仅具有生态功能，还具有景观休憩及教育功能。可为都市环境营建适合动植物生存的空间，尤其是对动物多样性的保护具有重要意义。

人工生态水池的维护管理非常重要，具体包括池体管理（池岸、池底和边坡的管理）、水体管理（水质监测、水量控制和水体杂物清理）、生物管理（植物管理、动物管理和微生物管理）。

三、实践示例

图 4-36 为一临时（泡沫塑料池壁）水池的平面、管线安装及施工结构图，以供参考。

图 4-37~ 图 4-39 为常见的一些水池结构。

图 4-40 为生态水池建设中用来净化水池水体的人工湿地的结构图。

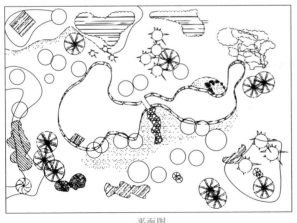

平面图

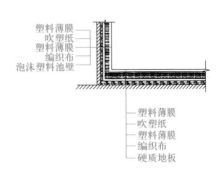

塑料薄膜
吹塑纸
塑料薄膜
编织布
泡沫塑料池壁

塑料薄膜
吹塑纸
塑料薄膜
编织布
硬质地板

施工结构图

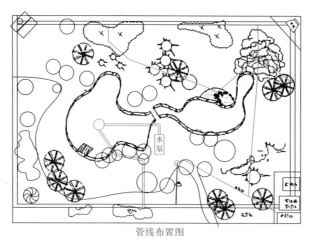

管线布置图

图 4-36 临时水池的做法

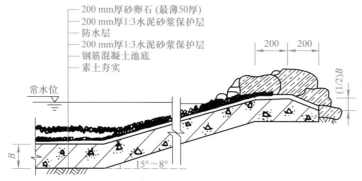

200 mm厚砂卵石 (最薄50厚)
200 mm厚1:3水泥砂浆保护层
防水层
200 mm厚1:3水泥砂浆保护层
钢筋混凝土池底
素土夯实

图 4-37 水池做法 (一)

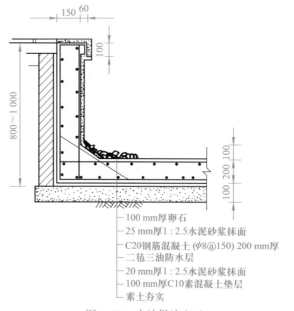

100 mm厚卵石
25 mm厚1:2.5水泥砂浆抹面
C20钢筋混凝土 ($\phi 8@150$) 200 mm厚
二毡三油防水层
20 mm厚1:2.5水泥砂浆抹面
100 mm厚C10素混凝土垫层
素土夯实

图 4-38 水池做法 (二)

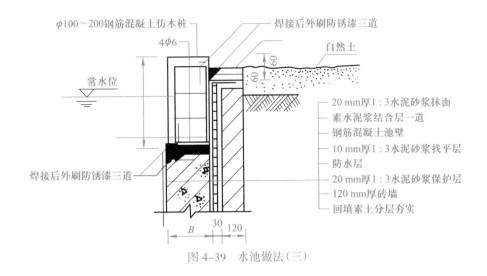

$\phi100\sim200$钢筋混凝土仿木桩　　焊接后外刷防锈漆三道

$4\phi6$

常水位

自然土

60
60

20 mm厚1:3水泥砂浆抹面
素水泥浆结合层一道
钢筋混凝土池壁
10 mm厚1:3水泥砂浆找平层
防水层
20 mm厚1:3水泥砂浆保护层
120 mm厚砖墙
回填素土分层夯实

焊接后外刷防锈漆三道

B　30　120

图 4-39　水池做法(三)

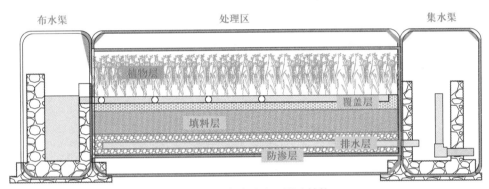

布水渠　　　　处理区　　　　集水渠

植物层

覆盖层

填料层

排水层

防渗层

图 4-40　生态水池人工湿地结构

知识　水池的给排水系统和后期管理

一、给水系统

水池的给排水系统主要有直流给水系统、陆上水泵循环给水系统、潜水泵循环给水系统和盘式水景循环给水系统四种形式。

1. 直流给水系统

直流给水系统(图 4-41)。将喷头直接与给水管网连接,喷头喷射一次后即将水排至下水道。这种系统构造简单、维护简单且造价低,但耗水量较大。直流给水系统常与假山、盆景配合,作小型喷泉、瀑布、孔流等,适合在小型庭院、大厅内设置。

2. 陆上水泵循环给水系统

陆上水泵循环给水系统(图 4-42)。该系统设有贮水池、循环水泵房和循环管道,喷头喷射后的水多次循环使用。具有耗水量少、运行费用低的优点。但系统较复杂,占地较多,管材用量较大,投资费用高,维护管理麻烦。此种系统适合各种规模和形式的水景,一般用于较开阔的场所。

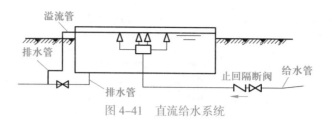

图 4-41　直流给水系统

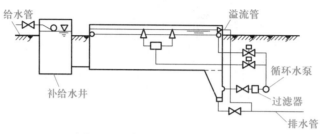

图 4-42　陆上水泵循环给水系统

3. 潜水泵循环给水系统

潜水泵循环给水系统(图 4-43)。该系统设有贮水池,将成组喷头和潜水泵直接放在水池内作循环使用。这种系统具有占地少,投资低,维护管理简单,耗水量少的优点,但是水姿花形控制调节较困难。潜水泵循环给水系统适用于各种形式的中型或小型喷泉、水塔、涌泉、水膜等。

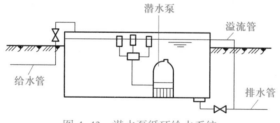

图 4-43　潜水泵循环给水系统

4. 旱喷泉循环给水系统

旱喷泉循环给水系统(图 4-44)。该系统设有集水盘、集水井和水泵房。盘内铺砌踏石构成辅路。喷头设在石隙间,适当隐蔽。人们可在喷泉间穿行,满足人们的亲水感、增添欢乐气氛。该系统不设贮水池,给水均循环利用,耗水量少,运行费用低,但存在循环水易被污染、维护管理较麻烦的缺点。

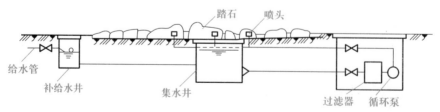

图 4-44　旱喷泉循环给水系统

上述几种系统的配水管道以环状形式布置在水池内,小型水池也可埋入池底,大型水池可设专用管廊。一般水池的水深采用 0.4~0.5 m,超高为 0.25~0.3 m。水池充水时间按 24~48 h 考虑。

配水管的水头损失一般为 5~10 mm/m 为宜。配水管道接头应严密、平滑,转弯处应采用大转弯半径的光滑弯头。每个喷头前应有不小于 20 倍管径的直线管段;每组喷头应有调节装置,以调节射流的高度或形状。循环水泵应靠近水池,以减少管道的长度。

二、排水系统

为维持水池水位及进行表面排污、保持水面清洁,水池应有溢流口。常用的溢流形式有堰口式、漏斗式、联通管式和管口式等(图 4-45)。大型水池宜设多个溢流口,均匀布置在水池中间或周边。溢流口的设置不能影响美观,并要便于清除积污和疏通管道。为防止漂浮物堵塞管道,溢流口要设置格栅,格栅间隙应不大于管径的 1/4。

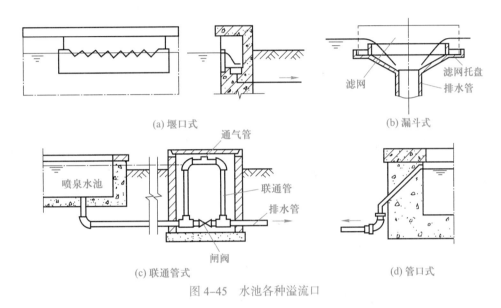

(a) 堰口式   (b) 漏斗式

(c) 联通管式   (d) 管口式

图 4-45　水池各种溢流口

为便于清洗、检修和防止水池停用时水质腐败或池水结冰,影响水池结构,池底应有 0.01 坡度的坡向泄水口。若采用重力泄水有困难时,在设置循环水泵的系统中,也可利用循环水泵泄水,并在水泵吸水口上设置格栅,以防水泵装置和吸水管堵塞。一般栅条间隙不大于管道直径的 1/4。

三、人工水池日常管理要点

(1) 定期检查水池各种出水口情况,包括格栅、阀门等。
(2) 定期打捞水中漂浮物,并注意清淤。
(3) 半年至一年对水池进行一次全面清扫和消毒(漂白粉或 5% 的高锰酸钾)。
(4) 做好冬季水池泄水的管理,避免冬季池水结冰而冻裂池体。
(5) 做好池中水生植物的养护。主要是及时清除枯叶,检查种植箱土壤,并注意施肥,更换植物品种等。

四、室外水池防冻

我国北方冰冻期较长,对于室外园林地下水池的防冻处理,就显得十分重要了。若为小型水池,一般是将池水排空,这样池壁受力状态是:池壁顶部为自由端,池壁底部铰接(如砖墙池壁)或固接(如钢筋混凝土池壁太空水池壁外侧受土层冻胀影响,池壁承受较大的冻胀推力,严重时会造成水池池壁产生水平裂缝或断裂。)

冬季池壁防冻,可在池壁外侧采用排水性能较好的轻骨料如矿渣、焦渣或砂石等,并应解决地面排水,使池壁外回填土不发生冻胀情况(图4-46),池底花管可解决池壁外积水问题(沿纵向将积水排除)。

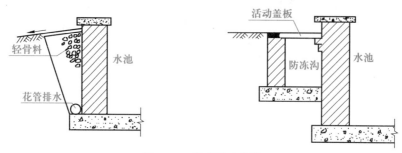

图 4-46   池壁防冻措施

在冬季,为了防止大型水池冻胀推裂池壁,可采取冬季池水不撤空,池中水面与池外地坪持平,使池水对池壁压力与冻胀推力相抵消。因此为了防止池面结冰,胀裂池壁,在寒冬季节应将池边冰层破开,使池子四周为不结冰的水面。

4.3.1   学习任务单

工作任务	根据水池实景照片,绘制水池做法施工图			
姓名		班级		学号	

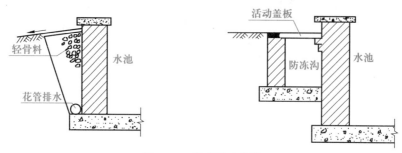

完成合格即可得分,每项1~2分,最高10分(内容表达准确,图纸排版完整美观)

序号	分项内容	是否完成	得分
1	绘制内容图块完整(平面图、立面图、剖面图做法图)		
2	图块视口、比例、布局设置是否适当		
3	各图块图名、图号设置是否正确		

序号	分项内容	是否完成	得分
4	做法标注内容和形式是否正确		
5	基础结构层设计是否合理		
6	平面图、立面图、剖面图尺寸标注数据、材料填充内容是否与实景照片水池相符		

子项目四　喷　　泉

任务1　喷　泉　设　计

一、任务分析

要进行喷泉的设计,首先要了解喷泉的一般工作程序,从图 4-47 中可看出,喷泉的工作流程是:水源通过水泵(离心泵要设置泵房)提水将其送到供水管,进入分水槽或分水箱(主要是使各喷头有同等的压力),再经过控制阀门,最后至喷嘴,喷射出各式各样的水姿。如果喷水池水位升高超过设计水位,水就由溢流口流出,进入排水井排走。喷泉采用循环供水,多余的溢水回送到泵房,作为补给水回收。时间长了出现泥沙沉淀,可通过格栅沉泥井进入泄水管清污,污物由清污管进排水井排出,从而保证池水的清洁。

喷泉造型设计

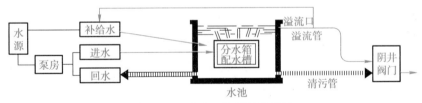

图 4-47　喷泉工作程序示意图

二、实践操作

1. 选择喷头类型

喷头类型的选择要综合考虑喷泉造型要求、组合形式、控制方式、环境条件、水质状况及经济现状等因素。喷头直径必须与连接管的内径相配套,喷嘴前应有不少于 20 倍喷嘴口径的直管。管道连接不能有急剧变化,以确保喷水的设计水姿。

2. 确定喷泉供水形式

喷泉供水水源多为人工水源,有条件的地方也可利用天然水源。人工喷泉的水源,必须清洁、无腐蚀性、无臭味,符合卫生要求。目前,最为常用的供水方式有循环供水和非循环供水两种。循环供水又分离心泵和潜水泵循环供水两种方式。非循环供水主要是自来水供水。

(1) 自来水供水 其供水特点是自来水供水管直接接入喷水池内,与喷头相接,给水喷射一次后即经溢流管排走(图4-48a)。它的优点是供水系统简单,占地少,造价低,管理简单。缺点是给水不能重复使用,耗水量大,运行费用高,不符合节约用水要求;同时由于供水管网水压不稳定,水形难以保证。

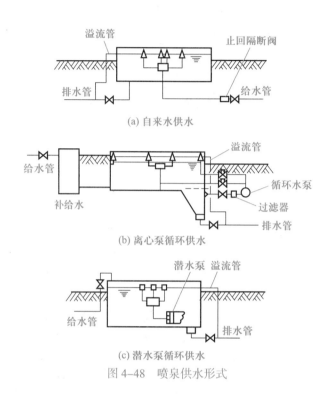

(a) 自来水供水

(b) 离心泵循环供水

(c) 潜水泵循环供水

图4-48 喷泉供水形式

(2) 离心泵循环供水 离心泵循环供水形式如图4-48b所示。这种供水方式特点是要另设计泵房和循环管道,水泵将池水吸入后经加压送入供水管道至水池中,使水得以循环利用。其优点是耗水量小、运行费用低、符合节约用水原则,在泵房内即可调控水形变化,操作方便、水压稳定。缺点是系统复杂、占地大、造价高、管理复杂。离心泵循环供水适合各种规模和形式水景工程。

(3) 潜水泵循环供水 供水形式如图4-48c所示。潜水泵供水特点是潜水泵安装在水池内与供水管道相连,水经喷头喷射后落入池内,直接吸入泵内循环使用。它的优点是布置灵活、系统简单、不需另建泵房、占地小、管理容易、耗水量小、运行费用低。潜水泵循环供水适合于各种类型的水景工程。

3. 确定喷泉控制方式

目前,喷泉运行控制方式常采用手动控制、程序控制和音响控制。

手动控制是最常见和最简单的控制方式,只要在喷泉的供水管上安装手动控制阀即可,其特点是各管段的水压、流量、喷水姿态比较固定。

程序控制就是由定时器和彩灯闪烁控制器按预先设定的程序定时控制水泵、电磁阀、彩灯等的启闭,从而实现自动变化喷水姿。

音响控制的原理是将声音信号转变为电信号,经放大和其他一些处理,推动继电器或电子开关,再去控制设在管道上的电磁阀启闭,从而达到控制喷水的目的。声控还可根据音源的差异分为喊泉控制、录音控制及直接音响控制等多种方式(图4-49)。

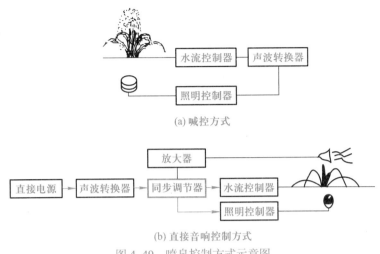

(a) 喊控方式

(b) 直接音响控制方式

图 4-49　喷泉控制方式示意图

喷泉管网系统设计

4. 喷泉管道设计

喷泉设计中,当喷水形式、喷头位置及泵型确定后,就要考虑管网的布置。如图4-50和图4-51所示,喷泉管网主要由吸水管、供水管、补给水管、溢水管、泄水管及供电线路等组成。以下是管网布置时应注意的几个问题。

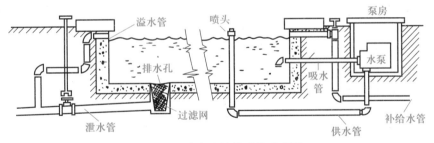

图 4-50　喷水池管线系统示意图

(1) 喷泉管道　装饰性小型喷泉,其管道可直接埋入土中,或用山石、矮灌木遮住。大型喷泉分主管和次管,主管要敷设于可人行的地沟中,为了便于维修应设置检查井;次管直接置于水池内。管网布置应排列有序、整齐美观。

(2) 环形管道　最好采用十字形供水,组合式配水管宜用分水箱供水。喷头直径必须与连接管的内径相配套,喷嘴前应有不少于20倍喷嘴口径的直管。管道连接不能有急剧的变化,以确保喷水的设计水姿。

(3) 溢水口　为了保持水池正常水位,水池要设溢水口。溢水口断面面积是进水口断面面积的2倍,在其外侧设置拦污栅,但不得安装阀门。溢水管要有3%的顺坡,直接与泄水管相连。

(4) 补给水管　补给水管的作用是启动前注水及弥补池水蒸发和喷射飘溢的损耗,以保证水池的正常水位。补给水管与城市供水管道相连,并安装阀门控制。

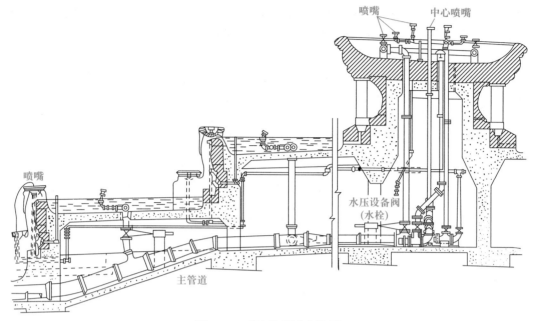

图 4-51 喷水池管道安装图

（5）泄水口　泄水口要设于水池最低处,用于检修和定期换水时的排水。管径 100 mm 或 150 mm,安装止回阀,与公园水体或城市排水管网连接。

（6）坡度　喷泉所有的管线都要有不小于 2% 的坡度,便于停止运行时将水排完;所有管道均要进行防腐处理。管道连接要严密,安装必须牢固。

（7）水压试验　管道安装完毕后,应认真检查并进行水压试验,保证管道安全,一切正常后再安装喷头。为了便于水形的调整,最好每个喷头均安装阀门控制。

5. 喷泉水力计算

喷泉设计中为了达到预定的水形,必须确定与之相关的流量、管径和所需的水压,为喷泉的管道布置和水泵选择提供依据。

（1）喷头流量计算公式

$$q = \mu f \sqrt{2gH} \times 10^{-3}$$

式中,q——单个喷头流量(L/s);

μ——流量系数,一般 0.62~0.94 之间;

f——喷嘴断面积(mm²);

g——重力加速度(m/s²);

H——喷头入口水压(m)。

根据单个喷头的喷水量计算一个喷泉喷水的总流量 Q,即在同一时间内同时工作的各个喷头流量之和的最大值。

（2）管径计算

$$D = \sqrt{\frac{4Q}{\pi v}}$$

式中,D——管径(mm);

Q——管段流量(L/s);

π——圆周率,取 3.141 6；

v——流速(常用 0.5~0.6 m/s 来确定)。

(3) 扬程计算

$$总扬程 = 实际扬程 + 水头损失$$
$$实际扬程 = 工作压力 + 吸水高度$$

工作压力是指水泵中线至喷水最高点的垂直高度。喷泉最大喷水高度确定后,可确定压力,例如喷 15 m 的喷头,工作压力为 150 kPa(15 m 水柱)。吸水高度,也称水泵允许吸上真空高度(泵牌上有注明),是水泵安装的主要技术参数。

水头损失是管道系统中损失的扬程。由于水头损失计算较为复杂,实际中可粗略取实际扬程的 10%~30% 作为水头损失。

4.4.1　学习任务单

工作任务	喷泉水池设计			
姓名		班级	学号	
以组为单位设计一喷泉景观,适合放在 4 m×5 m 场地中,设计图纸内容包括: (1) 喷泉水池平面图、立面图; (2) 喷泉和水池管线布置平面图; (3) 阀门井、泵坑、泄水池等构造详图。				
完成合格即可得分,每项 1~2 分,最高 10 分				
序号	考查要点		是否完成	得分
1	喷泉水池平面图布置尺寸是否合理			
2	喷泉水池立面各元素竖向标高设计			
3	喷泉和水池管线布置平面图			
4	阀门井、泵坑、泄水池等构造平面布置区域			
5	阀门井、泵坑、泄水池等构造做法详图			

任务 2　喷泉施工

一、任务分析

喷泉施工包括喷水池施工、管线施工、泵房和阀门井的施工。

二、实践操作

1. 喷水池

喷水池的大小要考虑喷高,喷水越高,水池越大。一般水池半径为最大喷高的 1~1.3 倍,平均池宽可为喷高的 3 倍。实践中,如用潜水泵供水,吸水池的有效容积不得小于最大一台水泵 3 min 的出水量。水池水深应根据潜水泵、喷头、水下灯具等的安装要求确定,其深度不能超过 0.7 m,否则,必须设置保护措施。

喷水池常见的结构与构造：由基础、防水层、池底、池壁、压顶等部分组成。

（1）基础　基础是水池的承重部分，由灰土和混凝土层组成。施工时先将基础底部素土夯实，其密实度不得低于85%。灰土层厚30 cm（3：7灰土），C10混凝土厚10~15 cm。

（2）防水层　水池工程中，防水工程质量的好坏对水池安全使用及其寿命有直接影响，因此，正确选择和合理使用防水材料是保证水池质量的关键。

目前，水池防水材料种类较多。按材料分，主要有沥青类、塑料类、橡胶类、金属类、砂浆、混凝土及有机复合材料等。按施工方法分，有防水卷材、防水涂料、防水嵌缝油膏和防水薄膜等。

水池防水材料的选用，可根据具体要求确定，一般水池用普通防水材料即可。钢筋混凝土水池还可采用抹5层防水砂浆（水泥中加入防水粉）做法。临时性水池则可将吹塑纸、塑料布、聚苯板组合使用，均有很好的防水效果。

（3）池底　池底直接承受水的竖向压力，要求坚固耐久。多用现浇钢筋混凝土池底，厚度应大于20 cm，如果水池容积大，要配双层钢筋网。施工时，每隔20 m选择最小断面处设变形缝，变形缝用止水带或沥青麻丝填充；每次施工必须从变形缝开始，不得在中间留施工缝，以防漏水（如图4-52）。

（4）池壁　池壁是水池竖向的部分，承受池水的水平压力。池壁一般有砖砌池壁、块石池壁和钢筋混凝土池壁三种（图4-53）。

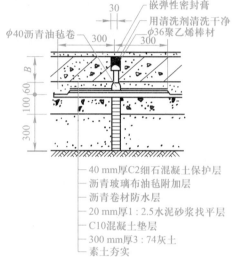

图4-52　变形缝做法

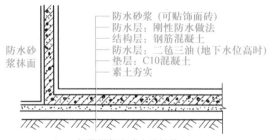

图4-53　喷水池结构

池壁厚度视水池大小而定,砖砌池壁采用标准砖,M7.5 水泥砂浆筑,壁厚 ≥ 240 mm。砖砌池壁虽然具有施工方便的优点,但红砖多孔,砌体接缝多,易渗漏,使用寿命短。

块石池壁自然朴素,要求垒石严密。

钢筋混凝土池壁厚度一般不超过 300 mm,宜配直径 8 mm、12 mm 钢筋,中心距 200 mm,C20 混凝土现浇(图 4-54)。

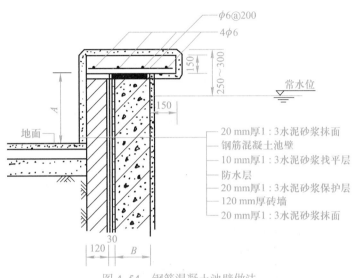

图 4-54　钢筋混凝土池壁做法

(5) 压顶　压顶是池壁最上部分,它的作用是保护池壁,防止污水泥沙流入池内。下沉式水池压顶至少要高于地面 5~10 cm。池壁高出地面时,压顶的做法要与景观相协调,可做成平顶、拱顶、挑伸、倾斜等多种形式。压顶材料常用混凝土及块石。

2. 管线

喷水池中还必须配套有供水管、补给水管、泄水管和溢水管等管网。这些管有时要穿过池底或池壁,这时,必须安装止水环,以防漏水。供水管、补给水管要安装调节阀;泄水管需配单向阀门,防止反向流水污染水池;溢水管不要安装阀门,直接在泄水管单向阀门后与排水管连接。为了利于清淤,在水池的最低处设置沉泥池,也可做成集水坑(图 4-55)。

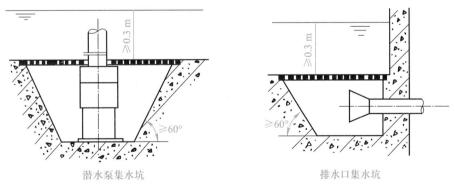

图 4-55　集水坑

喷泉工程中常用的管材有镀锌钢管(白铁管)、不镀锌钢管(黑铁管)、铸铁管及硬聚氯乙烯塑料管几种。一般埋地管道管径在 70 mm 以上可以选用铸铁管。屋内工程或小型移动式水景可采用塑料管。需对所有埋地的钢管做防腐处理,方法是先将管道表面除锈,然后刷防锈漆两遍(如红丹漆等)。埋于地下的铸铁管,外管一律刷沥青防腐,明露部分可刷红丹漆。

钢管的连接方式有螺纹连接、焊接和法兰连接三种。镀锌管必须用螺纹连接,多用于明装管道。焊接一般用于非镀锌钢管,多用于暗装管道。法兰连接一般用在连接阀门、止回阀、水泵、水表等处,以及需要经常拆卸检修的管段上。就管径而言,DN<100 mm 时管道用螺纹连接;DN>100 mm 时用法兰连接。

3. 泵房

泵房是指安装水泵等提水设备的常用构筑物。在喷泉工程中,凡采用清水离心泵循环供水的都要设置泵房。泵房的形式按照泵房与地面的关系分为地上式泵房、地下式泵房和半地下式泵房三种。

地上式泵房的特点是泵房建于地面上,多采用砖混结构,其结构简单、造价低、管理方便,但有时会影响喷泉环境景观。实际中最好和管理用房配合使用,适用于中小型喷泉。地下式泵房建于地面之下,园林用得较多,一般采用砖混结构或钢筋混凝土结构。特点是需做特殊的防水处理,有时排水困难,会因此提高造价,但不影响喷泉景观。

泵房内安装有电动机、离心泵、供电、电气控制设备及管线系统等。图 4-56 是一般泵房管线系统示意图。从该图中可见,与水泵相连的管道有吸水管和出水管。出水管即喷水池与水泵间的管道,其作用是连接水泵至分水器之间的管道,设置闸阀。为了防止喷水池中的水倒流,需在出水管安装单向阀。分水器的作用是将出水管的压力水合成多个支路,再由供水管送到喷水池中供喷水用。为了调节供水水量和水压,应在每条供水管上安装闸阀。北方地区,为了防止管道冻坏,当喷泉停止运行时,必须将供水管内存的水排空。其方法是在泵房内供水管最低处设置回水管,接入房内下水池中排除,以截止阀控制。

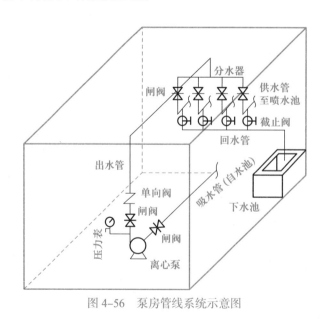

图 4-56　泵房管线系统示意图

要特别注意防止泵房内地面积水,因此应设置地漏。泵房用电要注意安全,开关箱和控制板的安装要符合规定。泵房内应配备灭火器等灭火设备。

4. 阀门井

有时在给水管道上要设置给水阀门井,根据给水需要可随时开启和关闭,便于操作。给水阀门井内安装截止阀。

(1) 给水阀门井 一般为砖砌圆形结构,由井底、井身和井盖组成。井底一般采用C10混凝土垫层,井底内径不小于1.2 m,井身采用MU10红砖 M5 水泥砂浆砌筑,井深不小于1.8 m,井壁应逐渐向上收拢,且一侧应为直壁,便于设置铁爬梯。井口圆形,直径600 mm或700 mm。采用成品铸铁井盖(图4-57)。

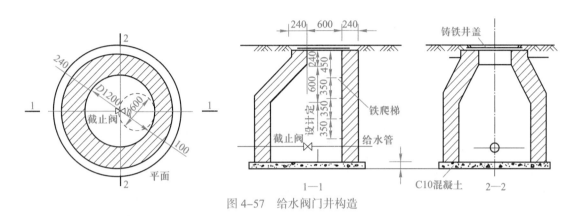

图4-57 给水阀门井构造

(2) 排水阀门井 排水阀门井专门用于泄水管和溢水管的交接,并通过排水阀门井排进下水管网。泄水管道要安装闸阀,溢水管接于阀后,确保溢水管排水畅通。排水阀门井的构造同给水阀门井,井内管道节点(图4-58)。

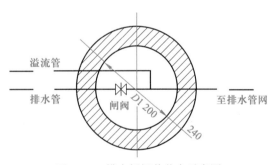

图4-58 排水阀门井节点示意图

知识 喷 泉

喷泉也称喷水,是由压力水喷出后形成的各种喷水姿态。用于观赏的动态水景,起装饰点缀园景的作用,深得人们喜爱。喷泉通常设置在现代公园、宾馆、商贸中心、影剧院、广场、写字楼等处,配合雕塑小品,与水下彩灯、音乐一起共同构成朝气蓬勃、欢乐振奋的园林水景。喷泉还能增加空气中的负离子了,具有卫生保健之功效,备受青睐。近年来随着电了工业的发展,新技术、新材料的广泛应用,喷泉设计更是丰富多彩,新型喷泉层出不穷,成为城市主要景观之一。

一、喷泉对环境的要求

喷泉设计必须与环境取得一致。设计时,要特别注意喷泉的主题、形式和喷水景观。做到主题、形式和环境相协调,起到装饰和渲染环境的作用。主题式喷泉要求环境能提供足够的喷水空间与联想空间;装饰性喷泉要求以浓绿的常青树群作为背景,使之形成一个静谧悠闲的园林空间;而与雕塑组合的喷泉,需要开阔的草坪与精巧简洁的铺装衬托;庭院、室内空间和屋顶花园的喷泉小景,最宜衬山石、草灌花木;节日用的临时性喷泉,最好用艳丽的花卉或醒目的装饰物为背景,使人备感节日的欢乐气氛。

为了欣赏方便,喷泉周围一般应有足够的铺装空间。据经验,大型喷泉其欣赏视距为中央喷水高度的3倍;中型喷泉其欣赏视距为中央喷水高度的2倍;小型喷泉其欣赏视距为中央喷水高度的1~1.5倍。

二、常见喷头类型

喷头是喷泉的主要组成部分,水受动力驱压后流经喷头,通过喷嘴的造型喷出理想的水流形态。喷头的形式、结构、材料及加工质量对喷水景观产生很大的影响。喷头外观要求美观、耗能小,而用来制造喷头的材料应具有耐磨、防锈、不易变形等特点。目前,生产厂家常用铜或不锈钢制作,此类喷头质量好,寿命长,应用广泛。近年来也有用铸造尼龙制作喷头,这种喷头具有耐磨、润滑性好、加工容易、轻便、成本低等优点,但易老化、寿命短,适用于低压喷水。

园林中常用的喷头有以下几种:

1. 单射流喷头

这是目前应用最广的一种喷头(图4-59),属喷水的基本形式。单射流喷头一般垂直射程在15 m以下,喷水线条清晰,可单独使用,也可组合造型。单射流喷头可以有万向型或可调万向型之分。当承托底部装有球状接头时,可作一定角度、方向的调整。

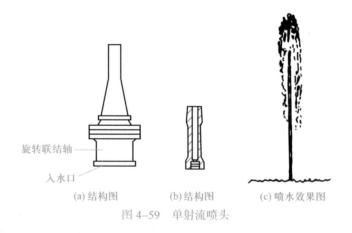

(a) 结构图　　　(b) 结构图　　　(c) 喷水效果图

图4-59　单射流喷头

2. 喷雾喷头

这种喷头内部安装有螺旋状导水板,水流经喷头并在喷头内旋转,当水由喷头小孔喷出时,快速散开弥漫成雾状水滴,朦胧典雅。当阳光入射角在40° 15′~42° 36′之间时,很容易形成彩虹景观(图4-60)。

3. 环形喷头

环形喷头(图4-61)出水口成环状断面,水沿孔壁喷出形成外实内空的环形水柱,气势宏伟,令人奋发向上。

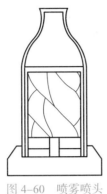

图4-60　喷雾喷头

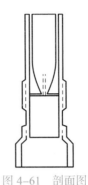

图4-61　剖面图

4. 多孔喷头

这是应用较广的一种喷头,由多个单射流喷嘴组成,也可在平面、曲面或半球形壳体上做成多个小孔眼作为喷头。该喷头喷水层次丰富,水姿变化多样,视感好(图4-62)。

入水口

旋转联结轴

图4-62　多孔喷头

5. 变形喷头

这种喷头种类很多,它们的共同特点是在出水口的前面有一个可以调节的、形状各异的反射器。当水流经过反射器时,迫使水流按预定角度喷出,起到造型作用,如半球形、牵牛花形、扶桑花形等(图4-63)。

6. 吸力喷头

这种喷头的工作是利用喷嘴附近的水压差将空气和水吸入,待喷水与其混合喷出时,水柱膨大且含有大量小气泡,形成不同的白色带泡沫不透明水柱(图4-64)。若夜间经彩灯照射,更加光彩夺目。

7. 旋转喷头

此种喷头是利用压力将水送至喷头后,借助驱动孔的喷水,靠水的反推力带动回转器转动,使喷头不断地转动而形成令人感觉欢乐、愉快的水姿,并形成各种扭曲线型,飘逸荡漾、婀娜多姿(图4-65)。

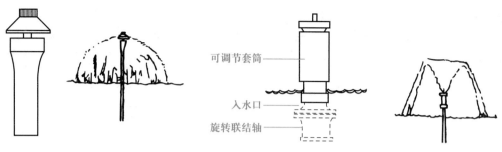

半球形喷头

可调节套筒

入水口

旋转联结轴

牵牛花形喷头

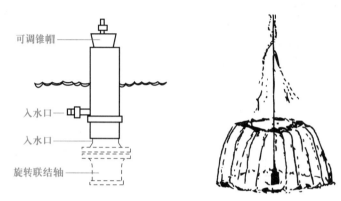

可调锥帽

入水口

入水口

旋转联结轴

扶桑花形喷头

图 4-63　变形喷头

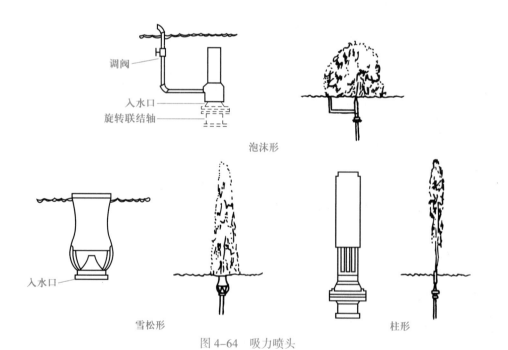

调阀

入水口

旋转联结轴

泡沫形

入水口

雪松形

柱形

图 4-64　吸力喷头

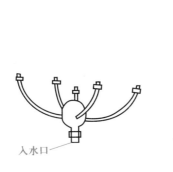

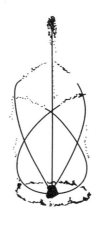

图 4-65　旋转喷头

8. 扇形喷头

该种喷头外形(图 4-66),它能喷出扇形水膜,且常成孔雀状造型。

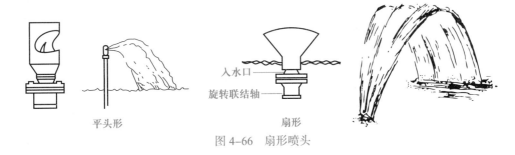

平头形　　　　　　扇形

图 4-66　扇形喷头

9. 蒲公英喷头

此种喷头是通过一个圆球形外壳,安装多个同心放射状短喷管,并在每个管端安置半球形喷头。喷水时,能形成球状水花,如同蒲公英一样,美丽动人。此种喷头可单独、对称或高低错落组合使用,在自控或大型喷泉中应用,效果较好(图 4-67)。

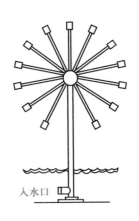

(a)

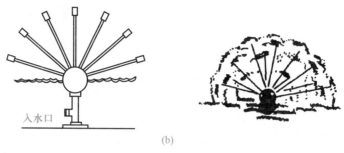

(b)

图 4-67　蒲公英喷头

10. 组合喷头

组合喷头也称复合型喷头,是由两种或两种以上喷水型各异的喷嘴,按造型需要组合成一个大喷头。它能形成较为复杂、富于变化的花形(图 4-68)。各种喷头经过艺术组合、有机搭配,能形成多种多样的组合变化。

图 4-68　组合水景造型示例

三、喷泉照明特点

目前,喷泉配光已成为喷泉设计的重要内容。喷泉照明多为内侧给光,根据灯具的安装位置,可分为水上环境照明和水体照明两种方式。

水上环境照明,灯具多安装于附近的建筑设备上。特点是水面照度分布均匀,色彩均衡饱满,但若人们眼睛直接或通过水面反射间接地看到光源,眼睛会产生眩光。水体照明,灯具置于水中,多隐蔽,多安装于水面以下 5 cm 处,特点是可以欣赏水面波纹,并能随水花的散落映出闪烁的光,但照明范围有限。

喷泉配光时,其照射的方向、位置与喷水姿有关。喷泉照明亮度要求比周围环境高,若周围亮度较大时,喷水的先端至少要有 100~200 lx 的光照度;若周围较暗时,需要有 50~100 lx 的光照度。照明用的光源以白炽灯为最,其次可用汞灯或金属卤化物灯,光的色彩以黄、蓝色为佳,特别是水下照明。配光时,还应注意防止多种色彩叠加后得到白色光,避免造成局部的色彩损失。一般主视面喷头背后的灯色要比观赏者旁边的灯色鲜艳,因而要将黄色等透射较高的彩色灯安装于主视面近游客的一侧，以加强衬托效果（图4-69）。

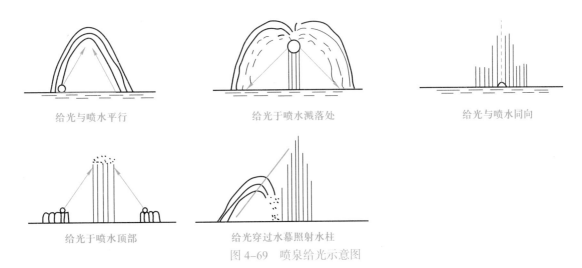

给光与喷水平行　　　　给光于喷水溅落处　　　　给光与喷水同向

给光于喷水顶部　　　　给光穿过水幕照射水柱

图4-69　喷泉给光示意图

喷泉照明线路必须采用水下防水电缆，其中一根要接地且要设置漏电保护装置。照明灯具应密封防水，安装时必须满足施工相关技术规程。电源线要通过护缆塑管（或镀锌管）由池底接到安装灯具的地方，同时在水下安装接线盒，电源线的一端与水下接线盒直接相连，灯具的电缆穿进接线盒的输出孔并加以密封，并保证电缆护套管充满率不超过45%。

为避免线路破损漏电，必须经常检查。各灯具要易于清洁，水池应常清扫换水，也可添加除藻剂。操作时要严格遵守先通水浸没灯具后开灯及先关灯后断水的操作规程。

四、喷泉在园林中的应用

1. 音乐喷泉

音乐喷泉是随着电子控制技术的发展而出现的。喷射的水柱随着音乐的变化时高时低，景观奇妙。音乐喷泉是电、水、光、声的结晶。阵容强大的音乐喷泉能够配合复杂度高的音乐，因此具有更强的感染力、震撼力，但其电能消耗巨大，不能够经常性地演出，只有在重大节日或重要时间才运行。现阶段不仅仅是音乐喷泉，就连普通喷泉也只是在必要的时候运作，更多的时间则是处于停运状态。

2. 智能喷泉

所谓智能喷泉就是具有自动处理问题能力的喷泉系统（图4-70），它以传统喷泉为基础，内置智能控制系统，以最为节能的方式解决人们长期欣赏不到喷泉喷水的问

图4-70　智能喷泉系统示意图

题,从而更好地为人们服务,最大程度实现水景观的价值。在喷泉设计的时候,就考虑了喷泉的观赏面和观赏角度问题,游人只有在设定的观赏面及观赏角度才能更好地观赏喷泉。一般来说,喷泉需要有一个高于喷水柱高度的深色背景物面,欣赏喷泉的最佳距离公式如下

当喷泉的高度远大于宽度时:$D=3.7 \times (H-h)$;

当喷泉的宽度大于高度时:$D=1.2 \times W$。

其中 D 为合适视距(单位为 m),H 为最高水柱高(单位为 m),h 为人眼高(单位为 m),W 为喷泉的宽度(单位为 m)。结合这些理论数据,我们可以在最佳观赏距离之内进行硬化铺装,提供近距离观赏的场地,在最佳观赏距离处结合喷泉的背景位置,设置相应的休息设施,以提供游人静坐观赏。如果是音乐喷泉,还要考虑音箱的方向,保证最佳观赏点处的音效也是最佳的,它符合于所有的喷泉设计时的要求。为了使喷泉能够在节能的同时为人们欣赏服务,可以在最佳观赏点处安装带有红外感应的智能控制系统,当游人进入该区后,红外感应系统做出相应的判断,并把信号传递给电路控制系统,再配合其他感应器件的信号,确定喷泉设备的运停状态。这种系统更适合于小型喷泉,更适合于居住区绿地中喷泉景观。将其与智能音乐系统配合运用,可以为园林景观增添更多乐趣。当人们步入某区域时,仅能听到喷泉冲射、瀑布跌水之音,但不见喷泉、瀑布,沿其声前行,到某一位置时,忽见喷泉平地拔起,则声物俱见。人走之后,这些设备便停止工作并进入等待状态。这种智能设备也可以用于与电动水泵有关的其他方面,如跌水、瀑布等。

五、喷泉的日常管理

要确保喷泉运行正常,应加强对喷泉的管理。日常管理中应注意以下几方面:

1. 喷水池清污

一段时间后,水池中常有一些漂浮物、杂斑等影响喷泉景观,应及时处理,采取人工打捞和刷除的方法去污;对沉泥、沉沙要通过清污管排除,并对池底进行全面清扫,扫后再用清水冲洗 1~2 次,最好用漂白粉消毒一次。经常喷水的喷泉,要求 20~30 天清洗一次,以保证水池的清洁。在对池底排污时,要注意对各种管口和喷头的保护,应避免污物堆塞管道口。水池泄完水后,一般要保持 1~2 天干爽时间,这时最好对管道进行一次检查,看连接是否牢固,表面是否脱漆等,并做防锈处理。

2. 喷头检测

喷头的完好性是保证喷水质量的基础,有时经一段时间喷水后,一些喷头会出现喷水高度、喷水型等与设计不一致的问题,原因是运行过程中喷嘴受损或喷嘴受堵,必须定期检查。如喷头堵塞,可取下喷头,将污物清理后再安装上去;如喷头已磨损,应及时更换。检测中发现不属于喷头的故障,应对供水系统进行检修。

3. 动力系统维护

在泄水清护水池期间,要对水泵、阀门、电路(包括音响线路和照明线路)进行全面检查与维护,重点检查以下方面问题:① 线路的接头与连接是否安全;② 设备,电缆等有否磨损,水泵转动部件是否涂油润滑,各种阀门关闭是否正常,喷泉照明灯具是否完好等。如为地下式泵房,应查地漏排水是否畅通。如发现有不正常现象,要及时维修。

冬季温度过低,应及时将管网系统的水排空,避免积水结冰,冻裂水管。

4. 喷泉管理

喷泉管理应有专人负责,非管理人员不得随意开启喷泉。并且要制定喷泉管理制度和运行操作规程。

5. 做好记录

维护和检测过程中的各种原始资料要认真记录并备案保存,为日后喷泉的管理提供经验材料。

复习题

1. 水体空间划分处理手法有哪些?
2. 瀑布的形式有哪些?瀑布由哪几部分构成?
3. 瀑布出水口如何处理?
4. 驳岸有哪些类型?驳岸结构由哪几部分组成?驳岸的作用有哪些?
5. 水池设计包括哪些内容?
6. 水池给水系统有哪几种形式?
7. 喷泉供水形式有哪几种?喷泉控制方式有哪些?
8. 常见的喷泉喷头有哪些?

技能训练

1. 自然式水体设计

假设校园中一处小游园位于办公楼和实验楼之间,需在游园中设计一自然式水池。要求绘制小游园总平面图,小游园(包括水池)地形图,水池底部和驳岸结构图。

2. 小型水景(装饰性水池、瀑布、小溪)设计

完成设计图,并利用泡沫塑料、吹塑纸、纸箱纸、玻璃、橡皮泥、小卵石、苔藓等材料进行此水景模型制作。

3. 某商业广场位于市中心的十字路口东北角,该十字路口的东南、西南、西北三处均是购物商场。该广场上人流较多,拟在此处设计一喷泉,要求此喷泉具有丰富的立面形态,能够吸引游客驻足观赏。设计图纸内容包括:

(1) 喷泉水池平面图、立面图。

(2) 喷泉和水池管线布置平面图、轴测图。

(3) 水池池底和池壁结构图。

(4) 阀门井、泵坑、泄水池等构造详图。

4. 选择一定的场地(3 m×4 m 或 3 m×5 m),学生自行设计一临时水景工程,并采用砖、泡沫、吹塑纸、塑料薄膜、山石、卵石、植物等材料进行现实施工。施工中要有适当的地形改造,水景中要进行灯光和音响配置,并要求有一定的园林小品点缀。

项目五　砌　体　工　程

■ 知识目标

■ 知识目标

1. 掌握砖、石等常用的砌体材料类型；
2. 掌握砖砌体和石砌体结构的施工要点；
3. 掌握砌筑砂浆配合比设计要点；
4. 掌握花坛、挡土墙和景墙的材料、构造和施工要点。

■ 技能目标

1. 能进行花坛的设计与施工；
2. 能进行挡土墙的设计与施工；
3. 能进行景墙的设计与施工。

■ 素养目标

1. 了解并遵守各种园林砌筑行业操作规范以及国家相关的法律法规；
2. 严格按照各施工要点和步骤进行施工，培养严谨的工匠精神；
3. 灵活运用新材料、新工艺，并不断创新砌体施工组织管理；
4. 养成认真阅读施工图和勘测现场的习惯，及时核实场地与图纸信息是否冲突。

■ 教学引导图

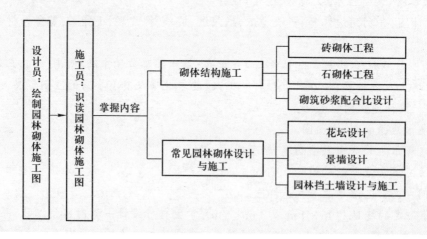

　　在园林建设过程中，砌体工程对景观视觉影响较大，且自身施工复杂、涉及的范围广，因此在各种建筑物和构筑物中都有砌体项目，砌体工程包括砌砖和砌石。砖石砌体在园林中被广泛采用，它既是承重构件、围护构件，也是园林中主要的造景元素之一，尤其是砖、石所形成的各种墙体，在分隔空间、改变设施的景观面貌、反映地方乡土景观特征等方面得到广泛而灵活运用，是园

林硬质景观设计中最具表现力的要素之一。砌体工程在园林建设中的应用除了园林建筑的外墙与分隔墙、基础等,还有许多地方如花坛、水池、挡土墙、构筑物等都用到砌体工程。

砌体工程设计与施工应遵循的规范:① 中华人民共和国国务院第 279 号令《建设工程质量管理条例》(2000—01—30),②《砌体结构设计规范》(GB 50003—2011),③《砌体结构工程施工质量验收规范》(GB50203—2011),④《砌体结构工程施工规范》(GB 50924—2014),⑤《砌体结构规范》(ZBBZH/GJ 23),⑥《现浇混凝土结构工程和砌体结构工程施工过程模型细度标准》(DB11/T 1840—2021),⑦ 江苏省工程建设标准设计图集(室外工程)。

子项目一　砌体结构施工

任务 1　砖砌体工程

一、任务分析

砖砌体包括烧结普通砖、烧结多孔砖、蒸压灰砂普通砖、蒸压粉煤灰普通砖、混凝土普通砖、混凝土多孔砖的无筋和配筋砌体。

1. 烧结普通砖(fired common brick)

以煤矸石、页岩、粉煤灰或黏土为主要原料,经过焙烧而成的实心砖。主要分为烧结煤矸石砖、烧结页岩砖、烧结粉煤灰砖、烧结黏土砖等。

标准尺寸:240 mm × 115 mm × 53 mm

砖的长:宽:厚近似为 4:2:1(包括灰缝)

根据国家标准《烧结普通砖》(GB/T 5101—2017),砖的强度等级分为:MU30、MU25、MU20、MU15、MU10 五个等级,数字越大,表明砖的抗压性、抗折性就越好。

烧结普通砖按生产方法可分为手工砖和机制砖,按颜色可分为红砖和青砖,一般青砖较红砖结实、耐碱、耐久性好。

烧结普通砖砌筑砖墙的厚度:

半砖墙厚	115 mm	通称 12 墙
3/4 砖墙厚	178 mm	通称 18 墙
一砖墙厚	240 mm	通称 24 墙
一砖半墙厚	365 mm	通称 37 墙
两砖墙厚	490 mm	通称 50 墙

砌合方法:一顺一丁、三顺一丁、梅花丁、全顺法、全丁法等(图 5-1)。

砖块排列应遵循内外搭接、上下错缝的原则,错缝的长度一般不应小于 60 mm,砌时不应使墙体出现连续的通缝,否则将影响墙的强度和稳定性。

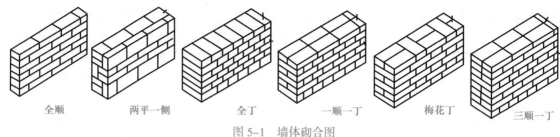

图 5-1 墙体砌合图

2. 烧结多孔砖（fired perforated brick）

以煤矸石、页岩、粉煤灰或黏土为主要原料，经焙烧而成的孔洞率不大于 35% 的砖孔的尺寸小而数量多，主要用于承重部位。

3. 蒸压灰砂普通砖（autoclaved sand-lime brick）

以石灰等钙质材料和砂等硅质材料为主要原料，经坯料制备、压制排气成型、高压蒸汽养护而成的实心砖。

4. 蒸压粉煤灰普通砖（autoclaved flyash-lime brick）

以石灰、消石灰（如电石渣）或水泥等钙质材料与粉煤灰等硅质材料及集料（砂等）为主要原料，掺加适量石膏，经坯料制备、压制排气成型、高压蒸汽养护而成的实心砖。

5. 混凝土砖（concrete brick）

以水泥为胶结材料，以砂、石等为主要集料，加水搅拌、成型、养护制成的一种多孔的混凝土半盲孔砖或实心砖。多孔砖的主规格尺寸为 240 mm × 115 mm × 90 mm、240 mm × 180 mm × 115 mm、190 mm × 190 mm × 90 mm 等（图 5-2）；实心砖的主规格尺寸为 240 mm × 115 mm × 53 mm、240 mm × 115 mm × 90 mm 等。

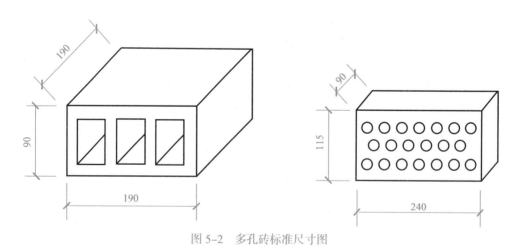

图 5-2 多孔砖标准尺寸图

砖的类型和
砖砌体施工
流程

二、实践操作

1. 选料

（1）用于清水墙、柱表面的砖，应边角整齐，色泽均匀。

（2）混凝土多孔砖、混凝土实心砖、蒸压灰砂砖、蒸压粉煤灰砖等块体的产品龄期不应小于 28 d。

（3）有冻胀环境和条件的地区，地面以下或防潮层以下的砌体，不应采用多孔砖。

2. 砖湿润

砌筑烧结普通砖、烧结多孔砖、蒸压灰砂砖、蒸压粉煤灰砖砌体时，砖应提前 1~2 d 适度湿润，严禁采用干砖或处于吸水饱和状态的砖砌筑。烧结类块体的相对含水率 60%~70%；混凝土多孔砖及混凝土实心砖不需要浇水湿润，但在气候干燥炎热的情况下，宜在砌筑前对其喷水湿润。其他非烧结类块体的相对含水率 40%~50%。

3. 抄平

砌筑砖墙前，先在基础防潮层或楼面上按标准的水准点或指定的水准点定出各层标高，并用 M7.5 水泥砂浆或 C10 细石混凝土找平。

4. 放线

底层墙身可按标志板（即龙门板）上轴线定位钉为准拉麻线，沿麻线挂下线锤，将墙身中心轴线放到基础面上，并以此墙身中心轴线为准，弹出纵横墙边线，并定出门洞口位置。轴线的引测是放线的关键，必须按图纸要求尺寸，用钢皮尺进行校核。

5. 立皮数杆挂准线

砖砌体施工应设置皮数杆。皮数杆上按设计规定的层高、施工规定的灰缝大小和施工现场砖的规格，计算出灰缝厚度，并标明砖的皮数，以及门窗洞口、过梁、楼板等的标高，以保证铺灰厚度和砖皮水平。

6. 砖砌筑

砖块要上下错缝，内外搭砌，接槎牢固。砌筑施工需要注意水泥砂浆的主要控制指标，包括黏稠度、强度、保水性等。

7. 铺浆

采用铺浆法砌筑砌体，铺浆长度不得超过 750 mm；当施工期间气温超过 30℃时，铺浆长度不得超过 500 mm。240 mm 厚承重墙和每层墙的最上一皮砖，砖砌体的台阶面及挑出层，应整砖丁砌。

8. 勾缝

砖墙面勾缝，具有保护作用并增加墙面美观。弧拱式及平拱式过梁的灰缝应砌成楔形缝，拱底灰缝宽度不宜小于 5 mm；拱顶灰缝宽度不应大于 15 mm，拱体的纵向及横向灰缝应填实砂浆；平拱式过梁拱脚下面应伸入墙内不小于 20 mm；砖砌平拱过梁底应有 1% 的起拱。

灰缝一般控制标准为 10 mm，允许误差 2 mm。砂浆饱满度不小于 85%，其中水平缝的砂浆饱满度不得低于 90%。为实现技术标准，施工中需及时进行轴线与标高的校对，竖向灰缝处理采用挤浆或加浆方法可提升饱满度，严禁用水冲洗灌缝。砌砖的竖向灰缝不得出现透明缝、瞎缝和假缝。

9. 模板及其支架拆除

拆除砖过梁底部的模板及其支架时，灰缝砂浆强度不应低于设计强度的 75%。

10. 砖砌体施工临时间断处补砌时，必须将接槎处表面清理干净，洒水湿润，并填实砂浆，保持灰缝平直。

11. 砖砌体尺寸、位置的检验（表 5-1）。

表 5-1　砖砌体尺寸、位置的允许偏差及检验

项	项目			允许偏差/mm	检验方法	抽检数量
1	轴线位移			10	用经纬仪和尺或用其他测量仪器检查	承重墙、柱全数检查
2	基础、墙、柱顶面标高			±15	用水准仪和尺检查	不应小于 5 处
3	墙面垂直度	每层		5	用 2 m 托线板检查	不应小于 5 处
		全高	10 m	10	用经纬仪、吊线和尺或其他测量仪器检查	外墙全部阳角
			10 m	20		
4	表面平整度	清水墙、柱		5	用 2 m 靠尺和楔形塞尺检查	不应小于 5 处
		混水墙、柱		8		
5	水平灰缝平直度	清水墙		7	拉 5 m 线和尺检查	不应小于 5 处
		混水墙		10		
6	门窗洞口高、宽(后塞口)			±10	用尺检查	不应小于 5 处
7	外墙下窗口偏移			20	以底层窗口为准,用经纬仪或吊线检查	不应小于 5 处
8	清水墙游丁走缝			20	以每层第一皮砖为准,用吊线和尺检查	不应小于 5 处

任务 2　石砌体工程

一、任务分析

石砌体从外观上分可以有毛石和料石(包括毛料石、粗料石、半细料石、细料石)两种。

1. 毛石

毛石是不成形的石料,处于开采以后的自然状态。

2. 料石

料石(条石)是由人工或机械开拆出的较规则的六面体石块,略经加工凿琢而成。

毛料石外观大致方正,一般不加工或者稍加调整。厚度不小于 200 mm,长度为厚度的 1.5 倍。

粗料石截面的宽度,高度不应小于 200 mm,长度不大于厚度的 3 倍,叠砌面凹入深度不大于 20 mm。

半细料石规格尺寸同上,但叠砌面凹入深度不应大于 10 mm。

细料石通过细加工,规格尺寸同上,但叠砌面凹入深度不应大于 2 mm。

3. 天然石材

凡是采自地壳,经过加工或未经加工的岩石,统称为天然石材。天然石材根据地质成因,可分为岩浆岩(如花岗岩)、沉积岩(如石灰石)和变质岩(如大理岩)三大类。由于石材脆性大、抗拉强度低、自重大,石结构的抗震性能差,加之岩石的开采加工较困难,价格高等因素,石材已较少作为结构材料。石材抗压强度高,耐久性好,作为装饰材料,却颇受欢迎。岩石分类如下:

岩浆岩　熔融岩浆在地下或喷出地面后冷凝结晶而成的岩石,如花岗岩、正长石等。

沉积岩　其他岩石的风化产物和一些火山喷发物,经过水流和冰川的搬运、沉积、成岩作用形成,如石灰岩、砂岩等。

变质岩　在环境影响下,化学成分、矿物成分以及结构发生变化而形成,如大理石、石英石、片麻石等。

石材的强度等级可分为:MU100、MU80、MU60、MU50、MU40、MU30、MU20、MU10 八个等级。

二、实践操作

1. 选材

石砌体采用的石材应质地坚实,无裂纹、无明显风化剥落;用于清水墙、柱表面的石材,应色泽均匀;石材的放射性应经检验,其安全性应符合现行国家标准《建筑材料放射性核素限量》GB6566 的有关规定。

2. 砌筑

(1)砌筑毛石基础的第一皮石块应座浆,并将大面向下;砌筑料石基础的第一皮石块应用丁砌层座浆砌筑。

(2)毛石砌筑时,对石块间存在的较大的缝隙,应先向缝内填灌砂浆并捣实,然后用小石块嵌填,不得先填小石块后填灌砂浆,石块间不得出现无砂浆相互接触现象。

(3)砌筑毛石挡土墙应按分层高度砌筑。每砌 3~4 皮为一个分层高度,每个分层高度应将顶层石块砌平;两个分层高度间分层处的错缝不得小于 80 mm。

(4)在毛石和实心砖的组合墙中,毛石砌体与砖砌体应同时砌筑,并每隔 4 皮 ~6 皮砖用 2 皮 ~3 皮丁砖与毛石砌体拉结砌合;两种砌体间的空隙应填实砂浆。

(5)毛石墙和砖墙相接的转角处和交接处应同时砌筑。转角处、交接处应自纵墙(或横墙)每隔 4 皮 ~6 皮砖高度引出不小于 120 mm 与横墙(或纵墙)相接。

(6)石砌体的组砌形式应符合下列规定:内外搭砌,上下错缝,拉结石、丁砌石交错设置;毛石墙拉结石每 0.7 m² 墙面不应少于 1 块。

石材类型和石砌体施工流程

3. 勾缝

毛石、毛料石、粗料石、细料石砌体灰缝厚度应均匀,灰缝厚度应符合下列规定:

(1)毛石砌体外露面的灰缝厚度不宜大于 40 mm;

(2)毛料石和粗料石的灰缝厚度不宜大于 20 mm;

(3)细料石的灰缝厚度不宜大于 5 mm。

4. 石砌体尺寸、位置的检验(表 5–2)。

表 5-2　石砌体尺寸、位置的允许偏差及检验方法

项次	项目		允许偏差 /mm							检验方法
			毛石砌体		料石砌体					
					毛料石		粗料石		细料石	
			基础	墙	基础	墙	基础	墙	墙、柱	
1	轴线位置		20	15	20	15	15	10	10	用经纬仪和尺检查,或用其他测量仪器检查
2	基础和墙砌体顶面标高		±25	±15	±25	±15	±15	±15	±10	用水准仪和尺检查
3	砌体厚度		+30	+20 −10	+30	+20 −10	+15	+10 −5	+10 −5	用尺检查
4	墙面垂直度	每层	—	20	—	20	—	10	7	用经纬仪、吊线和尺检查,或用其他测量仪器检查
		全高	—	30	—	30	—	25	10	
5	表面平整度	清水墙、柱	—	—	—	20	—	10	5	细料石用 2 m 靠尺和楔形塞尺检查,其他用两直尺垂直于灰缝拉 2 m 线和尺检查
		混水墙、柱	—	—	—	30	—	15		
6	清水墙水平灰缝平直度		—	—	—	—	—	10	5	拉 10 m 线和尺检查

5.1.1　学习任务单

工作任务	在实训场地,进行长 2 m,高 1.5 m,半砖厚墙砌体施工				
姓名		班级		学号	

评价标准:

项次	项目			允许偏差 /mm	检验方法	抽检数量
1	轴线位移			10	用经纬仪和尺或用其他测量仪器检查	承重墙、柱全数检查
2	基础、墙、柱顶面标高			±15	用水准仪和尺检查	不应小于 5 处
3	墙面垂直度	每层		5	用 2 m 托线板检查	不应小于 5 处
		全高	10 m	10	用经纬仪、吊线和尺或其他测量仪器检查	外墙全部阳角
			10 m	20		
4	表面平整度	清水墙、柱		5	用 2 m 靠尺和楔形塞尺检查	不应小于 5 处
		混水墙、柱		8		
5	水平灰缝平直度	清水墙		7	拉 5 m 线和尺检查	不应小于 5 处
		混水墙		10		
6	清水墙游丁走缝			20	以每层第一皮砖为准,用吊线和尺检查	不应小于 5 处

完成实训内容,并且各误差值在标准范围内。每合格 1 项得 2 分,最高 10 分

序号	分项名称	是否完成	偏差值	得分
1	轴线位移			
2	基础、墙、柱顶面标高			
3	墙面垂直度			
4	表面平整度			
5	水平灰缝平直度			
6	清水墙游丁走缝			

5.1.2 学习任务单

工作任务	根据石砌体挡土墙的平面图、立面图和剖面图,分析该挡墙施工的技术要点和注意事项				
姓名		班级		学号	

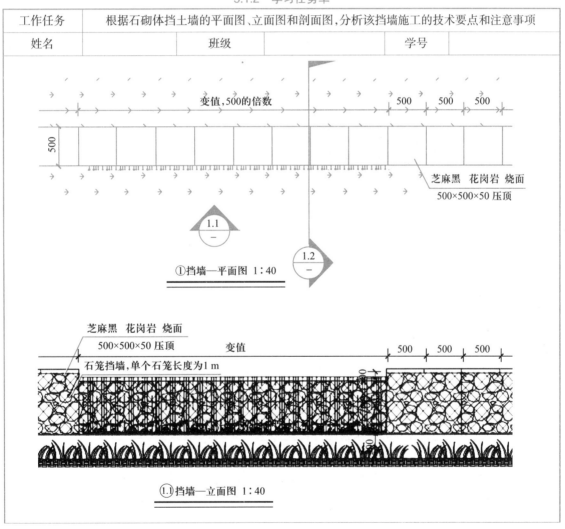

①挡墙—平面图 1:40

①.1挡墙—立面图 1:40

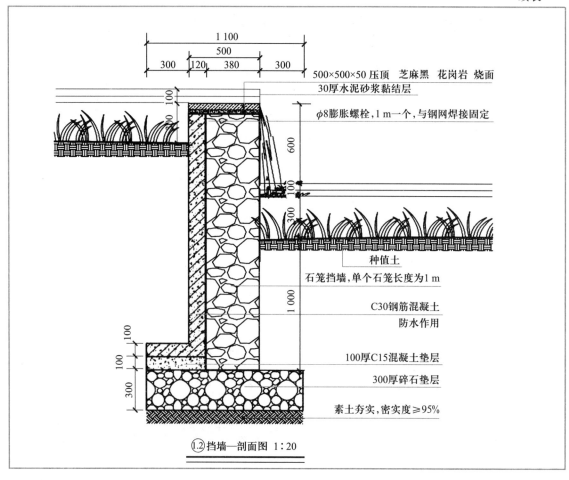

500×500×50 压顶 芝麻黑 花岗岩 烧面

30厚水泥砂浆黏结层

φ8膨胀螺栓，1 m一个，与钢网焊接固定

种值土

石笼挡墙，单个石笼长度为1 m

C30钢筋混凝土
防水作用

100厚C15混凝土垫层

300厚碎石垫层

素土夯实，密实度≥95%

①.2挡墙—剖面图 1：20

任务3 砌筑砂浆配合比设计石砌体工程

一、任务分析

砌筑砂浆配
合比设计

砂浆＝胶结料(水泥)＋骨料(砂)＋掺和料(石灰膏)＋外加剂(微沫剂、防水剂、抗冻剂)＋水。

砂浆按用途分为：砌筑砂浆、抹面砂浆、防水砂浆、装饰砂浆、勾缝砂浆。

砂浆按胶结材料分为：水泥砂浆、水泥混合砂浆、石灰砂浆。

防水砂浆：它是在1：3(体积比)水泥砂浆中，掺入水泥重量3%~5%的防水粉或防水剂搅拌而成的。主要用于防潮层，水池内外抹灰等。

勾缝砂浆：它是水泥和细砂以1：1(体积比)拌制而成的。主要用在清水墙面的勾缝。

砂浆的强度等级是以边长为70.7 mm的立方体试块，在标准养护条件(温度20℃ ±2℃，相对湿度为90%以上)下，养护28天测其抗压极限强度值(单位为MPa)的平均值来划分其等级的。砂浆强度等级分为M5、M7.5、M10、M15、M20、M25、M30七个等级。

1. 水泥

水泥是粉末状物质,它和适量的水拌和后,即由塑性浆状体逐渐变成坚硬的石状体。水泥作为一种最重要的建筑材料,它不但能在空气中硬化,还能更好地在水中硬化、保持并继续增长其强度,故属于水硬性胶凝材料。具有吸潮硬化的特点,因而在储藏、运输时注意防潮。水泥按其性能和用途不同,可分为通用水泥、专用水泥和特性水泥。

我国常用水泥有五种:硅酸盐水泥、普通硅酸盐水泥、矿渣硅酸盐水泥、火山灰质硅酸盐水泥和粉煤灰硅酸盐水泥。

水泥进场时应对其品种、等级、包装或散装仓号、出厂日期进行检查,并应对其强度、安定性进行复验,其质量必须符合现行国家标准《通用硅酸盐水泥》(GB175—2007)的有关规定。当在使用中对水泥质量有怀疑或水泥出厂超过三个月(快硬硅酸盐水泥超过一个月)时,应复查试验,并按其复验结果使用。不同品种的水泥不得混合使用。

2. 砂

砂是混凝土中的细骨料,砂浆中的骨料,可分为天然砂和人工砂。

天然砂是由岩石风化等自然条件作用形成的。可分为:河砂、山砂、海砂等。由于河砂比较洁净、质地较好,所以配制混凝土时宜采用河砂。人工砂是岩石用轧碎机轧碎后,筛选而成的。但它细粉、片状颗粒较多,且成本也高,只有天然砂缺乏时才考虑用人工砂。

砂浆用砂宜采用过筛中砂,不应混有草根、树叶、树枝、塑料、煤块、炉渣等杂物。砂中含泥量、泥块含量、石粉含量、云母、轻物质、有机物、硫化物、硫酸盐及氯盐含量(配筋砌体砌筑用砂)等应符合现行行业标准《普通混凝土用砂、石质量及检验方法标准》(JGJ 52—2006)的有关规定。人工砂、山砂、河砂及特细砂,应经试配能满足砌筑砂浆技术条件要求。

3. 掺和料

拌制水泥混合砂浆的粉煤灰、建筑生石灰、建筑生石灰粉及石灰膏应符合下列规定:粉煤灰、建筑生石灰、建筑生石灰粉的品质指标应符合现行行业标准《粉煤灰在混凝土和砂浆中应用技术规程——JGJ28》《建筑生石灰——JC/T479》《建筑生石灰粉——JC/T480》的有关规定;建筑生石灰、建筑生石灰粉熟化为石灰膏,其熟化时间分别不得少于 7 d 和 2 d;沉淀池中储存的石灰膏,应防止干燥、冻结和污染,严禁使用脱水硬化的石灰膏;建筑生石灰粉、消石灰粉不得代替石灰膏配制水泥石灰砂浆。

4. 外加剂

在砂浆中掺入的砌筑砂浆增塑剂、早强剂、缓凝剂、微沫剂、防冻剂、防水剂等砂浆外加剂,其品种和用量应经有资质的检测单位检验和试配确定。所用外加剂的技术性能应符合国家现行有关标准《砌筑砂浆增塑剂——JG/T164》《混凝土外加剂——GB8076》《砂浆、混凝土防水剂——JC474》的质量要求。

微沫剂主要成分为改性松香酸皂,棕色膏状物,易溶于水,适用于砌筑砂浆及抹面砂浆也适用于引气型混凝土,可与减水剂等外加剂复合使用。微沫剂在拌和砂浆时掺入,能提高砂浆的和易性及保水性,对凝结时间无影响,可提高硬化砂浆的强度及耐久性。

防水剂是与水泥结合形成不溶性材料和填充堵塞砂浆中的孔隙和毛细通路。它分为:硅酸钠类防水剂、金属皂类防水剂、氯化物金属盐类防水剂、硅粉等。用时要根据品种、性能和防水对象而定。

其中,甲基硅醇钠是一种憎水剂,是新型刚性建筑防水材料,具有良好的渗透结晶性。具有微膨胀、增加密实度功能,防水、防风化和防污染的能力,能提高饰面的耐久性。用作混凝土、石灰石、石膏制品、红砖、砂石、粉刷、灰泥、新出窑砖瓦等材料的防水剂。也可用作灰浆的添加剂。

107胶是以聚乙烯醇和甲醛为主要材料,并加少量盐酸、氢氧化钠以及大量的水,在一定温度条件下经缩合反应而成的一种可溶于水的透明胶。在水泥或水泥砂浆中掺入适量的107胶,减少砂浆面层的开裂、脱落等现象,同时还可以提高砂浆的黏稠度和保水性,便于操作。107胶掺入量不宜超过水泥质量的40%。

木质素磺酸钙为棕色粉末,将其掺入抹灰用的聚合物砂浆中,可减少用量10%左右,在常温下施工时,能有效地克服面层颜色不均匀现象。

5. 水

拌制砂浆用水的水质,应符合现行行业标准《混凝土用水标准——JGJ63》的有关规定。

若使用河水必须先经化验才可使用,一般以自来水等饮用水来拌制砂浆。

二、实践操作

1. 砌筑砂浆的稠度设计(表5-3)

表5-3　砌筑砂浆的稠度

砌体种类	砂浆稠度/mm
烧结普通砖砌体、蒸压粉煤灰砖砌体	70~90
混凝土实心砖、混凝土多孔砖砌体 普通混凝土小型空心砌块砌体、蒸压灰砂砖砌体	50~70
石砌体	30~50

2. 砌筑砂浆的强度

烧结普通砖、烧结多孔砖和蒸压灰砂普通砖砌体采用的普通砂浆强度等级:M15、M10、M7.5、M5和M2.5。

料石、毛石砌体采用的砂浆强度等级:M7.5、M5和M2.5。

施工中不应采用强度等级小于M5的水泥砂浆替代同强度等级的水泥混合砂浆,如需替代,应将水泥砂浆提高一个强度等级。

3. 砌筑砂浆机械搅拌时间

砌筑砂浆机械搅拌时间自投料完算起,应符合下列规定:

(1)水泥砂浆和水泥混合砂浆不得少于120 s;

(2)水泥粉煤灰砂浆和掺用外加剂的砂浆不得少于180 s;

(3)现场拌制的砂浆应随拌随用,拌制的砂浆应3 h内使用完毕,不得使用过夜砂浆;当施工期间最高气温超过30℃时,应在2 h内使用完毕。

4. 砌筑砂浆的保存

砌体结构工程使用的湿拌砂浆,除直接使用外,必须储存在不吸水的专用容器内,并根据气候条件采取遮阳、保温、防雨雪等措施。砂浆在储存过程中严禁随意加水。

子项目二　常见园林砌体设计与施工

任务 1　花坛的设计

一、任务分析

花坛是指在具有一定几何轮廓的种植床内,种植各种不同色彩的观花、观叶与观果的园林植物,从而构成一幅富有鲜艳色彩或华丽纹样的装饰图案,以供观赏之用。在园林构图中,花坛不外乎两种作用,一种是作为主景来处理,另一种则作为配景来处理。不管花坛作为主景也好,配景也罢,花坛与周围的环境,花坛与其构图的其他因素之间的关系,都起到对比和调和的作用。

二、实践操作

1. 种植床设计

为了给人以最好的视觉效果,一般来说,种植床的土面高出外面地平的 7~10 cm。为了利于排水,花坛多中央拱起,成为向四周倾斜的缓曲面,最好能保持 4%~10% 的坡度,以 5% 的坡度最为常用。同时,栽植不同的植物,种植土厚度也有不同的要求。

花坛设计

2. 花坛壁设计

在花坛种植床的周围要用边缘石或花坛壁保护起来。当然,边缘石和花坛壁也应有很大的装饰性。花坛壁或边缘石的高度通常为 10~15 cm,大型花坛为了合乎比例,一般也不超过 30 cm。然而,由于人们审美观的改变,现在的花坛已不再拘泥于 10~15 cm 的高度,而依据花坛的制作材料和花坛的面积而定,但最小宽度不宜小于 10 cm,通常以 15~20 cm 为宜,而兼作座凳的花坛,其壁或缘石宽度应不小于 30 cm。

3. 花坛表面装饰设计

一般分层涂抹,底层主要起与基体黏结的作用,中层主要起找平的作用,面层起装饰的作用。

(1) 砌体材料装饰　材料有砖、石块、卵石等。通过选择砖、石的颜色、质感,以及砌块的组合变化、砌块之间勾缝的变化,形成美的外观。

(2) 贴面饰面　材料有饰面砖、饰面板、青石板、水磨石饰面板。

(3) 装饰抹灰　根据使用材料、施工方法和装饰效果的不同分为水刷石、水磨石、斩假石、黏石、喷砂、喷涂、彩色抹灰。

三、实践示例

某砖砌体花坛结构设计如图 5-3 所示。

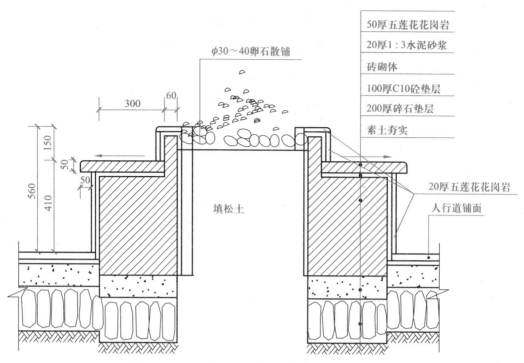

图 5-3　花坛结构图

5.2.1　学习任务单

工作任务	根据提供的花坛平面图、立面图,绘制花坛的剖面 A-A 做法详图			
姓名		班级		学号

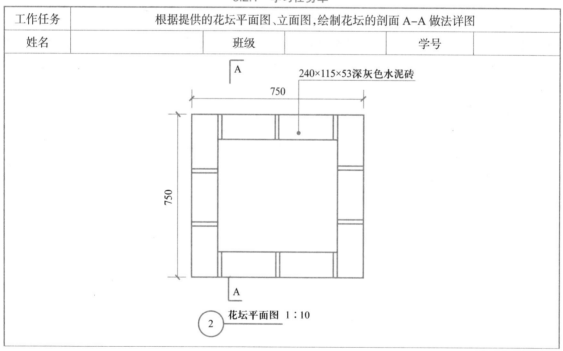

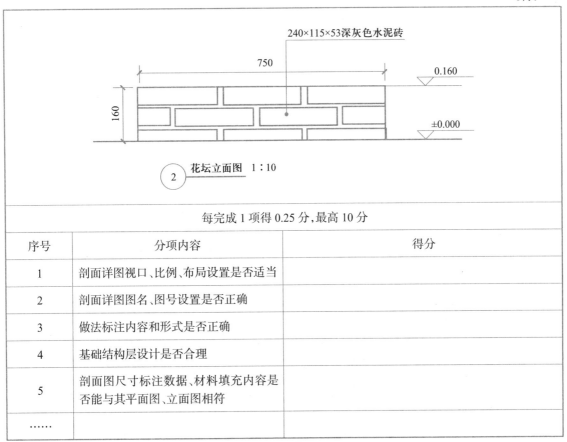

240×115×53深灰色水泥砖

花坛立面图 1:10 ②

每完成1项得0.25分,最高10分

序号	分项内容	得分
1	剖面详图视口、比例、布局设置是否适当	
2	剖面详图图名、图号设置是否正确	
3	做法标注内容和形式是否正确	
4	基础结构层设计是否合理	
5	剖面图尺寸标注数据、材料填充内容是否能与其平面图、立面图相符	
……		

任务2 景墙的设计

一、任务分析

园林中的景墙,不仅起到隔断、围合、标识与划分组织空间的作用,其本身还具有装饰性和观赏性,可美化周围环境,制造空间气氛。景墙在园林设计中,以其本身优美的形式,构成园林中具有欣赏内容的一个独立单元;同时,园林意境的空间构思与创造,往往又具体地利用景墙来作为空间的分隔、穿插、渗透、陪衬,以此来增加景深变化、扩大空间,使方寸之地小中见大,也利用园林艺术巧妙地作为取景的画框,随步移景,不断地框取一幅幅独具魅力的园景,或虚或实地遮移视线,成为情趣盎然的造园障景。虽然它们在园林中体量不大,但在造园艺术意境上是举足轻重的。

二、实践操作

1. 景墙形式设计
景墙形式繁多,根据其材料和构造的不同,有土墙、石墙(虎皮石墙、彩石墙、乱石墙)、砖墙

景墙设计

（清水墙、混水墙、混合墙—上混下清）及瓦、轻钢构成的景墙等。从外观上按造型特征分高矮、曲直、虚实、光洁与粗糙、有檐无檐等，大致可分为平直顶墙、云墙、龙墙、花格墙、花篱墙和影壁墙六种。

2. 景墙材料选择

园墙以使用材料区分，主要有砖墙、石墙和混凝土花格围墙（仿石墙）等。

（1）砖墙　砖墙有空心的一砖（240 mm 厚）、半砖（120 mm 厚）、空斗墙三种。主要通过变化压顶、墙上花窗、粉刷、线脚以及平面立体构成组合来进行造型设计。目前较多的是在钢筋混凝土压顶下安置砖砌图案或钢筋混凝土预制花格，以此为虚，与作为下段的实心砖墙勒脚来组成。压顶、墙身、墙基，俗称"三段式"。为了保证墙身的纵向稳定，必须设砖墩。一般砖墩截面尺寸为240 mm × 370 mm，墩柱距 3 m 左右，高度在 2.5 m 以下。

有时为构图需要，要求墙身通透，既便于借景，又可减少风的横向推力。有时压顶覆以筒瓦，再通过粉刷、线条和勒脚、花窗安排、色彩和花饰、墩柱以及在平立面中的位置变化来创造某种设计意境。一些地方采用磨砖墙、乱石、条石墙，或与花坛组成跌落阶梯式立体绿化花饰墙，令人耳目一新。

（2）石墙　石墙在园林中容易获得天然的气氛，石材的质感即材料的质地和纹理的选择非常多，给人的感觉十分丰富，其中石墙分为天然的和人工的两类。不同类型的石墙具有不同的性质，花岗石、大理石、砂岩、页岩（虎皮石）等石料浑厚，刚劲粗犷，然而加工后，质地光滑细密、纹理有致，于晶莹典雅中透出庄重肃穆的风格，尤适用于永久纪念性活动场合；墙面用大理石碎片饰面，可以嵌出各种壁画。若直接采用天然石料，则更显粗涩、朴实、自然，适用于室外庭园及池岸边；卵砾石料光滑、柔和、活泼，具有强烈的色彩明暗对比；玻璃马赛克、瓷缸砖墙及镶嵌金属条墙光洁华丽，质地细腻，有时更有光彩照人、透明轻快之感。用马赛克拼贴图案的墙面实际上属于一种镶嵌壁画，在园林造景中可塑造出别致的装饰画景。

石墙面还可以利用灰缝宽、窄、凹、凸的不同处理形成不同的格调。一般采用的有凹缝、平缝、凸缝以及干缝等。规整的块石墙可采用干缝处理，即先干摆石块，然后以砂浆灌心；表面比较平整的大块毛石墙通常用凸缝，而乱石墙一般用凹缝。

（3）混凝土墙　用混凝土也可塑造各种仿石墙。利用木模板的纹路，在拆模后留于仿石墙面上，更显朴实自然。若改用泡沫或硬塑料为衬模，在脱模时混凝土表面形成抽象雕塑图案、浮雕等，立体美感特强，容易给人留下深刻印象。

三、实践示例

某景墙结构设计如图 5-4 所示。

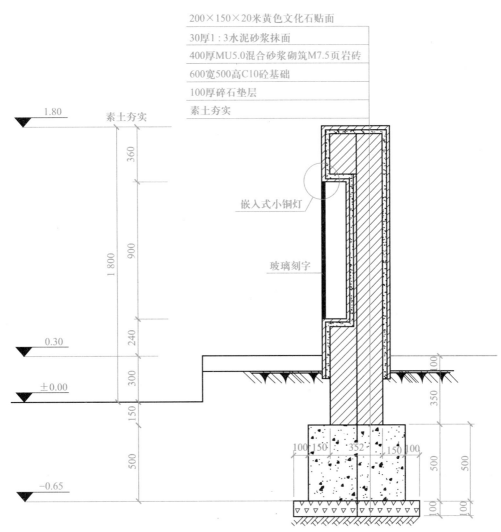

200×150×20米黄色文化石贴面

30厚1:3水泥砂浆抹面

400厚MU5.0混合砂浆砌筑M7.5页岩砖

600宽500高C10砼基础

100厚碎石垫层

素土夯实

嵌入式小铜灯

玻璃刻字

图 5-4　景墙结构图

5.2.2　学习任务单

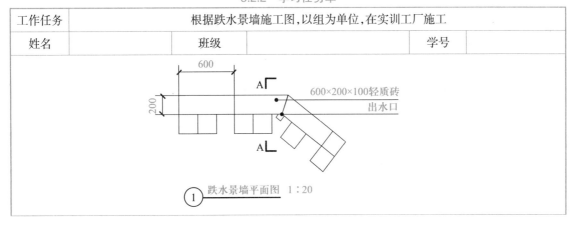

工作任务	根据跌水景墙施工图,以组为单位,在实训工厂施工				
姓名		班级		学号	

600×200×100轻质砖

出水口

跌水景墙平面图　1:20

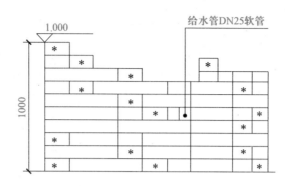

跌水景墙立面图 1:15

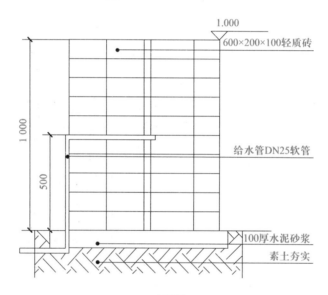

A—A剖面图 1:10

说明:
1. 景墙所有的砖块均由600×200×100
   轻质砖进行切割完成。
2. "*"标注的砖块均凸显出来。

跌水景墙做法详图

每完成 1 项得 2 分,最高 10 分

(分项 1、2 评分标准依据施工图纸,分项 4、5、6、7、8 评分标准依据表 5-1)

序号	分项名称	是否完成	误差值	得分
1	正确识读分析施工图			
2	明确施工材料规格、数量			
3	进行合理的施工组织			
4	景墙完成面顶标高			

序号	分项名称	是否完成	误差值	得分
5	墙面垂直度			
6	表面平整度			
7	水平灰缝平直度			
8	清水墙游丁走缝			

任务 3　园林挡土墙设计与施工

一、任务分析

挡土墙被广泛应用于园林环境中,是防止土坡坍塌、承受侧向压力的构筑物,在园林建筑工程中被广泛地用于房屋地基、堤岸、码头、河池岸壁、路堑边坡、桥梁台座、水榭、假山、地道、地下室等工程中。在山区、丘陵地区的园林中,挡土墙常常是非常重要的地上构筑物,起着十分重要的作用。在地势平坦的园林中,为分割空间、遮挡视线、丰富景观层次,有时会人工砌筑墙体,成为造景功能上的景墙。园林挡土墙的功能作用如下:

挡土墙的设计与施工

1. 固土护坡,阻挡土层塌落

当由厚土构成的斜坡坡度超过所允许的极限坡度时,土体的平衡即遭到破坏,会发生滑坡与坍塌。挡土墙的主要功能是在较高地面与较低地面之间充当阻挡物,以防止陡坡坍塌。

2. 节省占地,扩大用地面积

在一些面积较小的园林局部,当自然地形为斜坡地时,要将其改造成平坦地,以便能在其上修筑房屋。为了获得最大面积的平地,可以将地形设计为两层或几层台地。这时,上下台地之间若以斜坡相连接,则斜坡本身需要占用较多的面积,坡度越缓,所占面积越大。

3. 削弱台地高差

当上下台地地块之间高差过大,下层台地空间受到强烈压抑时,地块之间挡土墙的设计可以化整为零,分作几层台阶形的挡土墙,以缓和台地之间高度变化太强烈的矛盾。

4. 制约空间和空间边界

当挡土墙采用两方甚至三方围合的状态布置时,就可以在所围合之处形成一个半封闭的独立空间。有时,这种半闭合的空间很有用处,能够为园林造景提供具有良好的环绕性外在环境。如西方文艺复兴后期出现的巴洛克式园林的"水剧场"景观,就是在采用幻想式洞窟造型的半环绕式的台地挡土墙前创造出的半闭合喷泉水景空间。

5. 造景作用

由于挡土墙是园林空间的一种竖向界面,在这种界面上进行一些造型、造景和艺术装饰,就可以使园林的立面景观更加丰富多彩,进一步增强园林空间的艺术效果。

挡土墙的作用是多方面的,除了上述几种主要功能外,它还可作为园林绿化的一种载体,增加园林绿色空间或作为休息之用。

二、实践操作

1. 园林挡土墙的设计

（1）选择断面形式　挡土墙按照断面结构形式可分为重力式挡土墙、悬臂式挡土墙、扶垛式挡土墙、桩板式挡土墙、砌块式挡土墙（图5-5）。

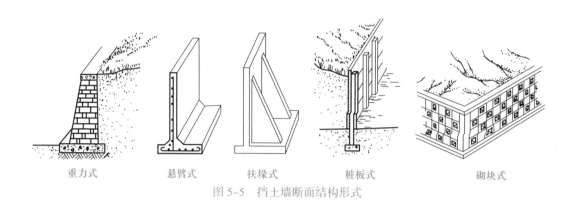

| 重力式 | 悬臂式 | 扶垛式 | 桩板式 | 砌块式 |

图5-5　挡土墙断面结构形式

（2）结构设计（图5-6）

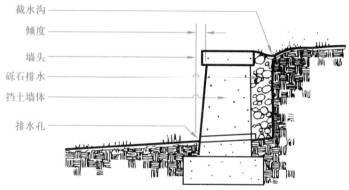

图5-6　典型园林挡土墙的剖面细部构造

（3）挡土墙设置位置选择　从功能上考虑，路基在遇到下列情况时可考虑修建挡土墙。

① 路基位于陡坡地段或岩石风化的路堑边缘地段。

② 为避免大量挖方及降低边坡高度的路堑地段。

③ 可能产生塌方、滑坡的不良地质路段。

④ 水流冲刷严重或长期受水浸泡的沿河路基地段。

⑤ 为节约用地，减少拆迁或少占农田的地段。

⑥ 为保护重要建筑物，生态环境或其他特殊需要的地段。

（4）材料设计　在古代有用麻袋、竹筐取土，或者用铁丝笼装卵石成"石龙"，堆叠成陡坡以取代挡土墙，也有用连排木桩插板做挡土墙的。这些土、铁丝、竹木材料都用不太久，所以现在的挡土墙常用石块、砖、混凝土、钢筋混凝土等硬质材料构成。

① 块石。一般有毛石和料石两种形式。无论是毛石或料石用来建造挡土墙，都可使用浆砌

法或干砌法。浆砌法,就是将各石块用黏结材料黏合在一起。干砌法是不用任何黏结材料来修筑挡土墙,此种方法是将各个石块巧妙地镶嵌成一道稳定的砌体,由于重力作用,每块石头相互咬合十分牢固,增加了墙体的稳定性。

② 砖。它比起石块,能形成平滑、光亮的表面。砖砌挡土墙需用浆砌法。

③ 混凝土和钢筋混凝土。混凝土是由胶凝材料、骨料及水按一定比例配合,在适当的温度和湿度下,经一定时间后硬化而成的人造石材。用水泥及砂石材料配制成的混凝土称为普通混凝土。混凝土是用得最多的人造建筑材料和结构材料,但由于混凝土的抗拉强度比抗压强度低得多,所以一般需与钢筋组成复合构件,即钢筋混凝土。为了提高构件的抗裂性,还可制成预应力混凝土。

挡土墙可以用混凝土建造,既可现场浇筑,又可预制。现场浇筑具有灵活性和可塑性;预制(混凝土)构件则有不同大小、形状、色彩和结构标准。从形状或平面布局而言,预制水泥件缺少现浇的那种灵活和可塑之特性。

④ 木材。粗壮木材也可以做挡土墙,但须进行加压和防腐处理。用木材做挡土墙,其目的是使墙的立面不要有耀眼和突出的效果,特别能与木建筑产生统一感。其缺点是没有其他材料经久耐用,而且还需要定期维护,以防止其受风化和潮湿的侵蚀。木质墙面最易受损害的部位是与土地接触的部分,因此,这一部分应安置在排水良好、干燥的地方,尽量保持干燥,在实际工程中应用较少。

(5) 挡土墙材料要求

① 石材应坚硬,不易风化,毛石等级 >MU10,最小边尺寸 ≥ 15 cm。黏土砖等级 ≥ MU10,一般用于低挡土墙。

② 砌筑砂浆标号 ≥ M5,浸水部分用 M7.5,墙顶用 1:3 水泥砂浆抹面厚 20 mm。

③ 干砌挡土墙不准用卵石,地震地区不准用干砌挡土墙。

(6) 挡土墙排水设计　挡土墙后土坡的排水处理对于维持挡土墙的安全意义重大,因此应给予充分重视。常用的排水处理方式有:

① 地面封闭处理。在土壤渗透性较大而又无特殊使用要求时,可作 20~30 cm 厚夯实黏土层或种植草皮封闭。还可采用胶泥、混凝土或浆砌毛石封闭。

② 设地面截水明沟。在地面设置一道或数道平行于挡土墙的明沟,利用明沟纵坡将降水和上坡地面径流排除,减少墙后地面渗水。必要时还要设纵、横向盲沟,力求尽快排除地面水和地下水(如图 5-7)。

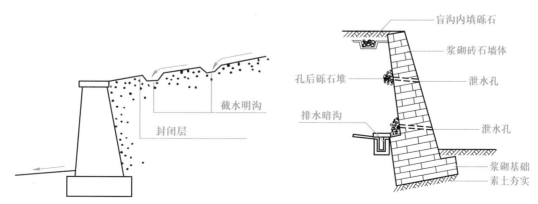

图 5-7　挡土墙排水处理

③ 泄水孔。泄水孔应均匀设置,在每米高度上间隔 2 m 左右设置一个泄水孔;泄水孔与土体间铺设长宽各为 300 mm、厚 200 mm 的卵石或碎石作疏水层。

④ 盲沟。在墙体之后的填土之中,用乱毛石做排水盲沟,盲沟宽不小于 50 cm。经盲沟截下的地下水,再经墙身的泄水孔排出墙外。

(7) 挡土墙沉降伸缩缝　地基不均匀沉陷引起墙身开裂,即沉降缝;墙体热胀冷缩产生的裂缝,即伸缩缝。根据地形及地质情况,每隔 10~15 m 设一道沉降缝或伸缩缝。

沉降伸缩缝填料可采用胶泥填塞,沥青麻筋或涂以沥青的木板(渗水量大、冻寒严重地区),当墙背为填石或冻寒不严重时,可仅留空缝,不嵌填料。

(8) 挡土墙美化设计

① 挡土墙的形态设计,应遵循宁小毋大、宁缓毋陡、宁低毋高、宁曲毋直等原则;

② 结合园林小品,设计多功能的造景挡土墙;

③ 精心设计垂直绿化,丰富挡土墙空间环境;

④ 充分利用建筑材料的质感、色彩,巧于细部设计。

2. 园林挡土墙的施工

(1) 干砌法建造一个 6 m 长、1 m 高的块石挡土墙

第 1 步,挡土墙地基必须水平、压实。从挡土墙的开始处,挖大约 0.6 m 宽、6 m 长的沟。

第 2 步,把挖出的土壤堆在一边。如果是渗水良好的黏土,可以在挡土墙做好后重新填充于挡土墙后。

第 3 步,开始放置底层块石之前,用酒精水平仪来检查地面是否平坦。如果地面有坡度,就把沟做成台阶状,并在低的一面另放一层块石。

第 4 步,开始放置块石。在土坡与块石墙体之间留出大约 0.2 m 宽的缝;放完一层块石后,用土壤填满它们之间的空隙及后边的空间。如果有水渗流或土层粘连的问题,最好在土壤下面砌一个碎石、河沙排水层。

第 5 步,继续放置块石,直至需要的高度。块石的放置要注意摆放角度,石块之间互相咬合,墙体要坚固、平稳。一旦全部块石放好后,就往填土的块石上浇水,并压实。然后所有的缝隙均可再加土填满。

第 6 步,回填土。挡土墙内侧回填土必须分层夯填,分层松土厚宜为 300 mm。墙顶土面应有适当坡度,使流水流向挡土墙外侧面。

(2) 块石挡土墙砌筑基本要求

① 地基应在老土层至实土层上,若为回填土层,应把土夯实。

② 砌筑砂浆(水泥∶石灰膏∶粗砂 =1∶1∶5 或 1∶1∶4)。

③ 墙身应向后倾斜,保持稳定性。用条石砌筑时,应有丁有顺,注意压茬。

⑤ 墙面上每隔 3~4 m 作泄水缝一道,缝宽 20~30 mm。

⑥ 墙顶应作压顶,并挑出 6~8 cm,厚度由挡土墙高度而定。

(3) 以砖、石制筑挡土墙的工艺程序

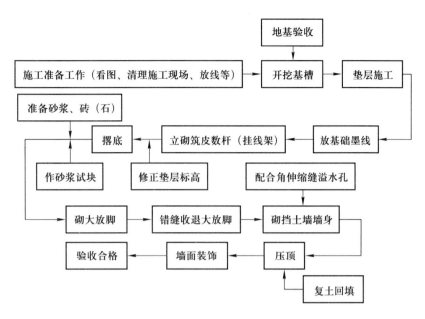

工作任务	根据挡土墙实景照片,绘制挡土墙做法施工图				
姓名		班级		学号	

每完成 1 项得 0.25 分,最高 10 分

序号	分项内容	是否完成	得分
1	绘制内容图块完整(平面图、立面图、剖面图做法图)		
2	图块视口、比例、布局设置是否适当		
3	各图块图名、图号设置是否正确		
4	做法标注内容和形式是否正确		
5	基础结构层设计是否合理		
6	平面图、立面图、剖面图尺寸标注数据、材料填充内容是否与实景照片挡墙相符		
……			

3. 挡土墙施工应注意的质量问题

（1）基础墙与上部墙错台。基础砖撂底要正确，收退大放角两边要相等，退到墙身之前要检查轴线和边线是否正确，如偏差较小可在基础部位纠正，不得在防潮层上退台或出沿。

（2）清水墙游丁走缝。排砖时必须把立缝排匀，砌完一步架高度，每隔2m间距在砖立楞处用托线板吊直弹线，二步架往上继续吊直弹粉线，由底往上所有七分头的长度应保持一致。

（3）灰缝大小不匀。立皮数杆要保证标高一致，盘角时灰缝要掌握均匀，砌砖时小线要拉紧，防止一层线松，一层线紧。半头砖集中使用会造成通缝，砖墙错层造成螺丝墙。

复习题

1. 常用砖砌体材料有哪些？常用石砌体材料有哪些？
2. 砌筑砂浆的类型有哪些？
3. 砌筑砂浆的成分是什么？
4. 花坛的表面装饰设计形式有哪些？
5. 常见景墙的设计形式有哪些？
6. 常见景墙的材料选择有哪些？
7. 挡土墙按照断面结构形式分为哪几类？
8. 挡土墙的排水方式有哪些？
9. 常用挡土墙的材料有哪些？
10. 园林挡土墙有什么作用？

技能训练

分别设计几种结构不同的花坛、坐凳、景墙，并绘制其平面图、立面图、剖面图和结构详图。

项目六　园林道路工程

■ **知识目标**

1. 掌握园路的分类和作用；
2. 掌握园路的宽度、平曲线半径、曲线加宽的设计要求；
3. 掌握园路的坡度、竖曲线、弯道与超高设计要求；
4. 掌握园路的铺装类型、结构类型；
5. 掌握园路的主要病害类型；
6. 掌握园路的施工工艺及其方法。

■ **技能目标**

1. 能进行园路的布局设计、平曲线设计、竖曲线设计；
2. 能进行园路的铺装设计；
3. 能进行园路的结构设计；
4. 能进行园路的施工。

■ **素养目标**

1. 树立文化自信，能够欣赏中国古典园林铺地艺术；
2. 具备园林道路设计的园林美学素养；
3. 树立以人为本的理念，如残疾人坡道的设计、台阶的设计要合理；
4. 树立生态环保的素养，如生态透水性路面的运用；
5. 培养安全设计意识，严格遵守相关设计规范和法规。

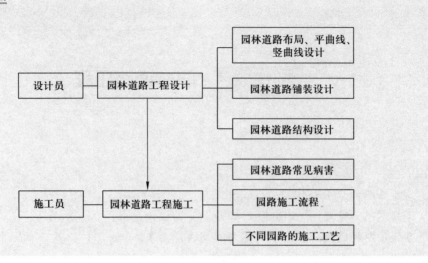

园林作为一种空间的观赏艺术,是利用空间语言传情达义的。空间的连续性是由园路来实现的。园林道路工程包括园路布局、园路的线形设计、园路的结构设计、铺装设计和园路施工等。

狭义上园路是城市道路的延续,指绿地中的道路,是贯穿全园的交通网络,是联系各景区、景点的纽带。从广义上讲园路还包括广场铺装场地、步石、汀步、桥、台阶、坡道、礓礤、蹬道、栈道、嵌草铺装等。

园路的特点如下:

(1) 结构简单、薄面强基、用材多样。

(2) 路面注重景观效果,艺术性高。园路不同于市政道路,园路线形设计、结构设计以及铺装设计上都比市政道路讲究。

(3) 利于排水、清扫,不起灰尘。

子项目一　园林道路线形设计

园路线形设计是在园路的总体布局的基础上进行的设计,可分为平曲线设计和竖曲线设计。园路的线形设计应充分考虑造景的需要,以达到蜿蜒起伏、曲折有致的效果。应与地形、水体、植物、建筑物、铺装场地及其他设施结合,形成完整的风景构图,以创造连续展示园林景观的空间或欣赏前方景物的透视线;应尽可能利用原有地形,以保证路基稳定和减少土方工程量。

任务 1　园林道路布局设计

一、任务分析

园路是园林不可缺少的构成要素,贯穿于整个园林中,是园林结构布局的决定因素。园路的规划布局,往往反映不同的园林风貌和风格。具体作用有:

1. 组织交通

园路与城市道路相联系,有集散人流、车流的作用,满足日常园林养护管理的交通要求,如防火及其他园林机械车辆的通行。

园路的作用与类型

2. 组织空间、引导游览

园路能起到分景和组织空间的作用。园路把各个景区、景点有序的串联成一个整体,引导游人在园中游览观赏,实际上赋予纷繁并陈的园林景物一个渐次展开的秩序。园路规划决定了全园的整体布局。

3. 构成园景

园路引导游人到景区,沿路组织游人休憩观景,园路本身也是园林景观的一部分,以其丰富的寓意,精美的图案,给人以美的享受。

(1) 渲染气氛,创造意境　意境绝不是某一独立的艺术形象或造园要素的单独存在所能创造的,它还必须有一个能使人深受感染的环境,共同渲染这一气氛。中国古典园林中园路的花纹和材料与意境相结合,有其独特的风格与完善的构图。

(2) 参与造景　通过园路的引导,不同角度、不同方向的地形地貌、植物群落等园林景观一一展现在眼前,形成一系列动态画面,即所谓"步移景异",此时园路也参与了风景的构图,即因景得路。再者,园路本身的曲线、质感、色彩、纹样、尺度等与周围环境协调统一,都是园林中不可多得的风景要素。

(3) 影响空间比例　园路的每一块铺料的大小以及铺砌形状的大小和间距等,都能影响整个园林空间的视觉比例。形体较大,较开展,会使一个空间产生一种宽敞的尺度感,而较小,紧缩的形式,则使空间具有压缩感和亲密感。例如,在园路路面铺装中加入第二类铺装材料,能明显地将整个空间分割较小,形成更易被感受的副空间。

(4) 统一空间环境　在园路设计中,其他要素会在尺度和特性上有着很大差异,但在总体布局中,处于共同的铺装地面中,相互之间便连接成一个整体,在视觉上统一起来。

(5) 构成空间个性　园路的铺装材料及其图案和边缘轮廓,具有构成和增强空间个性的作用,不同的铺装材料和图案造型,能形成和增强不同的空间感,如细腻感、粗犷感、宁静感、亲切感等。并且,丰富独特的园路可以创造视觉趣味,增强空间的独特性和可识性。

4. 综合功能、敷设管线

园林道路是水电管网的基础,它直接影响给排水和供电的布置。

二、实践操作

1. 布局

(1) 要从园路的使用功能出发,根据地形、地貌、景点的分布和园务活动的需要综合考虑,统一规划。

(2) 园林道路不同于市政道路,它的交通功能从属于游览要求。但不同类型的道路又有差异,一般主要园路要比次要园路和游步道交通功能要强一些。在游览方面,园林道路是组成导游路线的主干。

(3) 园林的地形地貌往往决定了园林道路系统的形式。如狭长的园林,园内各主要活动设施和各景点必沿带状分布,和它们相联系的主要园路也必呈带状形式。

（4）园林道路系统必须主次分明,方向性强,才不致使游人感到辨别困难,甚至迷失方向。园林的主要道路不仅要在宽度和路面铺装上有别于次要园路,而且要在风景的组织上给人们留下深刻的印象。

2. 确定路面的耐久性

（1）临时性园路　由煤屑、三合土等组成的路面,可分为灰土路、渣土路、粒料路。

（2）永久性园路　包括水泥混凝土路面和沥青混凝土路面等。

3. 确定园路构造

一般有三种类型:路堑型(图6-1),路堤型(图6-2),特殊型(包括步石、汀步、蹬道、攀梯等)。

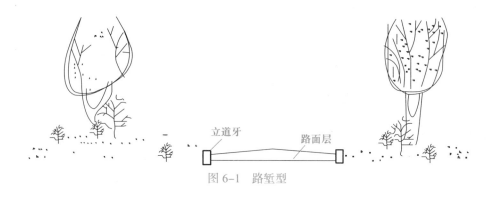

图 6-1　路堑型

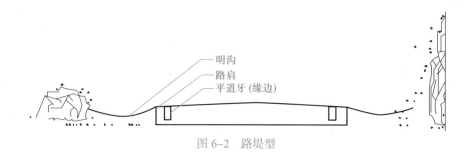

图 6-2　路堤型

4. 确定路面铺装类型

（1）整体路面　包括水泥混凝土路面和沥青混凝土路面。

（2）块料路面　包括各种天然块石或各种预制块料铺装的路面。

（3）碎料路面　用各种碎石、瓦片、卵石等组成的路面。

任务2　园林道路平曲线设计

园路的平面
布局设计

一、任务分析

园路规划有自由曲线的方式,也有规则直线的方式,从而形成两种不同的园林风格。采用一种方式的同时,也可以用另一种方式补充。平曲线设计包括确定道路的宽度、平曲线半径和曲线加宽等。

二、实践操作

1. 园路的宽度设计

路宽根据公园游人容量、流量、功能及活动内容等因素而定。因此园路可分为主要园路、次要园路、游步道和小径四级。

（1）主要园路是联系园内各个景区、主要风景点和活动设施的道路，是园林内大量游人所要行进的路线，必要时可通行少量管理用车，应考虑能通行卡车、大型客车，宽度为 4~6 m，一般最宽不超过 6 m。

（2）次要园路是主要园路的辅助道路，设在各个景区内，联系着各个景点。考虑到园务交通的需要，应也能通行小型服务用车及消防车等，路面宽度常为 3.5~4 m。

（3）游步道主要供游人散步休息、引导游人深入园林各个角落，如山上、水边、林中、花丛等。多曲折自由布置，考虑两人行走，其宽度一般为 1.2~2.5 m。注意路面防滑。

（4）小径在园林中是园路系统的末梢，是联系园景的捷径，最能体现艺术性的部分。它以优美婉转的曲线构图成景，与周围的景物相互渗透、吻合，极尽自然变化之妙。小径不超过 1 m，只能供一个人通过。

游人及各种车辆的最小运动宽度，见表 6-1。

表 6-1　游人及车辆的最小运动宽度表

交通种类	最小宽度 /m	交通种类	最小宽度 /m
单人	≥ 0.75	小轿车	2.00
自行车	0.6	消防车	2.06
三轮车	1.24	卡车	2.05
手扶拖拉机	0.84~1.5	大轿车	2.66

2. 园路的平面线型设计

（1）直线　在规则式园林绿地中，多采用直线形园路。因其线形平直、规则，方便交通。

（2）圆弧曲线　道路转弯或交汇时，考虑行驶机动车的要求，弯道部分应取圆弧曲线连接，并具有相应的转弯半径。

（3）自由曲线　指曲率不等且随意变化的自然曲线。在以自然式布局为主的园林游步道中多采用此种线形，可随地形、景物的变化而自然弯曲，柔顺流畅和协调。

3. 平曲线半径的选择

当道路由一段直线转到另一段直线上去时，其转角的连接部分均采用圆弧形曲线，这种圆弧的半径称为平曲线半径（图 6-3）。

考虑到园路的功能和艺术的要求，如为了增加游览程序，组织园林自然景色，园路在平

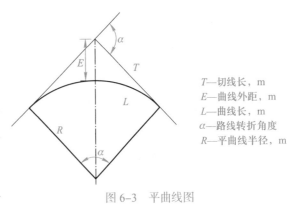

T—切线长，m
E—曲线外距，m
L—曲线长，m
α—路线转折角度
R—平曲线半径，m

图 6-3　平曲线图

面上应有适当的曲折,可以让游人欣赏到变化的景色,步移景异。在自然园路设计中,单一弧形路容易产生无限的感觉。作为安静休息区道路宜曲不宜直,直则无趣。园路的曲折要有一定的目的性,随"意"而曲,曲得其所,但道路的迂回曲折应有度,不可以为曲折而曲折,矫揉造作,让游人多走冤枉路。

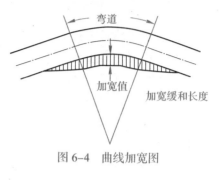

图 6-4 曲线加宽图

4. 曲线加宽设计

汽车在弯道上行驶,由于前后轮的轨迹不同,前轮的转弯半径大,后轮的转弯半径小。因此,弯道内侧的路面要适当加宽(图 6-4)。转弯半径越小,加宽值越大。一般加宽值为 2.5 m,加宽延长值为 5 m。

任务 3　园林道路竖曲线设计

一、任务分析

园林道路竖曲线设计包括道路的纵横坡度、弯道、超高等。园路要根据地形要求及景点的分布等因素来布置,如园路经过山丘、水体等时要因地制宜地起伏,较陡的山路需要盘旋而上,以减缓坡度。

二、实践操作

1. 园路纵断面设计
(1) 要满足园林造景需要;
(2) 园路的纵坡、加宽、曲线长度等设计要符合设计规范;
(3) 道路中心线高程应与城市道路有合理的衔接。

2. 园路的坡度设计
(1) 园路的坡度设计要求先保证路基稳定的情况下,尽量利用原有地形以减少土方量。
(2) 一般园路的纵坡度为 0.3°~8°,纵坡度为 12° 时,道路需要采取防滑措施。当坡度在 12°~35° 之间时应设台阶,在 35°~40° 之间除了要加台阶外还应设有休息平台,到 60° 时还应加扶手,在 60°~90° 时还应有攀梯。
(3) 园路横坡一般为 1°~5°,纵坡小时横坡可大些。
(4) 不同类型的园路对纵横坡的要求也不同。
① 主要园路纵坡宜小于 8°,横坡宜小于 3°;主园路不宜设梯道,必须设梯道时,纵坡宜小于 36°;
② 次要园路纵坡宜小于 18°,纵坡超 15° 时路面应做防滑处理,超过 18° 宜按台阶、梯道设计,台阶踏步不得少于两级,台阶宽为 30~38 cm,高为 10~15 cm;
③ 游步道坡度超过 12° 时为了便于行走,可设台阶。台阶不宜连续使用过多,若地形允许,经过 10~20 级台阶设一平台,给予游人喘息、观赏的机会;
④ 粒料路面横坡宜小于 4°,纵、横坡不得同时无坡度;
⑤ 山地公园的园路纵坡应小于 12°,超过 12° 应做防滑处理;

⑥ 园路的设计除考虑以上原则外,还要注意交叉路口的相连处避免冲突、出入口的艺术处理、与四周环境的协调、地表的排水、对花草树木的生长影响等等。

3. 竖曲线设计

当道路上下起伏时,在起伏转折的地方,由一条圆弧连接,这条圆弧是竖向的,工程上把这样的弧线叫竖曲线(图 6-5),竖曲线应考虑行车安全。

图 6-5 竖曲线图

4. 弯道与超高设计

当汽车在弯道上行驶时,产生的横向推力叫离心力。为了抵消离心力的作用,防止车辆向外侧滑移,就要把路的外侧抬高。道路外侧抬高为超高(图 6-6),超高与道路半径及行车速度有关,一般为 2°~6°。

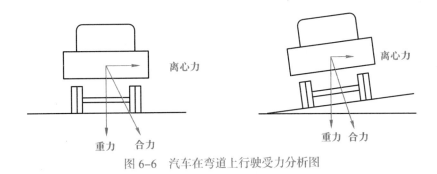

图 6-6 汽车在弯道上行驶受力分析图

5. 供残疾人使用的园路设计

(1) 路面宽度不宜小于 1.2 m,回车路段路面宽度不宜小于 2.5 m。

(2) 道路纵坡一般不宜超过 4%,且坡长不宜过长,在适当距离应设水平路段,并不应有阶梯。

(3) 应尽可能减小横坡。

(4) 坡道坡度 1/20~1/15 时,其坡长一般不宜超过 9 m;每逢转弯处,应设不小于 1.8 m 的休息平台。

(5) 园路一侧为陡坡时,为防止轮椅从边侧滑落,应设 10 cm 高以上的挡石,并设扶手栏杆。

(6) 排水沟箅子等,不得突出路面,并注意不得卡住车轮和盲人的拐杖。

具体做法参照《方便残疾人使用的城市道路和建筑设计规范》。

工作任务	识读园路竖向设计平面图			
姓名		班级		学号

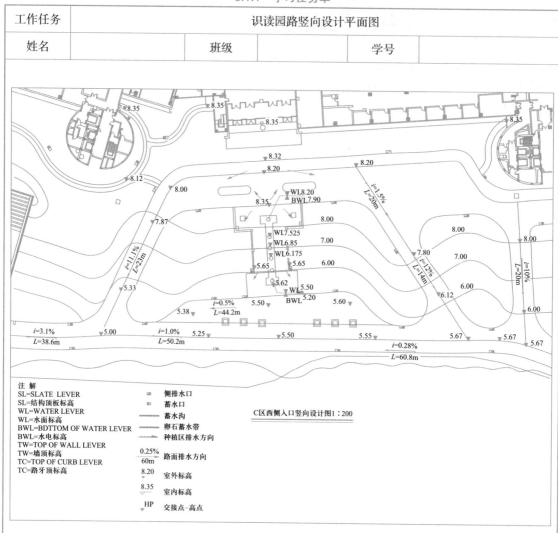

C区西侧入口竖向设计图 1：200

注 解
SL=SLATE LEVER
SL=结构顶板标高
WL=WATER LEVER
WL=水面标高
BWL=BDTTOM OF WATER LEVER
BWL=水电标高
TW=TOP OF WALL LEVER
TW=墙顶标高
TC=TOP OF CURB LEVER
TC=路牙顶标高

侧排水口
蓄水口
蓄水沟
卵石蓄水带
种植区排水方向
$\frac{0.25\%}{60m}$ 路面排水方向
8.20 室外标高
8.35 室内标高
HP 交接点－高点

序号	每正确填出一处得 2 分,最高 10 分	
1	图中标注的园路纵坡最大值	
2	图中标注的园路纵坡最小值	
3	图中标注的园路标高最大值	
4	图中标注的园路标高最小值	
5	图中雨水口的个数	

子项目二 园林道路铺装结构设计

任务1 园林道路铺装设计

一、任务分析

园路铺装设计要与周围环境相协调,在面层设计时,有意识地根据不同主题的环境,采用不同的纹样、材料色彩及质感来增强景观效果。

园路铺装设计

园路铺装设计要满足园路的功能要求。虽说园路也是园林景观构成的一部分,但它主要的功能还是交通,是游人活动的场地。并且园路要有一定的粗糙度,要能够减少地面的反射。因此在进行铺装设计时不能为了追求景观的效果而忽略了园路的使用功能。

园路路面应具有装饰性,在满足实用功能的前提下用不同的纹样、质感、尺度和色彩以及不同的风格和时代特色来装饰园林。

路面的装饰设计应符合生态环保的要求,包括使用材料本身是否有害、施工工艺过程是否环保、采用的结构形式对周围自然环境是否会造成影响等。

二、实践操作

1. 确定园路铺装类型

根据路面铺装材料和结构特点,可以把园路路面的铺装形式分为三大类,即整体路面铺装、块料铺装、粒料和碎料铺装。另外,还有一些特殊的园路形式,如汀步、步石等。

(1) 整体铺装　整体路面的铺装常见分为水泥混凝土和沥青混凝土两种。

用沥青混凝土铺筑成的路面平整干净,路面耐压耐磨,适用于行车、人流集中的主要园路。黑色沥青路面不易与园林周围的环境相协调,在园林中使用不够理想;而彩色沥青混凝土路面,能较好地活跃环境气氛。

水泥混凝土可塑性强,可采用多种方法来做表面处理形成各种各样的图案、花纹。表面处理是直接在水泥混凝土的表面做各种各样的面层处理,其方法有抹平、硬毛刷或耙齿表面处理、滚轴压纹、机刨纹理、露骨料饰面、彩色水泥抹平、水磨石饰面和压模处理。

(2) 块料铺装　指块料铺装是用石材、混凝土、烧结砖等预制的整形板材,其中块料作为结构面层(图6-7~图6-9)。

其基层常使用灰土、天然砾石、级配砂石等。预制块料的大小、形状,除了要与环境、空间相协调,还要适于自由曲折的线形铺砌,表面粗细适度。

其中,石材是所有铺装材料中最自然的一种,其耐磨性和观赏性都较高,如有自然纹理的石灰岩、层次分明的砂岩、质地鲜亮的花岗岩。用石材预制的块料所铺设的园路,既能满足使用功能,又符合人们的审美要求。

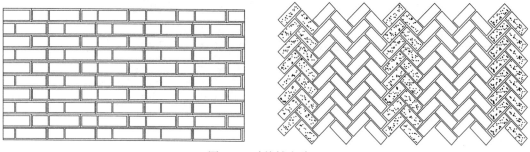

图 6-7　砖块铺砌路面

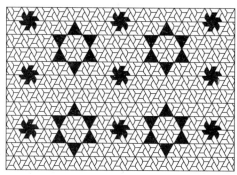

图 6-8　预制块料铺装

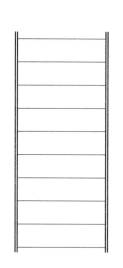
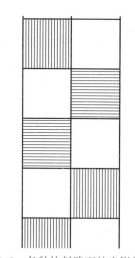
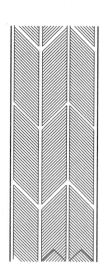

图 6-9　各种块料路面的光影效果

混凝土不比自然风化石材,它造价低廉、铺设简单、可塑性强、耐久性也很高。用混凝土可预制成各种块料,通过染色技术、喷漆技术、蚀刻技术等简单工艺,可描绘出各种美丽的图案,让它符合设计要求。

(3) 粒料和碎料铺装

① 散置粒料路面。使用砂或卵石,径粒在 20 mm 以下。

② 花街铺地。花街铺地是我国古代园林铺地艺术的代表。以砖瓦、碎石、瓦片等废料、碎料

组成图案精美、色彩丰富的各种花纹地面（图6-10~图6-15）。如冰裂纹、席纹、长八方、攒六方、四方冰景灯、十字海棠等。

　　③ 卵石嵌花路面。卵石的价格低廉，使用广泛。卵石是自然的铺装材料，在现代园林景观中广泛应用，不仅可以利用卵石铺成各种图案纹样构成园景，也可以用卵石铺设的园路，让人们在游览园林的同时还可以利用卵石进行足底按摩。例如，以深色（或较大的）卵石为界线，以浅色（或较小的）卵石填入其间，拼填出鹿、鹤、麒麟等，或拼填出"平升三级"等吉祥如意的图形，当然还有"暗八仙"或其他形象。总之，可以用这种材料铺成各种形象生动的地面。

　　④ 透水路面。把天然石块和各种形状的预制水泥混凝土块，铺成各种花纹，铺筑时在块料间留3~5 cm的缝隙，填入土壤，然后种草（图6-16）。一般用在停车场。

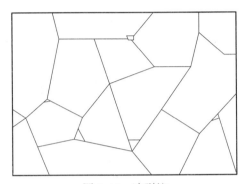

图6-10　冰裂纹

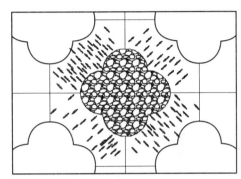

图6-11　十字海棠

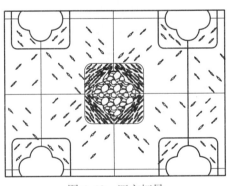

图6-12　四方灯景

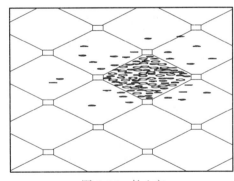

图6-13　长八方

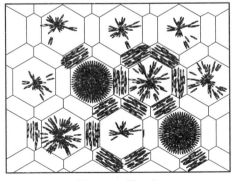

图6-14　攒六方

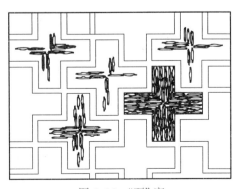

图6-15　"万"字

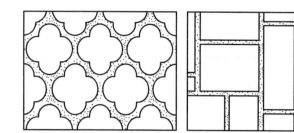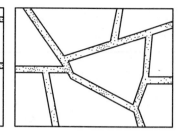

图 6-16　各种嵌草路面

（4）步石、汀步　步石是指在草地上用一至数块天然石块或预制成各种形状的铺块,通过不连续的自由组合来越过草地。每块步石都是独立的,彼此之间互不干扰,所以对于每块步石的铺设都应保证稳定、耐久。步石的平面形状有多种,可做成圆形、长方形、正方形或不规则形状等（图 6-17）。汀步是指园路在越过水面的部分,利用不连续的石材等,进行铺设。汀步石既是水中道路,又是点式渡桥,游人可凌水而行,增加游览乐趣（图 6-18）。

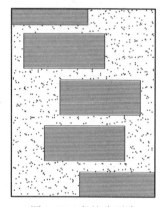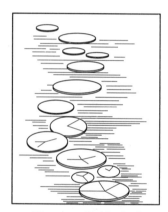

图 6-17　条纹步石路　　　　　　　图 6-18　荷叶汀步石

（5）其他铺装形式　如台阶、礓磜、木栈台、盲道等。

台阶是园林中因地势高差而设的一种特殊园路,它除道路功能外还有美化装饰的作用,特别是它的外形轮廓富有节奏感,也可与其他造园要素一起构成园景。如可与花台、大树等结合形成景观。

在园林铺装中,木材铺装显得典雅、自然,因此木材是建造栈台、栈桥、亲水平台的首选。木质铺装最大的优点就是能够给人以柔和、亲切的感觉,在园林中多用于休息区放置桌椅的地方,与坚硬冰冷的石质材料相比,它具有明显优势。

2. 园路的纹样和图案设计

从艺术的角度考虑、从与周围景物配合的关系来确定纹样,进行图案设计。

（1）用图案进行地面装饰　利用不同形状的铺砌材料,构成具象或抽象的图案纹样,以获得较好的视觉效果（图 6-19）。

（2）用色块进行地面装饰　选择不同颜色的材料构成铺地图案,利用块面的变化进行地面的装饰,以取得赏心悦目的视觉效果（图 6-20）。

图 6-19　碎料、块料拼纹路

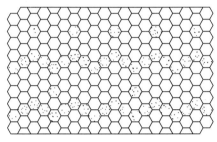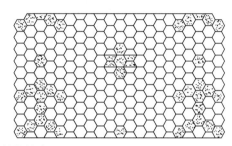

图 6-20　预制块料路面

（3）用材质变化装饰地面　不同材质的铺装材料相结合，不仅能构成美丽的图案，也能使铺地具有层次感和质地感（图 6-21，图 6-22）。

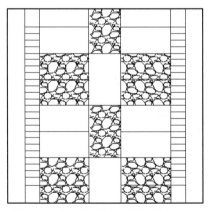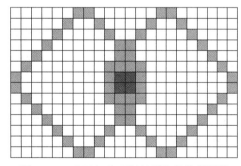

图 6-21　卵石与石板拼纹的块料铺装　　　　图 6-22　毛面与光面板材拼纹的块料铺装

3. 材料的选择

（1）图案纹样设计好之后，要根据图案和纹样来确定它所使用的材料。这里面主要指色彩的搭配、尺度以及他们之间的组合变化，色彩要与周围景物协调。

（2）从结构上来说，选择材料还要考虑材料的强度、材料表面的处理形式、材料的耐久性、粗糙度以及环保性。

（3）一般常用的铺装材料有石材、砖、砾石、混凝土、木材、可回收材料等，不同的材料有不同的质感和风格。

任务2 园林道路结构设计

一、任务分析

1. 就地取材,低材高用

园路修建的经费在整个园林建设投资中占有很大的比例。为了节省资金,在园路设计时应尽量使用当地材料、建筑废料及工业废渣等。因此园路结构设计应要经济合理、因地制宜、就地取材。

园路结构设计

2. 薄面、稳基、强基土

稳定的路基对保证园路的使用寿命具有重大意义,面层要求坚固、平稳且耐磨,并在此前提下尽量薄,也可减少资金的投入。

二、实践操作

园路一般由路面、路基和道牙等部分组成(图6-23)。

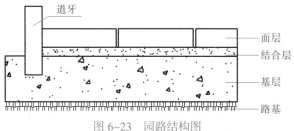

图6-23　园路结构图

1. 路面结构设计

(1)面层　是路面最上面的一层,它直接承受人流、车辆、大气天气等因素影响。因此要求坚固、平稳、耐磨,有一定的粗糙度、少尘土、便于清扫。面层可以选择块料、碎料或整体路面。

(2)结合层　采用块料铺筑面层时,位于在面层和基层之间的一层,是作用于结合、找平、排水而设置的一层。结合层可以选择白灰砂浆、水泥混合砂浆和水泥砂浆等。

(3)基层　一般在土基之上,起承重作用。它承受由面层传下来的荷载,又把荷载传给路基。因此,要有一定的强度,一般选用碎(砾)石、灰土或各种矿物废渣等筑成。基层使用灰土较多。

2. 路基结构设计

路基是路面的基础,它不仅为路面提供一个平整的基面,承受路面传下来的荷载,也是保证路面强度和稳定性的重要条件之一。如果路基的稳定性欠缺,应采取措施,以保证路面的使用寿命。对于不同地区,不同土壤结构,可采用不同的施工方法来确保路基的强度和稳定性。

3. 附属工程设计

(1)道牙(缘石)　道牙是安置在路面两侧,使路面与路肩在高程上起衔接作用,并能保护路面,便于排水的一项设施(图6-24)。道牙一般分为立道牙和平道牙两种形式。立道牙一般高出地面50 mm,平道牙可用机砖。

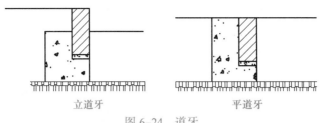

图 6-24 道牙

(2) 台阶、蹬道、礓礤和种植池

① 台阶。当路面坡度超过 12° 时,为了便于行走,在不通行车辆的路段上,可设台阶。台阶的宽度与路面相同,每节的高度为 12~17 cm,宽度为 30~38 cm。一般台阶不连续使用,如地形许可,每 10~18 级后应设一段平坦的地段,使游人有恢复体力的机会。为了利于排水,每级台阶应有 1°~2° 的向下坡度。

② 蹬道。在地形陡峭的地段,可结合地形或利用露岩设置蹬道。当其纵坡大于 60° 时,应做防滑处理,并设扶手栏杆等,以确保游人行走安全。

③ 礓礤。在坡度较大的地段上,一般纵坡超过 15° 时,本应设台阶的,但为了能通行车辆,将斜面作成锯齿形坡道,称为礓礤。其形式和尺寸如图 6-25 所示。

④ 种植池。在路边或广场上栽种植物,一般应留种植池。种植池的大小应由所栽植物的要求而定,在栽种高大乔木的种植池上应设保护栏。

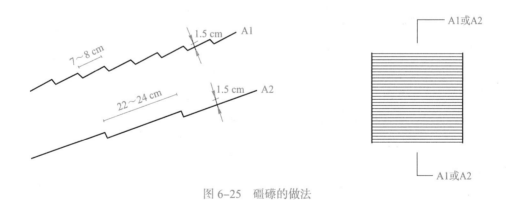

图 6-25 礓礤的做法

三、实践示例

常用园路结构图,见表6-2。

表 6-2　常用园路结构图

编号	类型	结构	
1	水泥混凝土路		1. 80~150 厚 # 200 混凝土 2. 80~120 厚碎石 3. 素土夯实 注:基层可用二渣,三渣
2	沥青碎石路		1. 10 厚二层柏油表面处理 2. 50 厚泥结碎石 3. 150 厚碎砖或白灰、煤渣 4. 素土夯实
3	方砖路		1. 500×500×100 # 150 混凝土方砖 2. 50 厚粗砂 3. 150~250 厚灰土 4. 素土夯实 注:胀逢加 10×95 橡皮条
4	块石汀步		1. 大块毛石 2. 基石用毛石或 100 厚水泥板
5	石板嵌草路		1. 100 厚石板 2. 50 厚黄砂 3. 素土夯实 注:石缝 30~50 嵌草
6	荷叶汀步		钢筋混凝土现浇

编号	类型	结构
7	透水砖地面（人行）	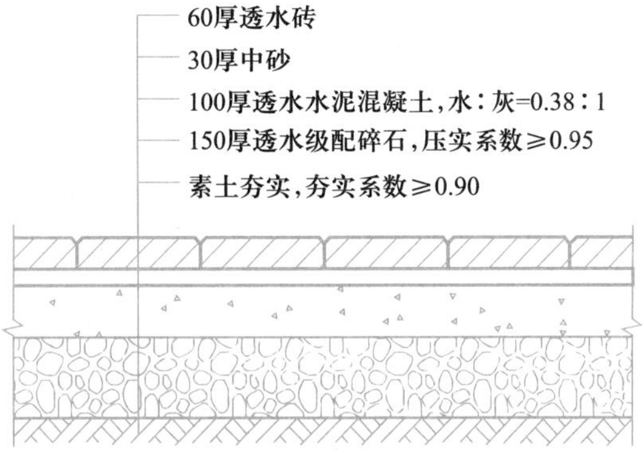 60厚透水砖 30厚中砂 100厚透水水泥混凝土,水:灰=0.38:1 150厚透水级配碎石,压实系数≥0.95 素土夯实,夯实系数≥0.90
8	透水混凝土地面(人行)	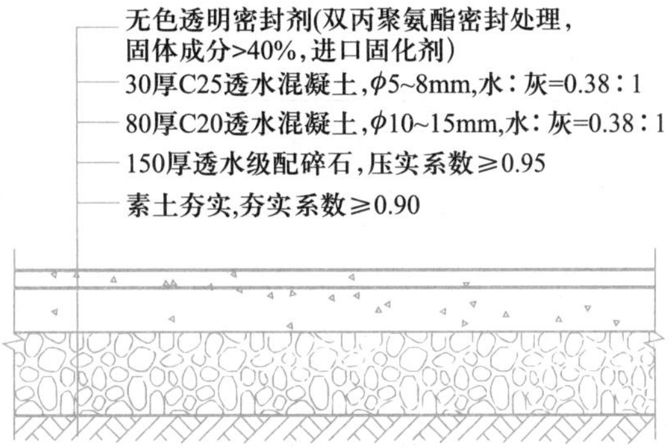 无色透明密封剂(双丙聚氨酯密封处理,固体成分>40%,进口固化剂) 30厚C25透水混凝土,ϕ5~8mm,水:灰=0.38:1 80厚C20透水混凝土,ϕ10~15mm,水:灰=0.38:1 150厚透水级配碎石,压实系数≥0.95 素土夯实,夯实系数≥0.90
9	透水沥青地面（人行）	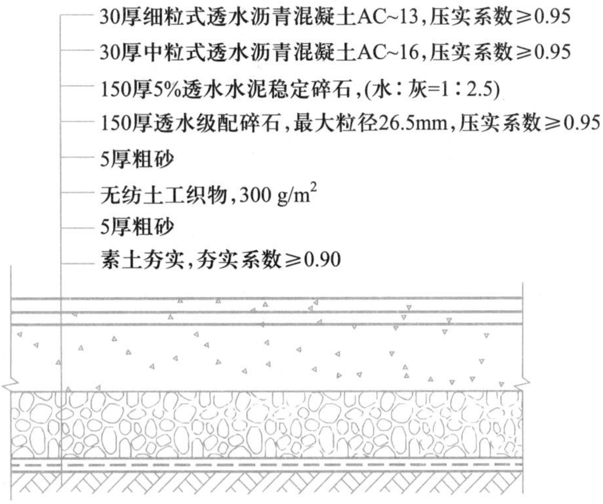 30厚细粒式透水沥青混凝土AC~13,压实系数≥0.95 30厚中粒式透水沥青混凝土AC~16,压实系数≥0.95 150厚5%透水水泥稳定碎石,(水:灰=1:2.5) 150厚透水级配碎石,最大粒径26.5mm,压实系数≥0.95 5厚粗砂 无纺土工织物,300 g/m² 5厚粗砂 素土夯实,夯实系数≥0.90

工作任务	根据场地总平面尺寸定位图及索引图,绘制铺装平面大样图和结构断面图				
姓名		班级		学号	

総平面尺寸定位图　　1:25

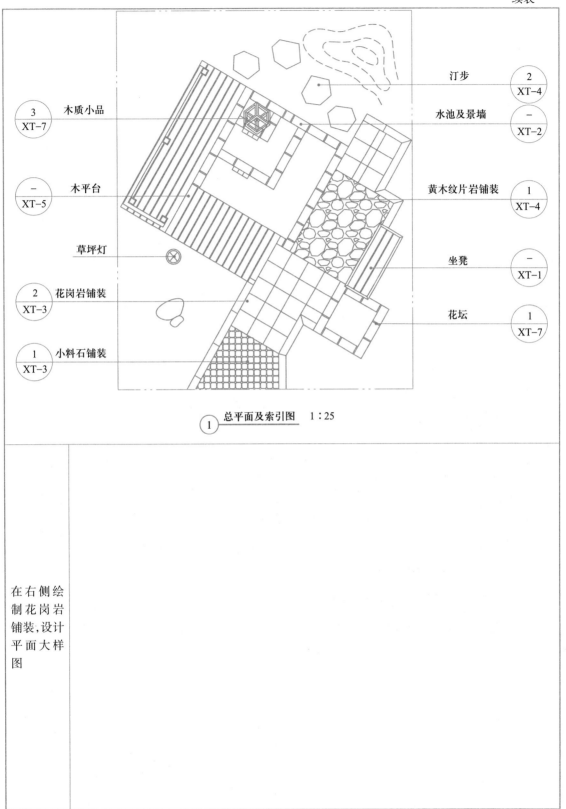

在右侧绘制黄木纹片岩铺装,设计结构断面图		
1	考评项目及分值	得分
2	平面大样图和结构断面图反映内容一致(1分)	
3	平面大样图、结构断面图比例标注正确(各1分,共2分)	
4	花岗石材料尺寸、厚度、花色、表面处理方式适合场地环境(各0.5分,共2分)	
5	平面大样图中花岗石排列整齐、能节约材料(1分)	
6	平面大样图中尺寸标注正确(1分)	
7	结构断面图中各结构层厚度、材料标注正确(每层1分,共3分)	
合计(10分)		

子项目三　园林道路施工

园路施工是园林施工的一个重要组成部分,工程重点在于控制好施工面的高程,并注意与园林其他设施的有关高程相协调。施工中,路基和基层的处理只要达到设计要求的牢固性和稳定性即可,而面层的铺砌要更加精细,更加强调质量要求。

任务　园林道路施工

一、任务分析

分析园路常见"病害"及其原因,在施工中要注意避免出现这些问题。园路的病害是指园路的破坏。一般常见的病害有裂缝、凹陷、啃边、翻浆等。

1. 裂缝凹陷

造成裂缝凹陷的原因:一是基层处理不当,太薄或出现不均匀沉降,造成路基不稳定而发生裂缝凹陷;二是地基湿软,在路面荷载超过土基的承载力时会造成这种现象。

2. 啃边

啃边主要产生于道牙与路面的接触部位。当路肩与基土结合不够紧密,不稳定、不坚固,道牙外移或排水坡度不够,车辆的啃蚀使之损坏,并从边缘起向中心发展,这种破坏现象叫作啃边(图 6-26)。

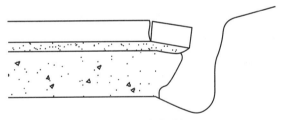

图 6-26　啃边破坏

3. 翻浆

在季节性冰冻地区,地下水位高。特别是对于粉砂性土基,由于毛细管作用,水分上升到路面下,冬季气温下降,水分在路面下形成冰粒,体积增大,路面就会出现隆起现象。到春季上层冻土融化,而下层尚未融化,这样使土基变成湿软的橡皮状,路面承载力下降,这时如果车辆通过时,路面下陷,邻近部分隆起,并将泥土从裂缝中挤出来,使路面破坏,这种现象叫翻浆(图 6-27)。另外造成翻浆的原因还有基土不稳定和地下水位高,基土排水不良。因此要加强基层基土的强度、承载力和降低地下水位。

二、实践操作

1. 施工前的准备

(1)施工前要熟悉图纸,然后对沿路现状进行调查,了解施工环境后确定施工方案。

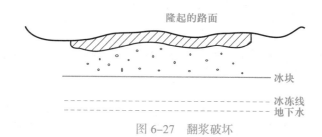

隆起的路面

——— 冰块

- - - - - - - 冰冻线
- - - - - - - 地下水

虚拟实训：
江苏园园路
施工

图 6-27 翻浆破坏

（2）道路施工材料用量大，须提前预制、加工、订货及采购。由于施工现场范围狭窄，不可能现场堆积储存，必须按计划做好材料调运工作。

（3）由于施工场地狭窄，施工期间挖出的大量面层垃圾不能现场存放，必须事先选择临时弃土场或指定地点堆放。

2. 测量放线

根据图纸比例，放出道路中线和道牙边线，其中在转弯处按路面设计的中心线，在地面上每15~50 m 放一中心桩，在弯道的曲线上应在曲头、曲中和曲尾各放一中心桩，并在各中心桩上写明桩号，再以中心桩为准，根据路面宽度定边桩，最后放出路面的平曲线。

3. 准备路槽

按设计路面的宽度，每侧放出 20 cm 挖槽，路槽的深度应比路面的厚度小 3~10 cm，具体以基土情况而定，清除杂物及槽底整平，可自路中心线向路基两边做 2%~4% 的横坡。

然后进行路基压实工作，选择压实机械，各种压实机械的最大有效压实厚度不同，对不同土质碾压行程次数也不同，具体采取时还应根据试压结果确定。一般情况下，对砂性土以振动式机具压实效果最好，夯击式次之，碾压式较差；对于黏性土则以碾压式和夯击式较好，而振动式较差甚至无效。此外压实机具的单位压力不应超过土的强度极限，否则会立即引起土基破坏。

路槽做好后，在槽底上洒水使它潮湿，然后用夯实机械从外向里夯实两遍，夯实机械应先轻后重，以适应逐渐增长的土基强度，碾压速度应先慢后快，以免松料被机械推走。

4. 铺筑基层

根据设计要求准备铺筑材料，并对使用材料进行测量，保证使用材料符合设计及施工要求。在铺筑灰土基层时摊铺长度应尽量延长，以减少接茬。灰土基层实厚一般为 15 cm，由于土壤情况不同先虚铺 21~24 cm。灰土摊铺好后开始碾压，碾压应在接近最佳含水量时进行，以"先轻后重"的原则，先用轻碾稳压，在碾压 1~2 遍后马上检查表面平整度和高程，边检查边铲补，如必须找补时，应将表面翻到至少 10 cm 深，用相同配比的灰土找补后再碾压，压至表面坚实平整无起皮、波浪等现象。

5. 铺筑结合层

结合层是基层的找平层，也是面层的黏结层。砂浆摊铺宽度应大于铺装面 5~10 cm 左右，已拌好的砂浆应当日用完。结合层做法有两种：一种是湿土砌筑，另一种是干法砌筑。具体做法详见表 6-3。

208 / 项目六 园林道路工程

表 6-3　结合层做法

类型	湿土砌筑	干法砌筑
材料	1：2.5 或 1：3 水泥砂浆，1：3 石灰砂浆，M2.5 混合砂浆等	干砂，细砂土，1：3 水泥干砂，3：7 细灰土等
厚度	15~25 mm	用干砂、细土作垫层厚 30~50 mm，用水泥砂、石灰砂、灰土作结合层厚 25~35 mm
适用面层	花岗石、釉面砖、陶瓷广场砖、碎拼石片、马赛克等，预制混凝土方砖、砌块或黏土砖	石板、整形石块、混凝土铺路板、预制混凝土方砖和砌块等，传统青砖铺地、金砖墁地

6. 面层的铺筑

根据不同的面层材料，采用相应的施工方法。例如，水泥路面常见的施工方法有普通抹灰、彩色水泥抹面装饰、彩色水磨石饰面、露骨料饰面等；块状材料地面有嵌草路面、花岗石路面等，要按照设计的砌块、砖块拼装图案。

7. 道牙

道牙基础宜与路床同时填挖碾压，以保证有整体的均匀密实度。道牙要放平稳、牢固，控制好标高。道牙在安装时，注意控制其缝宽为 1 cm，并应注意接缝对齐，然后用水泥砂浆勾缝，道牙接口处应以 1：3 水泥砂浆勾凹缝，凹缝深 5 mm，道牙背后应用白灰土夯实其宽度 50 cm，厚度 15 cm，密实度在 90% 以上即可。

三、实践示例

（一）沥青园路施工

沥青园路具有高强度和稳定性；机械化施工程度高，质量易保证；进度快，便于修补和分期改建；行驶噪音较低；抗弯拉强度较混凝土低；温度稳定性差，施工受季节和气候的影响较大。沥青园路施工工序及技术要点见表 6-4。

表 6-4　沥青园路施工工序及技术要点

序号	施工步骤	施工技术要点
1	清理路基	清除垃圾、淤泥、灰尘等，如用水冲洗基层，应在基层干透后方可施工
2	防雨措施	施工须在 5℃ 以上，雨季应做好防雨措施
3	喷洒黏层油	应注意成品保护，避免污染路牙石、园路、绿化等
4	初压	温度保持在 110~140℃ 之间，驱动轮要匀速前进，后退时应按照前进时的碾印移动。初压后要对路面平整度、路拱进行检查，发现问题要立刻纠正
5	复压	温度保持在 120~130℃，使用双轮振动压路机进行路面碾压，碾压方法与初压相同，至少碾压 6 遍，以保证路面的稳固
6	终压	使用静力双轮压路机紧接在复压后碾压 2~3 遍，要消除复压过程中遗留的不平整，终压结束时的温度应该 >90℃，压实后路面平整度好，排水合理，不积水
7	成品保护	铺设完成后注意成品保护，养护期间禁止重车碾压及污染等

（二）透水混凝土施工

透水混凝土园路施工工序及技术要点见表 6-5。

表 6-5　透水混凝土园路施工工序及技术要点

序号	施工步骤	施工技术要点
1	放线	严格控制园路的曲线及起伏顺畅
2	配料	严格控制透水混凝土配合比，防止脱落
3	运输	一般控制在 10 分钟以内，运输过程中不要停留
4	摊铺	松铺系数为 1∶1.1 或 1∶1.5；透水混凝土初凝快，摊铺须及时；大面积施工采用分块隔仓式摊铺；气温高于 35℃时，施工时间应避开中午，在早晚施工
5	振捣	将混合料均匀摊铺在工作面上，然后使用平板振动器或人工捣实，不宜采用高频振动器，同一位置振动时间不能过长，避免出现离析现象，最后抹合拍平
6	检验	摊铺结束后，检验标高、平整度
7	成品保护	检验合格后立即覆盖塑料薄膜，也可采用洒水养护，养护期不得少于 7 d，使其在养护期内强度逐渐提高

（三）彩色压膜混凝土施工

彩色混凝土是一种防水、防滑、防腐的绿色环保地面装饰材料。施工时在未干的水泥地面上加上一层彩色混凝土，然后用专用的模具在水泥地面上压制成。彩色混凝土能使水泥地面永久地呈现各种色泽、图案、质感，逼真地模拟自然的材质和纹理，多用于次园路与小径。彩色压膜混凝土园路施工工序及技术要点见表 6-6。

表 6-6　彩色压膜混凝土园路施工工序及技术要点

序号	施工步骤	施工技术要点
1	放线	严格控制园路的曲线及起伏顺畅
2	复查	根据设计要求复查基层的平整度、密实度要达到设计标准，方能开始施工
3	备料	准备好指定的色粉、脱模粉、模具和工具等
4	配制混凝土	砼强度 ≤ C25，水灰比尽可能小，砼中不能含早强剂，砼中碎骨料粒径 ≤ 30 mm
5	振捣	混凝土厚度 <10 cm，使用平板式振捣器；混凝土厚度 >10 cm，使用插入式振捣器
6	上色	当混凝土达到初凝阶段时，在混凝土表面撒两遍彩色粉，反复抹平、收光
7	落模	上色后的混凝土要平整光洁后，印上脱模粉，按设计要求铺设模具，进行花纹成型
8	修补	在操作过程中要边施工边检查，发现有粘模或浅模等现象，及模具接缝等边角处的拍后效果差的地方要及时处理
9	密封保护	待混凝土表面清洗干燥后，将密封保护层均匀地涂刷在彩色混凝土表面上

（四）水洗石施工

水洗石是选用天然河、海卵石或砾石与水泥或专用胶剂按一定比例拌合，涂抹在基层上，将表面黏合物处理干净，露出石子原貌的一种做法。水洗石由于其材料有各种颜色，并且专用胶剂也可采用彩色胶剂，并可以装饰为各种图案，因此被大量使用到室内及室外的装饰造景上，水洗石施工的工艺流程见表 6-7。

表 6-7　水洗石园路施工工序及技术要点

序号	施工步骤	施工技术要点
1	基础施工	素土夯实若土质太差,须采取部分换土措施;可将碎石垫层加厚或采取级配碎石加厚处理,并再夯实一遍;必要时可在混凝土基础内加配钢筋,若土质较差,可采用双层双向钢筋;每 5~6 m 距离设置一道伸缩缝
2	基层找平	在完成的基础表面再进行一次找平层的处理,目的一是控制标高,二是控制面层水洗石施工厚度,从而节约成本
3	砾石与水泥搅拌	单位面积中砾石的含量(按照重量计算)直接关系到施工完成后水洗石路面的砾石分布是否均匀。砾石数量太少,景观效果不好;砾石数量太多,容易导致黏结不牢固
4	打底	在完成找平层的基础表面涂抹一层黏结剂,用于帮助砾石水泥搅拌物与基层的黏结。黏结剂的涂抹要等到基础充分干燥后进行,以防止返碱;涂抹要均匀,防止面层起壳。在黏结剂涂抹结束后还未干燥前,需马上将砾石水泥搅拌物进行摊铺,使两者充分黏结
5	涂抹	将搅拌好的砾石与水泥的混合物摊铺在基层表面,并且用拍板对混合物进行反复轻微拍打和抹平,以保证平整并与基层充分黏结以及石子分布均匀。伸缩缝位置可先采用木条进行分割,以防止正式分割时材料被污染
6	固化	在砾石水泥混合物摊铺结束后需要等待水泥硬化,这个过程称为固化。在水泥初凝前,由于水泥开始硬化收缩但并未完全固化,混合于水泥中的石子会露出摊铺层表面,因此可以利用水泥还没有完全硬化的时候,对水洗石表面进行检查,发现石子分布不均匀的地方可增补石子
7	洗去表面黏合物	在水泥表面半干时,可用海绵洗一次,并修补石粒,重新平整后,待八成干时,再用专用工具清洗一次,务求石子清晰可见,并露出水泥面 1/3 为准。待两三小时后(天气晴朗,水泥完全硬化),再用清水全面清洗两次,务求石子表面不留水泥痕迹,如有残留水泥,需马上用硬刷子轻刷石子表面漆除掉
8	涂抹保护剂	用清水清洗水洗石表面,去掉灰尘,完全干燥后,用水性树脂均匀涂刷在石子面层,以达防水、耐污功效

（五）彩色水磨石饰面施工

彩色水磨石地面是用彩色水泥石子浆罩面,再经过磨光处理而做成的装饰性路面,彩色水磨石地面施工工序及技术要点见表 6-8。

表 6-8　彩色水磨石饰面施工工序及技术要点

序号	施工步骤	施工技术要点
1	备料	用作水磨石的细石子,如采用方解石,并用普通灰色水泥,做成的就是普通水磨石路面。如果用各种颜色的大理石碎屑,再与不同颜料的彩色水泥一起配制,就可做成不同颜色的彩色水磨石地面
2	弹线分格	在平整、粗糙、已基本硬化的混凝土路面面层上按照设计弹线,用玻璃条、铝合金条(或铜条)作分格条
3	摊铺	在路面刷上一道素水泥浆,再用 1:1.25~1:1.50 彩色水泥细石子浆铺面,厚度 8~15 mm

序号	施工步骤	施工技术要点
4	压实抹平	铺好后拍平,表面用滚筒滚压实在,待出浆后再用抹子抹平
5	磨光	水磨石的开磨时间应以石子不松动为准,磨后将泥浆冲洗干净。待稍干时,用同色水泥浆涂擦一遍,将砂眼和脱落的石子补好。第二遍用100~150号金刚石打磨,第三遍用180~200号金刚石打磨,方法同前
6	清洗	打磨完成后洗掉泥浆,再用1:20的草酸水溶液清洗,最后用清水冲洗干净

(六)石材园路施工

石材园路施工工序及技术要点见表6-9。

表6-9　石材拼贴园路施工工序及技术要点

序号	施工步骤	冰裂纹	齐缝拼贴
		施工技术要点	施工技术要点
1	备料	石材大小应该相仿,四边形占5%~8%,五边形占35%~45%,六边形占55%~60%;边长控制在150~250 mm,长宽比小于1.5,面积比小于2.5,长边与短边差≤100 mm	石材的技术等级、光泽度、外观等质量要求应符合设计及施工要求;石材在铺设前清水润湿,防止石材将结合层水泥砂浆的水分吸收
2	基层处理	基层必须清洁干净且浇扫水泥油润湿,严格控制水泥砂浆的水灰比,石材背面刷素水泥浆,确保基层与结合层、面层与结合层粘结牢固	
3	拼贴	拼角控制在120~180°之间;石材铺装时应大小搭配,缝宽以10 mm为宜,用水泥油回缝,缝应比石材面低2~3 mm;避免出现通缝及三角形	铺设前必须拉十字通线,确保操作工人跟线铺贴,铺完每行后随时检查缝隙是否顺直;铺设完成后,用同色水泥勾缝,禁止用干水泥砂浆或水泥粉扫缝
4	找平	铺设一段后,及时用水平尺或直尺找平,以防接缝高低不平,宽窄不均	
5	养护	面层施工完毕后,将现场进行简单维护,派专人洒水养护不少于7 d	

(七)地面镶嵌与拼花施工

施工前,要根据设计的图样,准备镶嵌地面用的砖石材料。设计有精细图形的,先要在细密质地的青砖上放好大样,再细心雕刻,做好雕刻花砖,施工中可嵌入铺地图案中。要精心挑选铺地用的石子,挑选出的石子应按照不同颜色、不同大小、不同长扁形状分类堆放,这样,铺地拼花时才能方便使用。地面镶嵌与拼花施工工序及技术要点见表6-10。

表6-10　地面镶嵌与拼花施工工序及技术要点

序号	施工步骤	施工技术要点
1	铺结合层	在做好的基层上铺垫40~70 mm厚的1:3石灰砂、3:7细灰土、1:3水泥砂等
2	镶嵌拼花	按照预定的图样镶嵌拼花,一般用立砖、小青瓦瓦片拉出线条、纹样和图形图案,再用各色卵石、砾石镶嵌作地,或者拼成不同颜色的色块,以填充图形大面
3	定稿	进一步修饰和完善图案纹样,并尽量整平铺地
4	扫缝	用水泥干砂、石灰干砂撒布其上,并扫入砖石缝隙中填实

序号	施工步骤	施工技术要点
5	清扫	除去多余的水泥石灰干砂,清扫干净
6	养护	用细孔喷壶对地面喷洒清水,稍使地面湿润,不能用大水冲击或使路面有水流淌,养护7~10 d

(八) 嵌草路面施工

无论用预制混凝土铺路板、实心砌块、空心砌块,还是用顶面平整的乱石、整形石块或石板,都可以铺装成砌块铺草路面。采用砌块嵌草铺装的路面,砌块和嵌草是道路的结构面层,其下面只能有一个壤土垫层,在结构上没有基层。只有这样的路面结构才能有利于草皮的存活与生长。嵌草路面施工工序及技术要点见表 6-11。

表 6-11　嵌草路面施工工序及技术要点

序号	施工步骤	施工技术要点
1	铺壤土垫层	在整平压实的路基上铺垫一层栽培壤土作垫层,壤土要求比较肥沃,不含粗颗粒物,铺垫厚度为 100~150 mm
2	铺砌块	在垫层上铺砌混凝土空心砌块或实心砌块,砌块缝中半填壤土,砌块要铺装得尽量平整
3	实心砌块嵌种草皮	草皮嵌种在砌块之间预留的缝中,草缝宽度在 20~50 mm 之间,缝中填土达砌块的 2/3 高。实心砌块嵌草路面上,草皮形成的纹理是线网状的
4	空心砌块嵌种草皮	草皮嵌种在砌块中心预留的孔中,砌块之间不留草缝,常用水泥砂浆粘接。砌块中心孔填土亦为砌块的 2/3 高;空心砌块嵌草路面上,草皮呈点状而有规律地排列。空心砌块孔径最好不超过砌块直径的 1/3 长

6.3.1　学习任务单

工作任务	写出砖材园路施工工序及技术要点			
姓名		班级		学号	

序号	施工步骤	施工技术要点(每正确填写一项得2分,最高10分)
1		
2		
3		
4		
5		
6		
7		
……		

复习题

1. 园路在园林中有什么功能?
2. 园路有哪些类型?
3. 园路铺装设计有什么要求? 园路铺装有哪些类型?
4. 园路结构设计的要求是什么?
5. 简述园路施工的步骤。
6. 园路结构层有哪些? 路面面层结构由哪些构成?
7. 分析园路常见病害及其原因。

技能训练

1. 完成某城市广场道路和铺装广场的设计,要求画出每种铺装形式(不少于5种)的平面大样图和结构断面图,并标注材料名称、规格、厚度等参数。

2. 分组进行现场铺装施工训练(鹅卵石园路、混凝土砌块园路、花岗石板园路、水泥混凝土园路),完成实训报告。

项目七　假 山 工 程

■ **知识目标**

1. 掌握假山的相关概念、功能和类型；
2. 掌握山石材料的特征；
3. 掌握假山的施工过程与施工技术；
4. 了解假山工程的新材料、新技术与新工艺。

■ **技能目标**

1. 能识别山石材料；
2. 能进行假山设计；
3. 能进行假山施工。

■ **素养目标**

1. 树立文化自信，明确假山是中国园林独有的艺术瑰宝；
2. 培养工匠精神，设计与施工过程遵守相关规范与标准，精益求精；
3. 坚持团队协作，按照协作流程互相配合，共同完成假山工程；
4. 开拓创新精神，不断学习假山工程相关的新材料、新技术和新工艺。

■ **教学引导图**

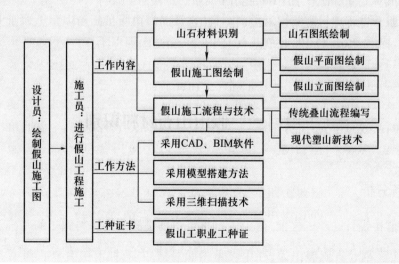

假山,以造景为目的,用土、石等材料构筑的山。"假山"一词出现在中唐时期。假山是相对于真山而言的,也就是假中见真。梁萧统诗《玄甫讲》:"穿池状浩轩,筑峰形岌岌"。假山主要有"以小见大"和"以少胜多"两种手法。

假山的概念、作用和类型

假山工程,也叫筑山工程。筑山是利用不同的软、硬质材料,结合艺术空间造型所堆成的土山或石山,它是将自然界中山水再现于景园之中的典型,是一种空间造型艺术工程。在我国古代造园艺术史中早有"无园不山、无园不石"的主导思想。

假山的功能是什么? ① 作为自然山水园的主景和地形骨架;② 作为园林划分空间和组织空间的手段;③ 运用山石小品作为点缀园林空间和陪衬建筑、植物的手段;④ 用山石作驳岸、挡土墙、护坡和花台等;⑤ 除了用作造景以外,山石还有一些实用方面的功能,如作为室内外自然式的家具或器设等。

假山的类型按材料,可以分为土山、石山、土石混合山;按功能用途分缩景山、游览山、亭阁山、障景山、背景山、峭壁山、石壁山、喷水山、岩石园、矿石山等;按观赏特征分仿真型、写意型、透漏型、实用型;按环境取景造山可以分为以楼面做山、依坡岩叠山、水中叠岛成山、点缀型小假山等。

筑山,也叫"叠山""掇山"。筑山起源于园林中的"台","台"是高山的象征,是园林的最初形式,"囿"中的主要建筑物。秦始皇时,在上林苑中挖池筑岛,模拟海上仙山(方丈、蓬莱、瀛洲),这是园林正式筑山的开始。而石堆山则始于汉朝。至魏、晋、南北朝时期,园林创作受山水诗画的影响,筑山的手法也逐渐成熟。唐宋时期,园林中造山之风大盛,出现了许多专门叠山的能工巧匠。至北宋末年,宋徽宗造艮岳,大规模叠山立峰,叠山艺术达到更高的水平。至明清时期,江南私家园林盛行,叠山名家辈出、论著问世,出现了明代的"陆叠山"、计成、清代的"山子张"、戈裕良等。从实践到理论,使假山艺术臻于完善。用黄石堆叠假山源于明嘉靖年间,成熟于万历年间。张南垣强调截溪断谷,再现大自然,标志着我国叠山艺术走向成熟。

假山设计与施工遵循的规范有哪些?

(1)《风景园林制图标准(CJJ/T 67—2015)》;

(2)《园林绿化工程项目规范(GB 55014—2021)》;

(3)《园林绿化工程施工及验收规范(CJJ/T 82—2012)》;

(4)《园林行业职业技能标准 – 假山工职业技能标准(CJJ/T 237—2016)》。

子项目一 假山山石材料识别

一、任务分析

假山石材料

在假山设计与施工之前,假山山石材料识别是假山设计与施工的基础。假山所用材料主要有山石材料和胶结材料两类。山石材料根据石品特征,在纹理、形态、颜色、大小、质地等不同方面有所不同,常见的叠山用石有湖石、房山石、英石、灵璧石、宣石、黄石、锦川石、珊瑚石和其他石头,此外还有用于填塞、勾缝、粘连的胶结材料。

二、实践操作

1. 山石品种特征识别

针对不同纹理、形态、颜色、大小、质地选择不同石品(图 7-1、7-2)。

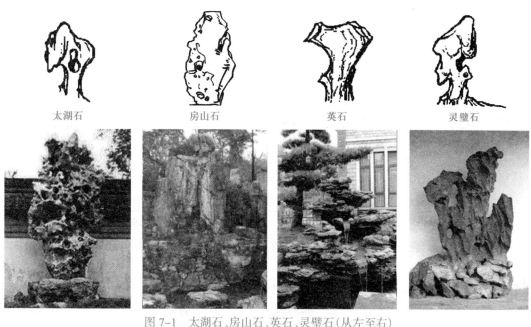

图 7-1　太湖石、房山石、英石、灵璧石(从左至右)

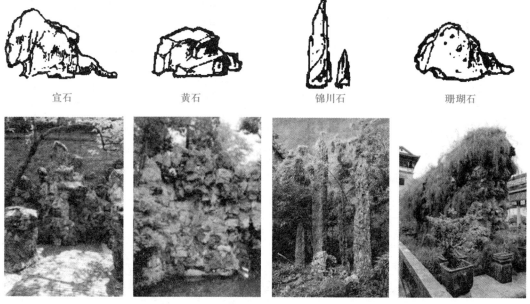

图 7-2　宣石、黄石、锦川石、珊瑚石(从左至右)

(1)湖石　多数为石灰岩、砂岩类,色以青、黑、白、灰为主,湖石在水中和土中皆有所产,尤其是水中所产者,经浪雕水刻,形成玲珑剔透、瘦骨突兀、纤巧秀润的风姿,常被用作特置石峰以体现秀、奇、险、怪之势。其特点是瘦、皱、漏、透、奇。湖石以产于苏州太湖之洞庭山的为最优,故此称为"太湖石"。如太湖石、宜兴石、龙潭石、灵璧石、巢湖石等都属于这类。

(2)房山石 产自北京房山一带,因为有类似太湖石的涡、沟、环、洞的特征,所以也称北太湖石。较太湖石轻巧、清秀、玲珑的特点而言,房山石要沉实、浑厚、雄壮一些,这是它们之间最明显的区别。北京颐和园的青芝岫就是房山石,由于石色青而润,形似灵芝,夏秋季节,全身苔醉斑驳,翠绿欲滴,故命名"青芝岫"。

(3)英石 石灰岩,色呈青灰、黑灰等,常夹有白色方解石条纹,原产广东省英德市一带,因此而得名。杭州花圃的皱云峰就是英石,全身褶皱特多,形同云立,纹似波摇。

(4)灵璧石 产自安徽省灵璧县,灵璧石质地细腻温润,滑如凝脂,石纹褶皱缠结、肌理缜密、石表起伏跌宕、沟壑交错,造型粗犷峥嵘、气韵苍古。

(5)宣石 产于安徽宁国。其色有如积雪覆于灰色土上,也由于为赤土积渍,因此又带些赤黄色,非刷净不见其质,所以愈旧愈白。由于它有积雪一样的外貌,扬州个园用它作为冬山的材料,效果显著。

(6)黄石 多数为细砂岩、石英岩或砂砾岩等,形体顽劣、见棱见角、质坚色黄、纹理古拙、常为墩形,节理面近于垂直,其形态虽不如湖石玲珑秀美,但作为叠山石常表现出阳刚之美。黄石的代表性作品有常熟燕园燕谷、上海豫园的黄石大假山、苏州网师园黄石峰洞山、苏州耦园黄石假山等。

(7)锦川石 又叫石笋石,竹叶状灰岩,色淡灰绿、土红,它是水成岩沉积在地下沟中而成的各种单块石,因其石形修长呈条柱状,立地似笋而得名。产于浙江与江西交界的常山、玉山一带。其石质类似青石者称为"慧剑",对含有白色小砾石或小卵石者称为"白果笋"或"子母剑",对色黑如炭者称为"乌炭笋"。

(8)珊瑚石 它是海洋中珊瑚贝壳等次生物遗体积聚而成,质地疏松,吸水性好,易雕琢,能附生植物。东莞可园中的著名景点"狮子上楼台"就是珊瑚石叠山而成。由于珊瑚石吸水,可以植草,石上绿草蔓生,像极了狮子身上的毛发,假山上修有小径通往"假山涵月台",所以取名"狮子上楼台"。

(9)其他石类 如卵石、斧劈石、千层石、钟乳石、木化石、黄蜡石、菊花石等。

2. 熟悉胶结材料

是指将山石黏结起来掇石成山的一些常用黏结性材料,如水泥、石灰、砂和颜料等,市场供应比较普遍。黏结时拌和成砂浆,受潮部分使用水泥砂浆,水泥与砂配合比为 1:1.5~1:2.5;不受潮部分使用混合砂浆,水泥:石灰:砂 =1:3:6。水泥砂浆干燥比较快,不怕水;混合砂浆干燥较慢、怕水,但强度较水泥砂浆高,价格也较低廉。

三、实践示例

不是什么样的石块都可以用来堆叠假山的,在选石上要做到"知石之形"和"识石之态"。"知石之形"就是了解和掌握山石材料外在的形象及其所表现出的物理属性,如山石材料的品种、质地、纹理、色泽等自然属性的具体形状和变化规律。"识石之态"即是通过山石外在的具体形态和色泽所表现出的内在美学效应,如灵秀、雄劲、古拙、飘逸等。

知石性是叠石造山选石的基本功。如湖石有"瘦、皱、漏、透、奇"之美称。其"瘦"是指山石竖立起来能孤持、无倚,呈独立状;"皱"是指山石表面纹理高低不平,脉络显著;"漏"是指石上的洞眼能贯通上下;"透"指山石多洞眼,有的洞眼还相通;"奇"是指山石上大下小之外形变化大,奇形怪状。湖石山以奇而求平,在叠石造山中应尽量保持其自然属性,才能表现出山的气势和精神。

黄石则古朴粗犷,外形多平整、少变化,形态多厚实、拙重,有雕塑感,易于表现壮美与雄浑之势。叠山时应以平中求变,按山石自然剥裂的纹理堆叠,返璞归真,似是截取大山之麓,有山势不尽的意趣。

假山用石,石形要有变化,但石的种类不能乱用,选石时注意其特征、色泽、脉络、纹理等。哪些石可叠在一起,哪些石忌用,不可随意搭配,否则不伦不类,弄巧成拙,反而不美。

7.1.1 学习任务单

工作任务	假山山石材料识别;根据提供假山山石图纸,阐述石品特征				
姓名		班级		学号	
序号	每填出 1 种得 1.25 分,共 10 分				
	石品名称	特性描述(可以包含产地、纹理、形态、大小、颜色、质地等)			得分
1					
2					
3					
4					
5					
6					
7					
8					
总分					

子项目二　假山设计

任务1　假山造型设计

一、任务分析

山水是园林的主体。俗话说,"无石不园",其关键是要有自然之理,才能得自然之趣。堆叠假山是运用概括、提炼的手法,营造园林中苍郁的山林气氛,所造之山的尺度虽比真山大幅缩小,但力求体现自然山峦形态和神韵,追求艺术上的真实,从而使园林具有源于自然而又高于自然的意趣。

假山设计时要结合具体环境规划布局,确定基本山形(池山、峭壁山、平山、高山等)、体量、走势和纹理。构图上要"疏而不散""展而不露""虚实穿插""相互掩映""大起大落",切忌铁壁铜墙,寸草不生,呆板无神韵。山体应留有洞壑及种植穴,叠石纹理应有粗细、凹凸、明暗、光影与色的对比,纹理走向要有韵律。布石有疏密,石块大小须搭配相宜。石以大块为主,小块为辅,块大则缝少,块小则缝多,忌用相同体积石头堆砌假山,同时必须有大小、高低、横竖交错之分。

假山造型设计

二、实践操作

1. 整体构思

筑山的重要原则是"师法自然"。所叠之山,毕竟是人工为之的假山,要把假山叠得好,就必须处理好真假的关系,做到假而似真,真作假时假亦真,即计成《园冶》中所谓"有真有假,做假成真"。"做假成真"的手法可归纳为以下几点:

(1) 山水结合,相映成趣。

(2) 相地合宜,造山得体。

(3) 巧于因借,混假于真。

(4) 独立端严,次相辅弼。

(5) 三远变化,移步换景。

(6) 远观山势,近看石质。

(7) 寓情于石,情景交融。

2. 空间构思

假山设计只能有一个主峰,再陪衬峦谷,宾、主峰之间要有顾盼。立面上要高低起伏,平面上要曲折多变,前后要有层次(图7-3)。

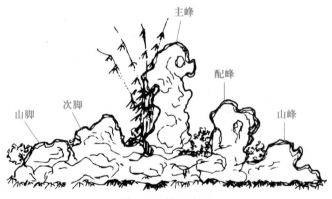

图 7-3　筑山造型

3. 设计原则

根据造园的主题,充分利用园址环境条件,因地制宜,确定假山的体量、布局、叠山类别和艺术风格等。大型组合假山的设计布局不仅要考虑山岳组成要素,还要结合"三远"理论来安排。郭熙在《林泉高志》中提到:"山有三远,自近山而望远山谓之平远、自山下而仰山巅谓之高远、自山前而窥山后谓之深远(图 7-4)。"

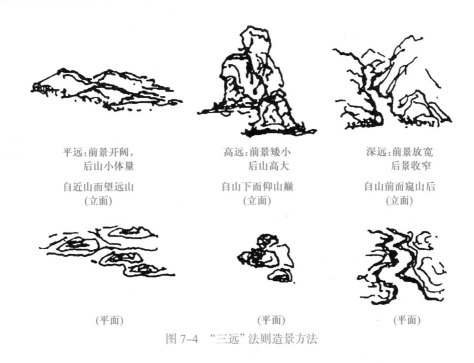

平远:前景开阔,
后山小体量

自近山而望远山
(立面)

(平面)

高远:前景矮小
后山高大

自山下而仰山巅
(立面)

(平面)

深远:前景放宽
后景收窄

自山前而窥山后
(立面)

(平面)

图 7-4 "三远"法则造景方法

此外,假山在堆叠过程中总要模拟主峰、配峰、次峰、洞窟、石桥、石梁、石矶、石滩、涡洞、汀步石、水潭等(图 7-5)。

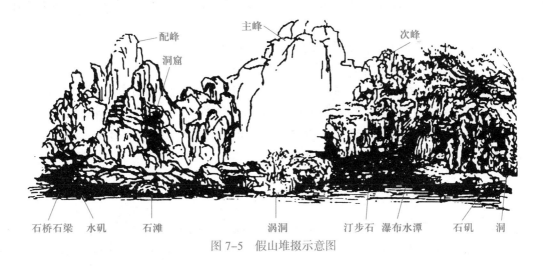

配峰

主峰

次峰

洞窟

石桥石梁 水矶 石滩

涡洞

汀步石 瀑布水潭 石矶 洞

图 7-5 假山堆掇示意图

4. 平面设计

假山平面基本构图法:三点构图、四点构图、五点构图(图 7-6)。

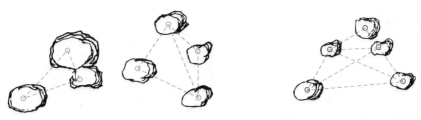

图 7-6　平面基本构图法

5. 立面设计

立面构图采用均衡补偿法则,运用三角形重心分析法,造成稳定中的变化,以获得动势美感。

(1) 体　指空间体型的规律性与变化性。立面构图中的局部要协调在整体之中。

(2) 面　指围成体型空间的各个面。对面的处理要强调岩层节理的变化。

(3) 线　指假山的外形轮廓线。

(4) 纹　指假山的局部块体的纹线节理。

(5) 影　是光照后阴影明暗面与空间凹凸关系的概括。

(6) 色　指假山石材的色彩。

6. 山顶造型设计

假山山顶的造型一般有三种——平顶式、峦顶式和峰顶式。

(1) 平顶式　山顶平坦如盖,可游可憩。这种假山整体上大下小,横向挑出,如青云横空,高低参差。可根据需要做成平台式、亭台式和草坪式。

① 平台式。即山顶用片状山石平铺做成,边缘做栏杆,可在其上设立石桌石凳,供游人休息观景。

② 亭台式。即在平顶上设置亭子,与下面山洞相配合。

③ 草坪式。即在山顶种植草坪,可改善山顶气候。

(2) 峦顶式　将山顶做成峰顶连绵、重峦叠嶂的造型。这种形式的山头比较圆缓、柔美。

(3) 峰顶式　将假山山峰塑造成各种形式。峰顶分为剑立式、斧立式和斜壁式:剑立式,上小下大,有竖直而挺拔高耸之感;斧立式,上大下小,如斧头倒立,稳重中存在险意;斜壁式,上小下大,斜插如削,势如山岩倾斜,有明显的动势。

三、实践示例

假山叠石目前还没有标准的图示规则,但为了体现出假山的设计意图和便于施工,仍然要绘制出平、立、剖面图和效果示意图。由于假山形状是不规则的,一般在设计和施工的尺寸上都允许有一定的误差。在平面图中一般都是标注一些特征点的水平控制尺寸,如平面的凸出点、凹陷点、转折点等的尺寸,以及总宽度、总厚度、局部控制宽度和厚度等的尺寸。在立面图上,以假山地面为 ±0.000,标注山顶石中心点、大石顶面中心点、平台中心点、山肩最高点、谷底中心点等主要特征控制标高(图 7-7)。

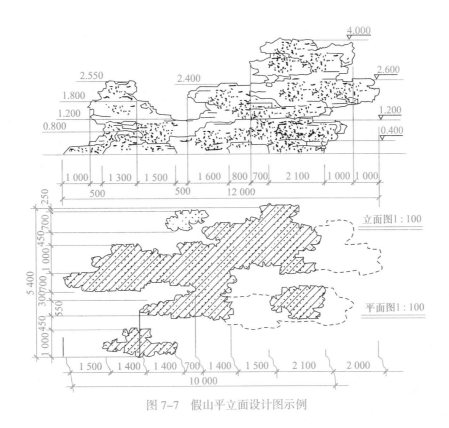

图 7-7 假山平立面设计图示例

任务 2 置石造型设计

一、任务分析

置石是以山石为材料作独立性或附属性的造景布置,主要表现山石的个体美或局部的组合,而不是具备完整山形。近代,又出现了灰塑假山工艺,后来又逐渐发展成为用水泥塑造的置石和假山,成为假山工程的一种专门工艺。

园林工程除常用的叠石假山之外,还使用一些山石零散布置成独立或附属的各种造景,称为"置石"或"石景"。如水池中的汀步、墙边点石、石台、石桌、梯级、蹬道、台阶、基座等。现存江南名石有苏州的瑞云峰、留园的冠云峰、上海豫园的玉玲珑和杭州花圃的皱云峰,而最老的置石则为无锡惠山的"听松"石床。置石分为峰石与点石。

置石造型设计

二、实践操作

1. 确定置石的用途

(1) 用作山石花台、树台,可以增加庭园的空间变化。

(2) 用作园林建筑的一部分,如梯级、蹲配、抱角、镶隅等(如图 7-8)。

(3) 用于墙边檐下点石成景,配以花竹,可以丰富园景。如林下之拙石、梅边之古石、竹旁之瘦石等。

(4) 用作山石器设,如石屏风、石桌、石几、石凳等。

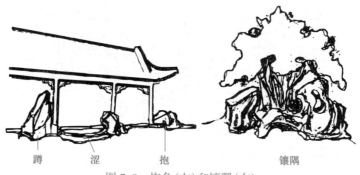

蹲　涩　抱　　　镶隅

图 7-8　抱角(左)和镶隅(右)

（5）其他用途，如动物象形等。

2. 形态设计

（1）子母石　是以一块大石附带有几块小石块为一组所形成的一种石景。可布置在草坪、山坡上、水池中、树林边等（图 7-9）。

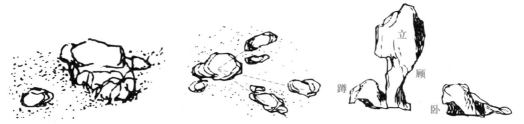

图 7-9　子母石示意图(左)、子母石平面布置图(中)、子母石方向性(右)

（2）散兵石　是以几块自然山石为一组进行分散布置而成的一种石景。常布置在草丛中、山坡下、水池边、树根旁等（图 7-10）。

图 7-10　散兵石示意图(左)、散兵石平面布置(右)

（3）单峰石　是由具有"瘦、皱、漏、透"等特点的怪石所做成的一块较大的独立石景。可作为主景，应固定在基座上（图 7-11）。

图 7-11　单峰石

图 7-12　乳象泉石景

图 7-13　石供石

（4）象形石　是选用具有某种天然动物、植物、器物等形象的山石所塑造的石景（图7-12）。

（5）石供石　是专门选取具有供陈列、观赏和使用价值的,各种奇特形状或色彩晶莹美丽"玩石"所作的石景（图7-13）。

3. 确定置石的布置方式

（1）特置　又称孤置、立峰,是将形状奇特、具有一定观赏价值的单块山石放置在可供观赏或起陪衬作用之处的一种布置方式。常用作园林入口的障景和对景,也可置于廊间、亭下、水边,作为空间的聚焦中心。

（2）对置　在建筑物前两旁对称地立置两块山石,以点缀环境、丰富景色。

（3）散置　将大小不等的山石零星布置成有散有聚、有立有卧、主次分明、顾盼呼应,使之成为一组有机整体的一种布置方式。又称散点,按体量不同,可分为大散点和小散点。

4. 安放置石

布置一组置石,要考虑诸多因素,如环境、石的形状、体量、颜色等。

（1）平面组合　在处理两块或三块石头的组合时,应注意石组连线,不能平行或垂直于视线方向。三块石以上的石组排列需成斜三角形,不能呈直线排列（图7-14）。

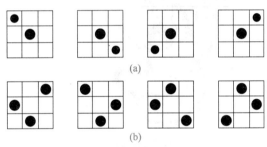

图7-14　平面组合

（2）立面组合　从视觉上看,立面的效果更为直观,不能把石块放置在同一高度,力求多样化,并赋予其自然特性。两块石头的组合应该是一高一低,两块以上的石堆应与石头的顶点构成一个三角形组合（图7-15）。

（3）三块以上石头的组合　常采用奇数的石头成群组合,如三、五、七等。

（4）置石放置　力求平衡稳定,给人以宽松自然的感觉,每一块石头应埋入水中或土壤中。

（5）置石一般安排在景园视线的焦点位置上,起点睛作用,同时会有景深感。

图7-15　立面组合

（6）每块石头都会有个最佳观赏面,确定最佳观赏面以取得置石的最佳观赏效果,石组中各石头的最佳观赏面均应朝向主要的视线方向。

三、实践示例

以冠云峰湖石特置石峰为例,通常用"瘦、透、皱、漏"等字眼来形容评价太湖石,这类石峰要求石形自然优美,曲线流畅,特置石峰周围需要有适当衬托才能显示出它的轮廓和姿态。峰石竖立的稳定性要依靠石峰自身的垂直重心和定位准确,选基座石应充分考虑与峰石纹理相配、大小相当、石质一致、足以承重、形状近似、色泽相同、纹理一致、体积比例等条件因素。"冠云峰"峰高 6.5 m,S 形峰体突显石的气势,兼有"瘦、透、皱、漏"特征,且分布自然,峰姿独傲,按照叠假山标准来评价,可谓"形、纹、色、质、意"俱佳(图 7-16)。

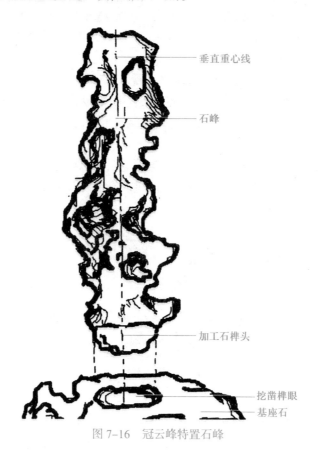

垂直重心线

石峰

加工石榫头

挖凿榫眼
基座石

图 7-16　冠云峰特置石峰

任务 3　假山结构设计

一、任务分析

确定了假山要表现的主题,假山的骨架,采用的石材及主、次、配等诸峰平面、立面布局后,就要进行假山的结构设计。假山的结构从下至上可分为三层,即基础、中层和收顶。

二、实践操作

1. 基础结构设计

假山的结构

假山的基础如同房屋的根基,是承重的结构。基础的承载能力是由地基的深浅、用材、施工等方面决定的。地基的土壤种类不同,承载能力也不同:岩石类,50~400 t/m²;碎石类,20~30 t/m²;砂土类,10~40 t/m²;黏性土,8~30 t/m²;杂质土承载力不均匀,必须回填好土。

根据假山的高度,确定基础的深浅,由设计的山势、山体分布位置等确定基础的大小轮廓。假山的重心不能超出基础之外,若重心偏离铅重线,稍超越基础,时间长了,就会倒塌。假山的基础可分为天然基础和人工基础。天然基础是指坐落稳定的天然山石,在自然大山的余脉上堆建假山,往往可获得天然山石基础;人工基础一般分为桩基、灰土基础和混凝土基础。

(1) 桩基　这是一种古老的基础做法。木桩顶面的直径约在 10~15 cm,平面布置按梅花形排列,故称"梅花桩"。桩边至桩边的距离为 20 cm,其宽度视假山底脚的宽度而定。如做驳岸,少则三排,多则五排。大面积的假山即在基础范围内均匀分布。桩的长度或打到硬层,称为"支撑桩";或挤实土壤,称为"摩擦桩"。桩长一般有 1 m 多。桩木顶端露出湖底十几厘米至几十厘米,其间用块石嵌紧,再用花岗石压顶。条石上面才是自然形态的山石。此即所谓"大块满盖桩顶"的做法。条石应置于低水位线以下,自然山石的下部亦在水位线下。这样做不仅是为了美观,也可减少桩木的腐烂。如颐和园在修假山时挖出的柏木桩大多完好。

(2) 灰土基础　北京古典园林中位于陆地上的假山多采用灰土基础。北京的地下水位一般不高,雨季比较集中,使灰土基础有较好的凝固条件。灰土凝固便不透水,可以减少土壤冻胀的破坏。

灰土基础的宽度应比假山底面积的宽度大出 0.5 m 左右,术语称为"宽打窄用",保证山石的压力沿压力分布的角度均匀地传递到素土层。灰槽深度一般为 50~60 cm。2 m 以下的假山山石一般打一步素土、一步灰土。一步灰土即布灰 30 cm,踩实到 15 cm 再夯实到 10 cm 厚度左右。2~4 m 的假山用一步素土、两步灰土。石灰一定要选用新出窑的块灰,在现场泼水化灰,灰与土的比例采用 3 : 7。

(3) 混凝土基础　近代的假山多采用浆砌块石或混凝土基础。这类基础耐压强度大,施工速度较快。在基土坚实的情况下可利用素土槽浇灌,基槽宽度的设定同灰土基。混凝土的厚度陆地上约 10~20 cm,水中约为 50 cm。高大的假山酌加其厚度。陆地上选用不低于 100 号的混凝土。水泥、砂和卵石配合的重量比约为 1 : 2 : 4 至 1 : 2 : 6。水中假山基础以采用 150 号水泥砂浆砌块石或 200 号的素混凝土为妥。

2. 底层山石结构设计

在基础上铺砌一层自然山石,术语称为拉底。因为这层山石大部分在地面以下,只有小部分露出地面以上,因此并不需要形态特别好的山石。但它是受压更大的自然山石层,要求有足够的强度。因此宜选用顽夯的大石拉底。古代匠师把"拉底"看作叠山之本,因为假山空间的变化都立足于这一层。如果底层未打破整形的格局,则中层叠石亦难以变化。底石的材料要求大块、坚实、耐压,不允许用风化过度的山石拉底。

(1) 拉底的设计注意事项

① 统筹向背。根据立地的造景条件,特别是游览路线和风景透视线的关系,统筹确定假山的主次关系。

② 断续相间。主山、次山、配山等形成的山脉及主峰、次峰、配峰等形成的山峰,其走势和皴纹都有一定的规律。从底层山石的平面来看,应该是时断时续。

(2) 拉底在施工时注意事项

① 石材种类和大小的选择。根据设计好的假山高度来选择石材,高峰正底下的石头应安装体量大、耐压性好的顽劣之石,禁止运用风化的石头,其外观不做要求。山峰较低时可降低标准。

铺底的山石可根据承压情况向外逐渐用较小体量的山石。有些底石需露出在外,应适当注意其外部美观。

② 咬合茬口。这是指铺底的山石在平面上的要求。为保证铺底层的各块山石成为一个牢不可破的整体,保证上方山体的稳固性,需要根据石材凹凸,尽量选择一个凸凹相宜的邻石与之茬口相接,各石块之间尽量做到严丝合缝。当然,自然山石的轮廓多种多样、千变万化,很难使其自然地相接严密,大块山石之间要用小块山石打入,才能相互咬住,共同制约,从而形成一个统一的整体。底层山石咬合茬口,使其在同一个平面上相互牵扯,保证整体假山重心稳定,不发生偏移。

③ 石底垫平。这是铺底山石在竖直方向的要求。避免石材在竖直方向上重心不稳,向下移动。在堆砌假山时,大多数要求基础大且平整面向上的石材,以便继续向上垒接。为了保持山石上部水平,需要在下部垫一些大小合适的小石,而且在竖直面上接触面积尽可能大,这样山石就稳定。施工时,把一些大石砸破,得到各种楔形的石块,这种作为垫石最好。如果山石底部着空,即使水平咬合的山石暂时在一个水平面上,上层的山体重量压下来也会破坏底层平面,导致下陷,从而影响整个山体的稳定性。

3. 中层的结构设计

中层即底石以上,顶层以下的部分。这是占体量最大、游客目及最多的部分,用材广泛,单元组合和结构变化多端,可以说是假山造型的主要部分。结构设计要求如下:

(1)接石压茬 山石上下的衔接要求严密,上下石相接时除了有意识地大块面闪进以外,还要避免在下层石上面闪露一些破碎的石面。假山师傅称为"避茬",认为"闪茬露尾"会失去自然气氛而流露出人工的痕迹。

(2)偏侧错安 即力求破除对称的形体,避免成四方形、长方形、正品形或等边、等腰三角形。要因偏得致,错综成美。要掌握各个方向呈不规则的三角形变化,以便为各个方向的延展创造基本的形体条件。

(3)厂立避"闸" 山石可立、可蹲、可卧,但不宜像闸门板一样厂立。厂立的山石很难和一般布置的山石相协调,而且往上接山石时接触面往往不够大,因此也影响稳定。但这也不是绝对的,自然界也有厂立如闸的山石,特别是作为与余脉的卧石处理等。但要求用得巧。有时为了节省石材而又能有一定高度,可以在视线不可及处以厂立山石空架上层山石。

(4)等分平衡 拉底石时平衡问题表现不显著,掇到中层以后,平衡的问题就很突出了。《园冶》中的"等分平衡法"和"悬崖使其后坚"是此法的要领。如理悬崖必一层层地向外挑出,这样重心就前移了。因此必须用数倍于"前沉"的中立稳压内侧,把前移的重心再拉回到假山的重心线上。

4. 收顶的结构设计

收顶的结构设计即处理假山最顶层的山石。从结构上讲,收顶的山石要求体量大的,以便合凑收压。从外观上看,顶层的体量虽不如中层大,但有画龙点睛的作用,因此要选用轮廓和体态都富有特征的山石。收顶一般分峰顶式、峦顶式和平顶式三种类型。

收顶往往是在逐渐合凑的中层山石顶面加以重压,使重力均匀地分布传递下去。往往用一块收顶的山石同时镇压下面几块山石。当收顶面积大而石材不够完整时,就要采取"拼凑"的手法,并用小石镶缝使其成一体。

5. 假山内部山洞的结构设计

(1) 洞壁的结构设计

① 墙式洞壁。以山石墙体为承重构件,洞壁由连续的山石所组成,整体性好、承重能力大、稳定性强;但因表面要保持一定平顺,故不易做出大幅度的转折凹凸变化,且所用石材较多。

② 墙柱组合洞壁。洞内由承重柱和柱间墙组合成回转曲折的山洞,这种结构洞道布置比较灵活,回转自如,间壁墙可相对减薄,节省石料;但洞顶结构处理不好易产生倒塌事故。

洞内的柱子分独立柱和嵌墙柱两种,独立柱可用长条形山石做成"直立石柱",也可用块状山石叠砌成"层叠石柱"(图7-17)。

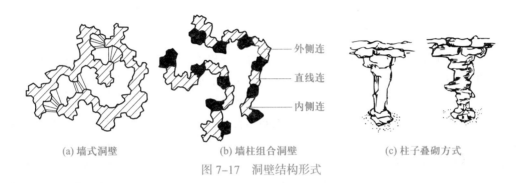

(a) 墙式洞壁 　　　　　(b) 墙柱组合洞壁 　　　　　(c) 柱子叠砌方式

外侧连
直线连
内侧连

图7-17　洞壁结构形式

(2) 洞顶的结构设计

① 盖梁式洞顶。即用比较好的山石作梁或石板,将其两端搁置在洞柱或洞墙上,成为洞顶承载盖梁。这种结构简单,施工容易,稳定性也较好,是山洞常采用的一种构造。但由于受石梁长度的限制,山洞不能做得太宽。

根据石长和洞宽,可采用单梁式、双梁式、丁字梁式、三角梁式、井字梁式和藻井梁式(图7-18)。

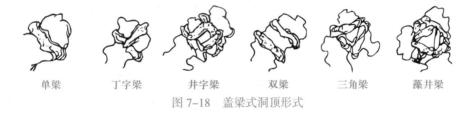

单梁　　丁字梁　　井字梁　　双梁　　三角梁　　藻井梁

图7-18　盖梁式洞顶形式

② 挑梁式洞顶。即从洞壁两边向中间逐层悬挑,合拢成顶。这种洞顶结构可根据洞道宽窄灵活运用(图7-19)。

③ 拱券式洞顶。即选用楔榫形的山石砌成拱券。这种洞顶结构比较牢固,能承受较大压力,也比较自然协调,但施工较为复杂。

三、补充知识:假山结体构造

1. 假山立体结构造型基本方法

(1) 环透式结构　　环透式结构是指采用具有多种不规则孔洞和孔穴的山石,组成具有曲折环形通道或通透形孔洞的一种山体结构。所用山石多为太湖石或石灰岩风化后的怪石。

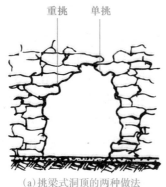

（a）挑梁式洞顶的两种做法   （b）拱券式洞顶的做法

图 7-19　洞顶挑梁与拱券

（2）层叠式结构　层叠式结构是指用一层层山石叠砌成横向伸展形,具有丰富层次感的山体结构。所用山石多为青石和黄石,根据叠砌的方式分为水平层叠和斜面层叠。

（3）竖立式结构　竖立式结构是指将山石直立着叠砌,使假山具有挺拔向上、雄伟峻峭之势。所用山石多为条状或长片状料石,短而矮的山石不能多用。根据叠砌方式可分为直立叠砌和斜立叠砌。

（4）填充式结构　填充式结构是指将假山内部,用泥土、废石渣或混凝土等填充起来。用土填充,可以栽种植物花草,降低山石造价。填充废渣可减少建筑垃圾的处理费用,填充混凝土可增强山体的牢固强度。按具体情况各取所需。

2. 山石结体的基本形式

假山山体是整个假山的主要观赏部位。一座假山是由峰、峦、岭、台、壁、岩、谷、壑、洞、坝等单元结合而成,而这些单元是由各种山石按照起、承、转、合的章法组合而成。这些章法通过历代假山师傅的长期实践和总结,由著名假山师傅张慰庭先生提出了具体施工的"十字诀",即"安、连、接、斗、垮、拼、悬、剑、卡、垂",以后又增加了"五字诀",即"挑、券、撑、托、榫"。这十五字诀概括了构筑假山石体结构的各种做法,仍是现今对假山山体施工所应掌握的具体施工技巧（图 7-20）。

图 7-20　山石结体的基本形式

（1）安　是安置山石的总称。将一块山石平放在一块或几块山石之上的叠石方法叫"安"。特别强调山石放下去要安稳。其中又分单安、双安和三安。双安指在两块不相连的山石上面安一块山石，下断上连，构成洞、岫等变化。

三安则是于三石上安一石，使之形成一体。安石又强调要"安"，即本来这些山石并不具备特殊的形体变化，而经过安石以后可以巧妙地组成富于石形变化的组合体，亦即《园冶》所谓"玲珑安巧"的含义（图7-21）。

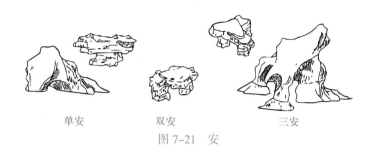

单安　　　　　　双安　　　　　　三安

图7-21　安

（2）连　山石之间水平方向衔接称为"连"。"连"要求从假山的空间形象和组合单元来安排。要"知上连下"，从而产生前后左右参差错落的变化；同时又要符合皱纹分布的规律。相连的山石，其连接处的茬口形状和石面皱纹要尽量相互吻合。对于不吻合的缝口应选用合适的小石刹紧，使之成为一体（图7-22）。

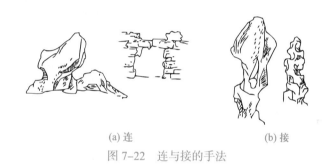

(a) 连　　　　　　　　　　(b) 接

图7-22　连与接的手法

（3）接　山石之间竖向衔接称为"接"。山石衔接的茬口可以是平口，也可以是凸凹口，但一定是咬合紧密而不能有滑移的接口。衔接的山石，外观上要依皱纹连接，至少要分出横竖纹路来（图7-22）。

（4）斗　以两块分离的山石为底脚，作成头顶相互内靠，如同两者争斗状，并在两头顶之间安置一块连接石；或借用斗拱构件的原理，在两块底脚石上安置一块拱形山石，形成上拱下空，这种手法称为"斗"。北京故宫乾隆花园一进庭院东部偏北的石山上，可以明显地看到这种模拟自然的结体关系，一条山石蹬道从架空的谷间穿过，为游览增添了不少险峻的气氛（图7-23a）。

（5）拤　在一块大的山石之旁，拤靠一块小山石，犹如人肩之拤包一样，称为"拤"。拤石可利用茬口咬压或上层镇压来稳定。必要时加钢丝绕定。钢丝要藏在石的凹纹中或用其他方法加以掩饰（图7-23b）。

（6）拼　在比较大的空间里，因石材太小，单独安置会感到零碎时，可以将数块以至数十块山石拼成一整块山石的形象，这种做法称为"拼"。在缺少完整石材的地方需要特置峰石，也可以采用拼峰的办法。例如，南京莫愁湖庭院中有两处拼峰特置，上大下小，有飞舞势，俨然一块完整的峰石,但实际上是数十块零碎的山石拼缀而成的。这个"拼"字也包括了其他类型的结体,但可以总称为"拼"(图7-24a)。

(a) 斗   (b) 挎

图 7-23 斗与挎的手法

(7) 悬 下层山石向相对的方向倾斜或环拱,中间形成竖长如钟乳的山石,这种方法叫作"悬"(图7-24b)。多用于湖石类山石模仿自然钟乳石景观。黄石和青石也有"悬"的做法,但在选材和做法上区别于湖石。它们所模拟的对象是竖纹分布的岩层,经风化后部分沿节理面脱落所剩下的倒悬石体。

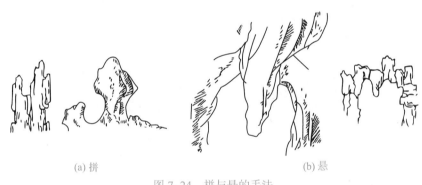

(a) 拼   (b) 悬

图 7-24 拼与悬的手法

(8) 剑 用长条形山石直立砌筑的尖峰,如同"万笏朝天",峭拔挺立的自然之势称为"剑"(图7-25a)。剑石的布置要形态多变、大小有别、疏密相间、高低错落,不能形成"刀山剑树、炉烛花瓶"的形态。它多采用各种石笋或其他竖长的山石。由于石为直立,重心易于变动,栽立时必须将石脚埋入一定深度,以保证其有足够的稳定性。

(9) 卡 在两块较大的分离山石之间,卡塞一块较小山石的做法称为"卡"(图7-25b)。卡的着力点在中间山石的两侧,而不是在其下部,这就与悬相区别。

(10) 垂 从一块山石顶面侧边部位的茬口处,用另一山石倒垂下来的做法称"垂"(图7-26a)。"垂"和"悬"都有悬挂之作,但"垂"是在侧边悬挂,而"悬"是在中部悬挂;"垂"与"挎"都是侧挂,"垂"是在顶部向下倒挂,"挎"是石肩部位侧挂。

(11) 挑 又称"出挑"(图7-26b)。用较长的山石横向伸出,悬挑其下石之外的做法。假山中之环、岫、洞、飞梁,特别是悬崖,都基于这种结体形式。挑有单挑、担挑和双挑之分。如果挑头轮廓线太单调,可以在上面接一块石头来弥补。这块石头称为"飘"。挑石每层约出挑1/3山石本身重量的长度。从现存园林作品中来看,出挑最多的约有2 m多。"挑"的要点是求浑厚而忌单薄,要挑出一个面来才显得自然,因此要避免直接地向一个方向挑。巧安后竖的山石,使观者不但见"前悬"还能观察到后竖用石。在平衡重量时应把前悬山石上面站人的荷重也估计进去,使之"其状可骇"而又"万无一失"。

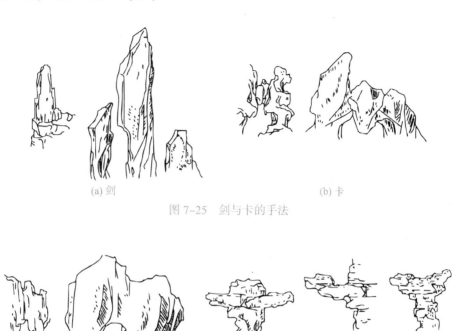

(a) 剑   (b) 卡

图 7-25　剑与卡的手法

担挑　　　单挑　　　双挑

(a) 垂   (b) 挑

图 7-26　垂与挑的手法

（12）撑　"撑",或称戗(图 7-27)。即斜撑,是对重心不稳的山石,从下面进行支撑的一种做法。要选取适合的支撑点,使加撑后在外观上形成脉络相连的整体。扬州个园的夏山洞中,做"撑"以加固洞柱并有余脉之势,不但统一解决了结构和景观问题,而且利用了支撑山石组成的透洞采光,很合乎自然之理。

图 7-27　撑

工作任务	参照示意图,在 10 m × 10 m 的庭院内设计一座假山,绘制出平面图与立面图,编写方案构思以及施工设计说明,字数 300 字左右		
姓名		班级	学号

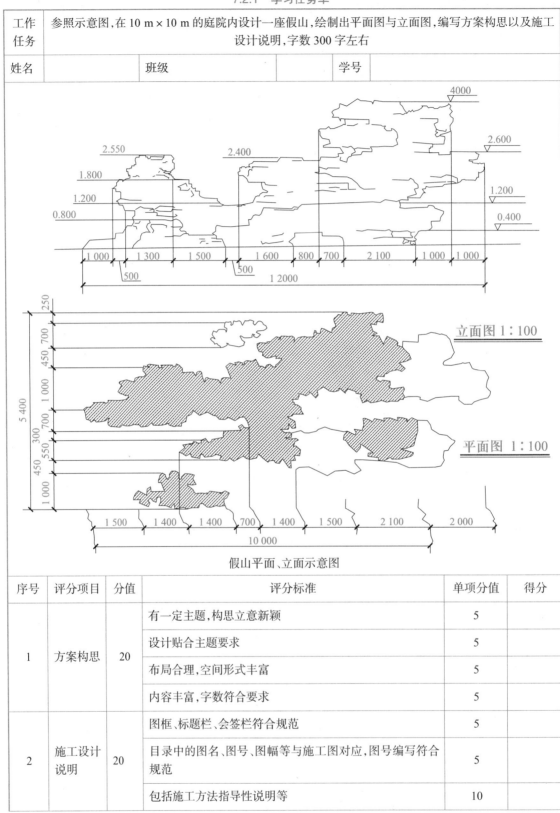

假山平面、立面示意图

序号	评分项目	分值	评分标准	单项分值	得分
1	方案构思	20	有一定主题,构思立意新颖	5	
			设计贴合主题要求	5	
			布局合理,空间形式丰富	5	
			内容丰富,字数符合要求	5	
2	施工设计说明	20	图框、标题栏、会签栏符合规范	5	
			目录中的图名、图号、图幅等与施工图对应,图号编写符合规范	5	
			包括施工方法指导性说明等	10	

序号	评分项目	分值	评分标准	单项分值	得分
3	平面图	35	比例正确,尺度合理	5	
			线型、图例符合制图规范	5	
			文字标注正确	5	
			尺寸标注完整、正确、能指导放线	5	
			尺寸标注符合制图规范	5	
			方格网的设置、表达正确	5	
			有竖向标注,且标注正确	5	
4	立面图	25	比例正确,尺度合理	5	
			线型、图例符合制图规范	5	
			文字标注正确	5	
			尺寸标注完整、正确、能指导放线	5	
			尺寸标注符合制图规范	5	
总分			100		

子项目三　假 山 施 工

任务1　自然山石假山施工

一、任务分析

1. 假山施工工序

(1) 选石　自古以来选石多重奇峰孤赏,追求"瘦、皱、漏、透、奇",追求山形山势,了解石性,则叠石有型。叠石选材必须符合自然山石规律与工程地质表象。

(2) 采运　中国古代采石多用潜水凿取、土中掘取、浮面挑选和寻求古石等方法。

(3) 相石　又称读石、品石。施工时,需先对现场石料反复观察,区别不同颜色、纹理和体量,按假山部位和造型要求分类排队,对关键部位和结构用石做出标记,以免滥用。

自然山石假山施工

(4) 立基　奠定基础,挖土打桩,基础深度取决于山石高度和土基状况,一般基础地面标高应在土表或常水位线以下 0.3~0.5 m,基础常见形式有石基(或条石)、桩基(木和石桩)、灰土基、钢筋混凝土板基或桩。

(5) 拉底　又称起脚。稳固山脚底层和控制平面轮廓,常在周边及主峰下安底石,中间填土,以节约材料。

(6) 堆叠中层　中层指底层以上,顶层以下的大部分山体,假山的造型技法与工程措施主要表现在这部分。另外中层部分还需要安排留出狭隙洞穴,洞穴至少深 0.5 m 以上,以便置土种植树木花草。

(7) 收顶　顶层是假山效果的重点部位。

(8) 清理、勾缝、装点　最后对假山山石清理、勾缝,用植物、水景进行必要的装点。

2. 假山施工要点

(1) 假山应自后向前、由主及次、自下而上分层作业。每层高度在 0.3~0.8 m 之间,各工作面叠石必须在胶结材料未凝之前或凝结之后继续施工,不得在凝固期间强行施工,一旦松动则胶结材料失效,影响全局。

(2) 一般管线水路应预埋、预留,切忌事后穿凿,松动石体,承重、受力用石必须小心挑选,保证其有足够强度。山石就位前应按叠石要求原地立好,然后拴绳打扣。就位应争取一次成功,避免反复。

(3) 筑山过程中应注意安全,用石必查虚实。拴绳打扣要牢固,工人穿戴防护鞋帽,掇山要有躲避余地。雨期或冬季要排水防滑。人工抬石应搭配力量、统一口令和步调,确保行进安全。

(4) 筑山完毕应重新复检设计(模型),检查各道工序,进行必要的调整补充,冲洗石面,清理场地。有水景的地方应开阀试水,检查水路、池塘等是否漏水。有种植条件的地方应填土施肥,种树、植草一气呵成。

二、实践操作

1. 假山定位放线

(1) 审阅图纸　首先,看懂假山工程施工图纸,掌握山体形式和基础结构,以便正确放样。其次,为了便于放样,要在平面图上按一定的比例尺寸,依工程大小或平面布置复杂程度,采用 2 m×2 m 或 5 m×5 m 或 10 m×10 m 的尺寸画出方格网,以其方格与山脚轮廓线的交点作为地面放样的依据。

(2) 实地放样　在设计图方格网上,选择一个与地面有参照的可靠固定点作为放样定位点,然后以此点为基点,按实际尺寸在地面上画出方格网;并对应图纸上的方格和山脚轮廓线的位置,放出地面上的相应白灰轮廓线。

2. 假山基础的施工

基础的施工应根据设计要求进行,假山基础有浅基础、深基础、桩基础等。

(1) 浅基础施工程序　原土夯实→铺筑垫层→砌筑基础。

浅基础一般是在原地面上经夯实后砌筑的基础。此种基础应事先将地面进行平整,清除高垄,填平凹坑,然后进行夯实,再铺筑垫层和基础。

(2) 深基础施工程序　挖土→夯实整平→铺筑垫层→砌筑基础。

深基础是将基础埋入地面以下的基础,应按基础尺寸进行挖土,严格掌握挖土深度和宽度,一般假山基础的挖土深度为 50~80 cm,基础宽度多为山脚线向外 50 cm,土方挖完后夯实整平,然后按设计铺筑垫层和砌筑基础。

(3) 桩基础施工程序为　打桩→整理桩头→填塞桩间垫层→浇筑桩顶盖板。

桩基础多为短木桩或混凝土桩打入土中而成。桩打好后,应将打毛的桩头锯掉,再按设计要求,铺筑桩子之间的空隙垫层并夯实,然后浇筑混凝土桩顶盖板,或浆砌块石盖板,要求浇实灌足。

(4) 选石　根据图纸要求明确石头品种。

(5) 相石　一块石头通常有六个面,上下、左右、前后各两个。仔细观察石头,根据设计山体高度、体量、造型等设计要求,挑选相符的石块及其不同的侧面,不同规格进行搭配。相石贯穿于掇山叠石的整个过程。一般将品相较好的石头作为独立置石,将体量较大、较为规整的石头放在拉低层,便于基础的稳固。有些石头便于起券起拱,便于做假山洞穴,也可以单独挑选,总之相石的过程看上去没有章法、主观性较强,但其实也是有章可循,可以将石头进行必要的分类细化,为后面的施工做准备(图7–28)。

3. 假山山脚施工

假山山脚是直接落在基础之上的山体底层,它的施工分为:拉底、起脚和做脚。

(1)拉底　拉底是指用山石做出假山底层山脚线的石砌层。拉底的方式有满拉底和线拉底两种。满拉底是将山脚线范围内用山石满铺一层。这种方式适用于规模较小、山底面积不大的假山,或者有冻胀破坏的北方地区及有震动破坏的地区。线拉底是按山脚线的周边铺砌山石,而内空部分用乱石、碎石、泥土等填补筑实。这种方式适用于底面积较大的大型假山。

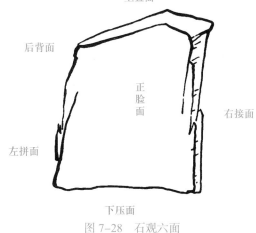

图7–28　石观六面

拉底的技术要求:

① 底脚石应选择石质坚硬、不易风化的山石。

② 每块山脚石必须垫平、垫实,用水泥砂浆将底脚空隙灌实,不得有丝毫动摇感。

③ 各山石之间要紧密咬合,互相连接形成整体,以承托上面山体的全部荷载。

④ 拉底的边缘要错落变化,避免做成平直或浑圆形状的脚线。

(2)起脚　拉底之后,开始砌筑假山山体的首层山石层叫"起脚"。起脚边线的做法常用的有点脚法、连脚法和块面法(图7–29)。点脚法即在山脚边线上,用山石每隔不同的距离作墩点,用片块状山石盖于其上,作成透空小洞穴。这种做法多用于空透型假山的山脚。连脚法即按山脚边线连续摆砌弯弯曲曲、高低起伏的山脚石,形成整体的连线山脚线。这种做法各种山形都可采用。块面法即用大块面的山石,连线摆砌成大凸大凹的山脚线,使凸出凹进部分的整体感都很强。这种做法多用于造型雄伟的大型山体。

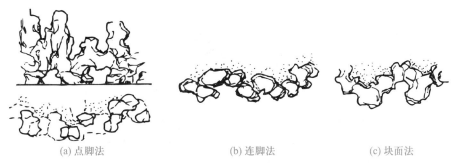

(a) 点脚法　　　　　　　　(b) 连脚法　　　　　　　　(c) 块面法

图7–29　起脚边线的做法

起脚的技术要求:

① 起脚石应选择厚重结实、质地坚硬的山石。

② 砌筑时先砌筑山脚线凸出部位的山石,再砌筑凹进部位的山石,最后砌筑连接部位的山石。

③ 假山的起脚宜小不宜大、宜收不宜放。即起脚线一定要控制在山脚线的范围以内,宁可向内收一点而不要向外扩出去。因起脚过大会影响砌筑山体的造型,形成臃肿、呆笨的体态。

④ 起脚石全部摆砌完成后,应将其空隙用碎砖石填实灌浆,或填筑泥土打实,或浇筑混凝土筑平。

⑤ 起脚石应选择大小、形态、高低不同的料石,使其犬牙交错,相互首尾连接。

(3) 做脚 做脚是对山脚的装饰,即用山石装点山脚的造型称为"做脚"。山脚造型一般是在假山山体的山势大体完成之后所进行的一种装饰,其形式有:凹进脚、凸出脚、断连脚、承上脚、悬底脚和平板脚等(图7-30)。

① 凹进脚。即山脚向山内凹进,可做成深浅、宽窄不同的凹进,使脚坡形成直立、陡坡、缓坡等不同的坡度效果。

② 凸出脚。即山脚向外凸出,同样可做成深浅、宽窄不同的凸出,使脚坡形成直立、陡坡等形状。

③ 断连脚。将山脚向外凸出,但凸出的端部做成与起脚石似断似连的形式。

④ 承上脚。即对山体上方的悬垂部分,将山脚向外凸出,做成上下对应造型,以衬托山势变化、遥相呼应的效果。

⑤ 悬底脚。即在局部地方的山脚,做成低矮的悬空透孔,使之与实脚体构成虚实对比的效果。

⑥ 平板脚。即用片状、板状山石,连续铺砌在山脚边缘,做成如同山边小路之效果,以突出假山上下的横竖对比。

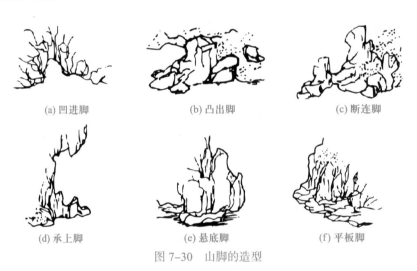

(a) 凹进脚　　　　　(b) 凸出脚　　　　　(c) 断连脚

(d) 承上脚　　　　　(e) 悬底脚　　　　　(f) 平板脚

图7-30　山脚的造型

4. 用铁件进行假山中层山石固定

假山山体施工中,采用"连、接、斗、拷、拼、悬、卡、垂"等手法时,都可借助铁件加以固定或连接,常用的铁件有:铁吊架、铁扁担、铁银锭、铁爬钉等。

(1) 铁吊架 它是用扁铁打制成上钩下托的一种挂钩(图7-31)。主要用来吊挂具有悬石结构的施工连接。吊挂稳妥后,用砂浆灌缝密实,再用铅丝捆绑稳固,干后即可安全无虞。

(2) 铁扁担 它可以用扁铁或角铁(图7-32),也可以用粗螺纹钢筋来制作,按其需要长度将两端弯成直钩即可。主要用来承托山石向外挑出的有关结构,如洞顶、岩边等的悬挑石。铁扁担两端直钩的弯起高度,以能使其钩住挑石为原则。

(3) 铁银锭 它一般是用熟铸铁制作成的两端宽、中间窄的元宝状铁件(图7-33)。主要用于两块山石对口缝的连接,连接前需将两块山石连接处,按银锭大小画出榫口线,然后用錾子凿出槽口,再将铁银锭嵌入槽口内,然后灌入砂浆即可。

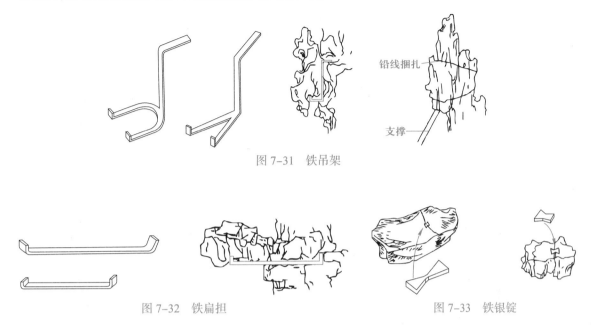

图 7-31 铁吊架

图 7-32 铁扁担 图 7-33 铁银锭

(4) 铁爬钉 又称"蚂蟥钉"(图 7-34),多用 30~50 cm 长的钢筋,打制成两端为弯起尖脚爪的形状。它是假山中,各种山石相互连接的常用铁件,制作容易,施工简单,只需分别在两块山石上,各凿剔一个脚爪眼,将爬钉钉入即可。

图 7-34 铁爬钉

5. 结顶

堆叠至设计标高,用特色石块或立或卧收顶,有峰之势。根据体量有主峰、侧峰,有山峦起伏。

6. 清洗修整

细部清洗,或凿或锯,修整完美。

7. 勾缝

视线范围内,石与石相交处需勾缝,要求不露浆,似无接缝。胶接浆料中可以掺拌与石料颜色相同的颜料,或者胶结泥未干时在接缝处涂撒山体石料的石屑,并在接缝处拉出与石料相同的纹理,实现虽为人作但宛如天开。一般做法:块石之间的大缝隙先用 1:2 至 1:3 水泥砂浆填、塞、嵌、补后再进行勾缝,勾缝按先下后上,先里后外,先暗后明顺序依次进行,勾缝完 24 小时后喷水养护。

8. 假山装点

植物配置:山之体,石为骨,树为衣,遵循"丈山尺树"原则,在山体不同部位配植相应植物,使本无生命的山体呈现勃勃生机。水景配置:山涧跌水,山脚溪流,山水相伴,则"咫尺山林"形成。

任务2 塑山施工

一、任务分析

塑山是用雕塑艺术的手法,以天然山岩为蓝本,人工塑造的假山或石块。早在百年前,在广东、福建一带,就有传统的灰塑工艺。20 世纪 50 年代的北京动物园,用钢筋混凝土塑造了狮虎山;20 世纪 60 年代塑山、塑石工艺在广州得到了很大的发展,标志着我国假山艺术发展到一个新阶段,创造了很多具有时代感的优秀作品。那些气势磅礴、富有力感的大型山水和巨大奇石,与天然景观相比,自重轻,施工灵活,受环境影响较小,可按理想预留种植穴。因此,它为设计创造了广阔的空间。

二、实践操作

1. 钢筋混凝土塑山

(1)基础　根据基地土壤的承载能力和山体重量,经过计算确定其尺寸大小。通常的做法是根据山体底面的轮廓线,每隔 4 m 做一根钢筋混凝土柱基,如山体形状变化大,局部柱子加密,并在柱间做墙。

(2)立钢骨架　它包括浇注钢筋混凝土柱子、焊接钢骨架、捆扎造型钢筋、盖钢板网等(图 7-35)。其中造型钢筋架和盖钢板网是塑山效果的关键,目的是造型和挂泥之用。钢筋要根据山形做出自然凹凸的变化,盖钢板网时一定要与造型钢筋贴紧扎牢,不能有浮动现象。

(3)面层批塑　先打底,即在钢筋网上抹灰两遍,材料配比为水泥 + 黄泥 + 麻刀,其中水泥:沙为 1:2,黄泥为总重量的 10%,麻刀适量。浆拌合必须均匀,随用随拌,存放时间不宜超过 1 h,初凝后的砂浆不能继续使用,构造如图 7-36 所示。

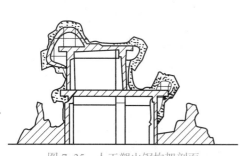

图 7-35　人工塑山钢构架剖面　　　　图 7-36　人工塑山面层结构

(4)表面修饰

①皴纹和质感。修饰重点在山脚和山体中部。山脚应表现粗犷,有人为破坏、风化的痕迹,

并多有植物生长。山腰部分,一般在1.8~2.5 m处,是修饰的重点,追求皴纹的真实,应做出不同的面,强化力感和棱角,以丰富造型。注意层次,色彩逼真。主要手法有印、拉、勒等。山顶,一般在2.5 m以上,施工时不必做得太细致,可将山顶轮廓线渐收,同时色彩变浅,以增加山体的高大和真实感。

② 着色。可直接用彩色配置,此法简单易行,但色彩呆板。另一种方法是选用不同颜色的矿物颜料加白水泥,再加适量的107胶配置而成。颜色要仿真,可以有适当的艺术夸张。色彩要明快,着色要有空气感,如上部着色略浅,则纹理凹陷部分色彩要深,常用手法有洒、倒、甩,刷的效果一般不好。

③ 光泽。可在石的表面涂过氧树脂或有机硅,重点部位还可打蜡。还应注意青苔和滴水痕的表现,时间久了,还会自然地长出真的青苔。

④ 其他。种植池的大小应根据植物(土球)总重量决定池的大小和配筋,并注意留排水孔。给排水管道最好塑山时预理在混凝土中,做时一定要做防腐处理。在兽舍外塑山时,最好同时做水池,便于兽舍用水来降温和冲洗,并方便植物供水。

⑤ 养护。在水泥初凝后开始养护,要用麻袋片、草帘等材料覆盖,避免阳光直射,并每隔2~3 h洒水一次。洒水时要注意轻淋,不能冲射。养护期不少于半个月,在气温低于5℃时应停止洒水养护,采取防冻措施,如遮盖稻草、草帘、草包等。一切外露的金属均应涂防锈漆,且以后每年涂一次。

2. GRC假山造景

GRC是玻璃纤维强化水泥(Glass Fiber Reinforced Cement)的缩写,它是将抗碱玻璃纤维加入低碱水泥砂浆中硬化后产生的高强度的复合物。随着时代科技的发展,20世纪80年代在国际上出现了用GRC造假山,它使用机械化生产制造假山石元件,使其具有重量轻、强度高、抗老化、耐水湿,易于工厂化生产,施工方法简便、快捷,成本低等特点,是目前理想的人造山石材料。用新工艺制造的山石质感和皴纹都很逼真,它为假山艺术创作提供了更广阔的空间和可靠的物质保证,为假山技艺开创了一条新路,使其达到"虽为人作,宛自天开"的艺术境界(图7-37)。GRC假山元件的制作主要有两种方法,一为席状层积式手工生产法,二为喷吹式机械生产法。现就喷吹式工艺简介如下:

图7-37　GRC塑山

(1)模具制作　根据生产"石材"的种类、模具使用次数和野外工作条件等选择制模材料。常用模具的材料可分为软模如橡胶膜、聚氨酯模、硅模等；硬模如钢模、铝模、GRC 模、FRP 模、石膏模等。制模时应以选择天然岩石皴纹好的部位为本和便于复制操作为条件，脱制模具。

（2）GRC 假山石块的制作　是将低碱水泥与一定规格的抗碱玻璃纤维以二维乱向的方式同时均匀分散地喷射于模具中，凝固成型。在喷射时应随吹射随压实，并在适当的位置预埋铁件。

（3）GRC 的组装　将 GRC"石块"元件按设计图进行假山的组装，焊接牢固，修饰、做缝，使浑然一体。

（4）表面处理　主要使"石块"表面具有憎水性，产生防水效果，并具有真石的润泽感。

3. CFRC 塑石

CFRC 是碳纤维增强混凝土（Carbon Fiber Reinforced Cement or Concrete）的缩写。

20 世纪 70 年代，英国首先制作了聚丙烯腈基（PAN）碳素纤维增强水泥基材料的板材并应用于建筑，开创了 CFRC 研究和应用的先例。

碳纤维具有极高的强度、高阻燃、耐高温、具有非常高的拉伸模量，与金属接触电阻低和良好的电磁屏蔽效应，故能制成智能材料，在航空、航天、电子、机械、化工、医学器材、体育娱乐用品等工业领域中广泛应用。

CFRC 人工碳是把碳纤维搅拌在水泥中，制成的碳纤维增强混凝土，并用于造景工程。CFRC 人工岩与 GRC 人工岩相比较，其抗盐侵蚀、抗水性、抗光照能力等方面均明显优于 GRC，并具抗高温、抗冻融干湿变化等优点。因此其长期强度保持力高，是耐久性优异的水泥基材料，适合于河流、港湾等各种自然环境的护岸、护坡。由于其具有的电磁屏蔽功能和可塑性，因此可用于隐蔽工程等，更适用于园林假山造景、彩色路石、浮雕、广告牌等各种景观的再创造。

图 7-38　3D 扫描技术

4. 基于 BIM 的大型假山设计与施工

假山由设计方案到施工，过程管控难度大，施工完成度或竣工效果无法量化评价和验收。采用 BIM 技术，能综合考虑各专业情况进行设计方案的推敲和优化，辅助建设单位及设计单位进行决策。

（1）假山模型 3D 打印　运用 3D 打印机打印假山主体，采用泥塑推敲假山细节，再通过 3D 扫描创建假山模型（图 7-38）。

（2）假山钢结构装配 BIM 建模　因假山骨架土建施工在假山面层包装工程之前，骨架施工不到位将严重影响假山最终效果。通过钢结构装配 BIM 设计能有效解决以上问题，如图 7-39。

（3）假山钢筋网片 BIM 数字化设计　超大型塑石假山主题包装施工关键在于钢筋网片精准安装和表皮精细化施工。采用 BIM 软件进行钢筋网片数字化设计，保证设计与 3D 扫描模型一致。钢筋网片设计采用 BIM 软件，将假山数字模型表皮切割成投影面积 2 m×2 m 的网片，将其分割线作为钢筋网片的边筋；再按间距 150 mm×150 mm（单层双向）对钢筋网片进行第二次分割，将其分割线作为分布筋。根据常规设计要求边筋为 ϕ10 固定筋，分布筋为 ϕ 6.5 塑形钢筋。

切片完成后,在每片假山网片的 4 个角点布置次结构,并在网片与次结构交接处标记出焊缝并录入坐标,为检查次结构空间位置时提供依据。

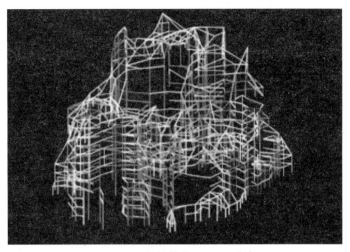

图 7-39　钢结构装配 BIM 设计

黄石假山施工

（4）假山钢筋网片安装二维码辅助技术　二维码在钢筋网片切分完毕后生成（图 7-40）,二维码记录对应钢筋网片的信息,包括坐标信息、每根分布筋在三维方向的形状、详细尺寸及编号等,用于快速加工和安装。应用二维码技术对每组钢筋网片进行标记,以便现场安装时进行全过程实时跟踪。在假山表皮施工方面,通过专业的主题包装团队严格按工序对表皮进行穿插作业,保证假山表皮整体施工效果。

虚拟仿真:江苏园湖石假山施工

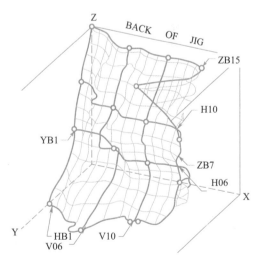

图 7-40　钢筋网片二维码信息记录(计算机截图)

1. 假山与假山工程的概念是什么？
2. 假山山顶造型有哪些形式？
3. 假山的功能与作用有哪些？
4. 假山有哪些类型？山石材料有哪些？
5. 假山洞的结构有几种？
6. 假山基础做法一般有哪几种？
7. 试述假山施工工序。
8. 假山的结构从上至下可分为几层？
9. 假山起脚边线的做法有哪些？做脚的形式有哪些？
10. 假山立体结构造型基本方法有哪些？
11. 山石结体的基本形式有哪些？请图示之。
12. 塑山设计与施工有哪些新技术？

技能训练

1. 某茶室庭院拟设计一组太湖石小景，要求根据置石布局原理完成设计，画出环境总平面图，置石平面图、立面图、结构图。

2. 某公园一隅拟设计一座黄石假山。要求假山石用地范围 30 m×25 m，并结合水景（自然式水池、跌水、瀑布）设计；要求完成总平面图、假山平面图、四个方向的立面图，假山洞和跌水、瀑布处的剖面图，假山结构图。

3. 用小块假山石和水泥等胶结材料，制作山石盆景。

参考文献

［1］ 刘玉华.园林工程［M］.北京:高等教育出版社,2015.

［2］ 胡自军,周军.园林工程施工管理［M］.2版.北京:中国农业出版社,2022.

［3］ 张建林,曹仁勇.园林工程［M］.3版.北京:中国农业出版社,2019.

［4］ 孟兆祯.风景园林工程［M］.北京:中国林业出版社,2012.

［5］ 周维权.中国古典园林史［M］.3版.北京:清华大学出版社,2008.

［6］ 孟艳吉,王海斌,张杨.无锡万达室外主题乐园项目设计阶段 BIM 应用［J］.土木建筑工程信息技术,2019,
　　 (04):34-40.

［7］ 巢时平.关于"园林概念的范畴"的探讨［J］.中国园林,1994,20(2):48-50.

［8］ 王沛永.北林园林学院风景园林工程课程回顾与展望［J］.风景园林,2012,(4):72-74.

［9］ 计波.风景园林中软硬质景观施工技术探讨［J］.现代园艺,2019,(10):183-184.

［10］ 顾凯,查婉滢.传承与开拓:当代匠师方惠的传统造园叠山技艺及理论研究［J］.风景园林,2019,(03):
　　 19-24.

［11］ 罗伟,刘雪梅,王贺,王昂昂.超大型塑山假山主题包装施工技术［J］.建筑技术,2021,(02):185-189.

［12］ 练金.BIM 技术理念在景观施工图设计中的应用初探［J］.安徽建筑,2018,(5):95-96.

［13］ 高宇.园林硬质景观工程施工技术及质量保障措施分析［J］.住宅与房地产,2019,(09):263.

［14］ 杨锐,王丽蓉.雨水利用的景观策略［J］.城市问题,2011,(12):51-55.

郑重声明

高等教育出版社依法对本书享有专有出版权。任何未经许可的复制、销售行为均违反《中华人民共和国著作权法》,其行为人将承担相应的民事责任和行政责任;构成犯罪的,将被依法追究刑事责任。为了维护市场秩序,保护读者的合法权益,避免读者误用盗版书造成不良后果,我社将配合行政执法部门和司法机关对违法犯罪的单位和个人进行严厉打击。社会各界人士如发现上述侵权行为,希望及时举报,我社将奖励举报有功人员。

反盗版举报电话　(010) 58581999　58582371

反盗版举报邮箱　dd@hep.com.cn

通信地址　北京市西城区德外大街 4 号　高等教育出版社法律事务部

邮政编码　100120

群名称:高职农林教师交流群

群　号:1139163301

ISBN 978-7-04-059247-4

定价 39.80 元